U0611511

全国中等职业学校国际商务专业系列教材
商务部十二五规划教材
中国国际贸易学会规划教材

计 算 机 应 用

主　编　肖　嘉　　崔海霞
副主编　许晓斌　　费海波　　逯学建　　林树镇
参　编　张智荣　　张志明　　荣乌云托雅
　　　　李　慧　　卢海燕　　尚中君　　王一静
　　　　何庆辉

中国商务出版社
CHINA COMMERCE AND TRADE PRESS

图书在版编目（CIP）数据

计算机应用 / 肖嘉，崔海霞主编. —北京：中国
商务出版社，2015.8
全国中等职业学校国际商务专业系列教材　商务部十
二五规划教材　中国国际贸易学会规划教材
ISBN 978-7-5103-1372-1

Ⅰ.①计…　Ⅱ.①肖…②崔…　Ⅲ.①电子计算机—
中等专业学校—教材　Ⅳ.①TP3

中国版本图书馆 CIP 数据核字（2015）第 192259 号

全国中等职业学校国际商务专业系列教材
商务部十二五规划教材
中国国际贸易学会规划教材

计算机应用
JISUANJI YINGYONG

主　编　肖　嘉　崔海霞
副主编　许晓斌　费海波　逯学建　林树镇

出　　版：中国商务出版社
发　　行：北京中商图出版物发行有限责任公司
社　　址：北京市东城区安定门外大街东后巷 28 号
邮　　编：100710
电　　话：010 - 64269744　64218072（编辑一室）
　　　　　010 - 64266119（发行部）
　　　　　010 - 64263201（零售、邮购）
网　　址：http://www.cctpress.com
网　　店：http://cctpress.taobao.com
邮　　箱：cctp@cctpress.com；bjys@cctpress.com
照　　排：北京开和文化传播中心
印　　刷：北京密兴印刷有限公司
开　　本：787 毫米 ×1092 毫米　1/16
印　　张：25.5　字　数：492 千字
版　　次：2015 年 8 月第 1 版　2015 年 8 月第 1 次印刷
书　　号：ISBN 978-7-5103-1372-1
定　　价：45.00 元

版权专有　侵权必究　　　　盗版侵权举报电话：010 - 64245984
如所购图书发现有印、装质量问题，请及时与本社出版部联系。电话：010 - 64248236

编 委 会

顾 问　王乃彦　刘宝荣　吕红军

总主编　姚大伟

主 任　刘从兵　钱建初

秘书长　刘长声　吴小京

委 员　（按汉语拼音排序）

毕优爱	蔡少芬	柴丽芳	陈启琛
陈树耀	崔海霞	胡 波	蒋 博
赖瑾瑜	李 勇	廖建璋	刘 颖
陆雁萍	孟根茂	石国华	史燕珍
宋玉娟	田文平	王继新	王圣伟
乌 杰	肖 嘉	肖 蕊	徐 涛
许蔚虹	杨鸣红	叶碧琼	于洪业
于晓丽	余世明	张慧省	

总　序

　　为贯彻全国教育工作会议精神和教育规划纲要，建立健全教育质量保障体系，提高职业教育质量，以科学发展观为指导，全面贯彻党的教育方针，落实教育规划纲要的要求，满足经济社会对高素质劳动者和技能型人才的需要，全面提升职业教育专业设置和课程开发的专业化水平，教育部启动了中等职业学校专业教学标准制订工作。按照教育部的统一部署，在全国外经贸职业教育教学指导委员会的领导和组织下，我们制定了中职国际商务专业教学标准。

　　新教学标准的制定，体现了以下几方面的特点：

　　1. 坚持德育为先，能力为重，把社会主义核心价值体系融入教育教学全过程，着力培养学生的职业道德、职业技能和就业创业能力。

　　2. 坚持教育与产业、学校与企业、专业设置与职业岗位、课程教材内容与职业标准、教学过程与生产过程的深度对接。以职业资格标准为制定专业教学标准的重要依据，努力满足行业科技进步、劳动组织优化、经营管理方式转变和产业文化对技能型人才的新要求。

　　3. 坚持工学结合、校企合作、顶岗实习的人才培养模式，注重"做中学、做中教"，重视理论实践一体化教学，强调实训和实习等教学环节，突出职教特色。

　　4. 坚持整体规划、系统培养，促进学生的终身学习和全面发展。正确处理公共基础课程与专业技能课程的关系，合理确定学时比例，严格教学评价，注重中高职课程衔接。

　　5. 坚持先进性和可行性，遵循专业建设规律。注重吸收职业教育专业建设、课程教学改革优秀成果，借鉴国外先进经验，兼顾行业发展实际和职业教育现状。

　　为适应中职国际商务专业教学模式改革的需要，中国商务出版社于2014年春在北京组织召开了中职国际商务专业系列教材开发研讨会，来自北京、上海、广东、山东、浙江的30余位国际商务专业负责人和骨干教师参会。会议决定共同开发体现项目化、工学结合特征的 15 门课程教材，并启动该项目系列教材的编写。目前，教材开发工作进展顺利，并将于 2015 年春季陆续出版发行。

本系列教材的编写原则是：

1. 依据教育部公布的中职国际商务专业标准来组织编写教材，充分体现任务驱动、行为导向、项目课程的设计思想。

2. 设计的实践教学内容与外贸企业实际相结合，以锻炼学生的动手能力。

3. 教材将本专业职业活动分解成若干典型的工作项目，按完成工作项目的需要和岗位操作规程，结合外贸行业岗位工作任务安排教材内容。

4. 教材尽量体现外贸行业岗位的工作流程特点，加深学生对外贸岗位及工作要求的认识和理解。

5. 教材内容体现先进性、实用性和真实性，将本行业相关领域内最新的外贸政策、先进的进出口管理方式等及时纳入教材，使教材更贴近行业发展和实际需求。

6. 教材内容设计生动活泼并有较强的操作性。

在具体编写过程中，本系列教材得到了有关专家学者、院校领导，以及中国商务出版社的大力支持，在此一并表示感谢！由于编者水平有限，书中疏漏之处在所难免，敬请读者批评指正。

姚大伟　教授

2014 年 12 月 28 日于上海

前　言

当前，计算机和网络技术的发展更加迅速，应用更加广泛，已深入应用到社会的各行各业。掌握计算机技术和网络技术的基础知识与应用技能已成为当代公民的一项基本职业技能。

"计算机应用"是中等职业学校学生必修的一门公共基础课。本课程的任务是：使学生掌握必备的计算机应用基础知识和基本技能，培养学生使用计算机解决工作与生活中实际问题的能力；使学生初步具有应用计算机和网络完成职业岗位要求的能力，为其职业生涯发展和终身学习奠定基础，同时提升学生的信息素养。

为适应中等职业教育的需要，本书注重计算机应用技能的训练，在满足教学大纲要求的同时，也考虑了计算机应用技能证书和职业资格证书考试的需要；在编写内容和体例上，本书按照《全国计算机等级考试一级 MS Office 考试大纲》进行内容规划，旨在为中等职业学校学生提供一本既有一定理论基础，又注重操作技能的实用教程。本书以计算机操作、办公软件和网络应用能力的培养为主要目标，符合中等职业学校学生的特点，注重计算机基本知识及技术的应用，强调能力的培养。

在内容编排上，每章以模块化划分内容，各模块再以任务驱动教学模式进行细分，层层深入，强调图文并茂，简单易读。同时，每章节均提供了相应的综合实训习题、考证习题，其中综合实训习题系贴近职场工作实践的习题，以提高学生的社会适应能力；考证习题系紧靠《考试大纲》、仿照全国计算机等级考试一级 MS Office 考核模式开发的习题；两种习题相结合，为学生的同步练习和提高学习效果创造了条件。

本书可作为中等职业学校计算机应用基础课程教材，也可作为其他人员学习计算机应用的参考书。

本书的主编为肖嘉、崔海霞，主审为肖嘉，副主编为许晓斌、费海波、逯学建、林树镇，其他参编人员有张智荣、张志明、荣乌云托雅、李慧、卢海燕、尚中君、王一静、何庆辉等。

由于编写时间仓促，编者学识有限，书中难免存在疏漏与不足之处，欢迎专家、读者批评指正。

编　者
2015 年 5 月

目 录

第一章

计算机基础知识

计算机是 20 世纪重大科技发明之一。在短暂的时间内，计算机技术取得了迅猛的发展，计算机的应用领域从最初的军事应用扩展到目前社会的各个领域，有力地推动了信息化社会的发展。计算机已遍及学校、企业、政府部门、寻常百姓家，成为信息社会中必不可少的工具。因此，掌握计算机技术尤其是微型计算机的使用，是学习和工作的基本技能，甚至有人说：不会操作计算机可以认为是"现代文盲"。

本章主要介绍计算机的基础知识，为进一步学习与使用计算机打下必要的基础。通过本章学习，应掌握：

1. 计算机的发展简史、特点、分类和应用。
2. 数制的基本概念，二进制和十进制整数之间的转换。
3. 计算机中数据、字符和汉字的编码。
4. 计算机硬件系统的组成和作用、各组成部分的功能和简单工作原理。
5. 计算机软件系统的组成和功能、系统软件和应用软件的概念和作用。
6. 多媒体技术。
7. 计算机病毒的概念和防治。

模块一：计算机的发展与应用

【知识目标】

1. 掌握计算机及微机的发展概况

2. 了解计算机的应用领域

【重点及难点】

1. 计算机的发展史及各代计算机的特点

2. 相关概念的理解

任务1　计算机的发展简史

计算机俗称电脑，其英文是 Computer。它是一种能高速运算、具有内部存储能力、由程序控制其操作过程及自动进行信息处理的电子设备。目前，计算机已成为我们学习、工作和生活中使用最广泛的工具之一。

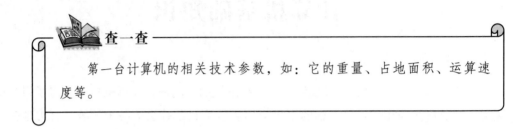

查一查

　　第一台计算机的相关技术参数，如：它的重量、占地面积、运算速度等。

1946 年，世界上第一台电子计算机电子数字计算机 ENIAC 在美国宾夕法尼亚大学研制成功。这台计算机结构复杂、体积庞大，但功能远不及现代的一台普通微型计算机。ENIAC 的诞生宣告了电子计算机时代的到来，其意义在于奠定了计算机发展的基础，开辟了计算机科学技术的新纪元。

在 ENIAC 的研制过程中，美籍匈牙利数学家冯·诺依曼总结并归纳了以下三点：

● 采用二进制。在计算机内部，程序和数据均采用二进制代码表示。

● 存储程序控制。程序和数据存放在存储器中，即程序存储的概念。计算机执行程序时无须人工干预，能自动、连续地执行程序，并得到预期的结果。

● 计算机的 5 个基本部件。计算机具有运算器、控制器、存储器、输入设备和输出设备 5 个基本功能部件。

从第一台电子计算机诞生到现在，计算机技术经历了大型机阶段和微型机阶段。

1. 大型计算机时代

通常根据计算机所采用电子元器件的不同将计算机的发展过程划分为电子管，晶体管，中、小规模集成电路及大规模/超大规模集成电路四个阶段，分别称为第一代至第四代计算机。在这四个阶段的发展过程中，计算机的体积越来越小，功能越来越强，价格越来越低，应用越来越广泛。

20 世纪 80 年代中期已开始模拟人的大脑神经网络功能为基础的第五代计算机的研制。各代计算机的更替除主要表现在组成计算机的电子元器件的更新换代外，还集中表现在计算机系统结构和计算机软件技术的改进上。正是这几方面的飞速进步，才使得计算机的性能一代比一代明显提高；而体积却一代比一代明显缩小，价格一代比一代明显降低。今天，一台计算机的性能价格比和性能体积比已经比第一代电子管计算机高出了成百上千倍，乃至成千上万倍。

表1.1　计算机的发展阶段

发展阶段	电子器件	技术指标	应用领域	代表机型
第一代计算机 1946—1958年	电子管	运算速度每秒几千次到几万次	军事与科研	UNIVAC-I
第二代计算机 1959—1964年	晶体管	运算速度每秒几十万次	数据处理和事务处理	IBM-7000系列机
第三代计算机 1965—1970年	中、小规模集成电路	运算速度每秒上百万次	科学计算、数据处理及过程控制	IBM-360系列机
第四代计算机 1971年至今	大规模、超大规模集成电路	运算速度每秒上亿次	人工智能、数据通信及社会各个领域	IBM-4300等系列机

2. 微型计算机的发展

作为第四代计算机的一个重要分支，微型计算机于20世纪70年代初诞生。三十多年来，微处理器集成度几乎每18个月增加一倍，产品每2~4年更新换代一次，现已进入第五代。各代的划分通常以微处理器的字长和速度为主要依据。

第一代4位微处理器以Intel公司的Intel 4004为代表，它虽然简单，运算能力不强、速度不高，但它的问世标志着计算机的发展进入了一个新纪元。

第二代8位微处理器的典型产品有Intel 8008/8080/8085，Motorola的MC6800/6809，Zilog的Z80等。

第三代16位微处理器的典型产品有Intel 8086/8088/80286，MC68000/68010，Z8000等。

第四代32位微处理器的典型产品有Intel 80386/80486/80586/Pentium/Pentium2/Pentium3/Pentium4，AMDK5/K6/K7，MC68020/68030/68040等。

第五代64位微处理器则以Intel公司的Pentium D系列和AMD公司的Althon64系列产品为代表。

3. 计算机的发展趋势

目前，计算机正朝着巨型化、微型化、网络化、智能化和多功能化方向发展。巨型机和高性能计算机的研制、开发和利用，是一个国家的经济实力、科学技术水平的重要标志。2013年世界超级计算机排名上，中国超级计算机"天河二号"被称为当今世界上最快的计算机，我国在巨型机的发展上已经跻身世界前列。微型机的广泛应用则标志着一个国家科学普及的程度。

4. 我国计算机技术的发展概况

相对而言，我国计算机技术研究起步晚、起点低，但随着改革开放的深入和国家对高新技术的扶持，对创新能力的提倡，计算机技术的水平正在逐步地提高。我国计

算机技术的发展历程如下：

- 1956 年，开始研制计算机。
- 1958 年，研制成功第一台电子管计算机——103 机。1959 年 104 机研制成功，这是我国第一台大型通用电子数字计算机。1964 年，研制成功第二代晶体管计算机。1971 年，研制成功以集成电路为主要元器件的 DJS 系列机。
- 1983 年，我国第一台亿次巨型计算机——"银河"诞生。1992 年，10 亿次巨型计算机——"银河Ⅱ"诞生。1997 年，每秒 130 亿浮点运算、全系统内存容量为 9.15GB 巨型机——"银河Ⅲ"研制成功。
- 1995 年，第一套大规模并行机系统——"曙光"研制成功。1998 年，"曙光 2000-Ⅰ诞生，其峰值运算速度为每秒 200 亿次浮点运算。1999 年，"曙光 2000-Ⅱ"超级服务器问世，峰值速度达每秒 1117 亿次，内存高达 50GB。
- 1999 年，"神威"并行计算机研制成功，其技术指标位居世界第 48 位。
- 2001 年，中科院计算所成功研制我国第一款通用 CPU "龙芯"芯片。
- 2002 年，我国第一台拥有完全自主知识产权的"龙腾"服务器诞生。
- 2005 年，联想并购 IBMPC，一跃成为全球第三大 PC 制造商。
- 2008 年，我国自主研发制造的百万亿次超级计算机"曙光 5000"获得成功。
- 2009 年，国内首台百万亿次超级计算机"魔方"在上海正式启用。同年，中国第一台千万亿次超级计算机——"天河一号"亮相。
- 2010 年，中国曙光公司研制的"星云"千万亿次超级计算机排名世界第二。同年，中国研制的"天河二号"超级计算机，位居世界第一。

近年来我国大型计算机的发展可以总结为"银河"现"曙光"，中华显"神威"。

【知识回顾】

1. 计算机的概念是什么？

2. 计算机划分发展时代的依据是什么？

3. 了解我国计算机的发展概况？

任务2　计算机的特点

曾有人说，机械可使人类的体力得以放大，计算机可使人类的智慧得以放大。作为人类智力劳动工具，计算机具有以下主要特性：

1. 处理速度快

通常以每秒钟完成基本加法指令的数目表示计算机的运算速度；现在运算速度高达百亿次每秒以上的计算机已不罕见，使过去人工计算需要几年或几十年才能完成的科学计算（如天气预报等），能在几小时或更短时间内完成；计算机的高速度使它在金融、交通、通信等领域中能达到实时、快速的服务。

目前世界上运行最快的计算机叫什么？它是哪个国家研制的？

2. 计算精度高

由于计算机采用二进制数字进行运算，计算精度主要由表示数据的字长决定，随着字长的增长和配合先进的计算技术，计算精度不断提高，可以满足各类复杂计算对计算精度的要求，能解决其他计算工具根本无法解决的问题。

3. 存储容量大

计算机的存储器类似于人类的大脑，可以"记忆"（存放）大量的数据和信息；随着微电子技术的发展；计算机内存储器的容量越来越大。目前一般的微机内存容量在4G～8G。加上大容量的磁盘等外部存储器，实际上计算机的存储容量已达到了海量。

4. 可靠性高

计算机硬件技术的迅速发展，采用大规模和超大规模集成电路的计算机具有非常高的可靠性，其平均故障时间可达到以"年"为单位。人们所说的"计算机错误"，通常是由与计算机相连的设备或软件的错误造成的，由于计算机硬件引起的错误越来越少了。

5. 全自动工作

冯·诺依曼体系结构计算机的基本思想之一是存储程序控制。计算机在人们预先编制好的程序控制下自动工作，不需要人工干预，工作完全自动化。

6. 适用范围广，通用性强

计算机靠存储程序控制进行工作。一般来说，无论是数值的还是非数值的数据，都可以表示成二进制数的编码；无论是复杂的还是简单的问题，都可以分解成基本的算术运算和逻辑运算，并可用程序描述解决问题的步骤。所以，不同的应用领域中，只要编制和运行不同的应用软件，计算机就能在此领域中很好地服务，通用性极强。

知识回顾

1. 简述计算机的特点。

任务3　计算机的应用及分类

一、计算机的应用

计算机具有存储容量大、处理速度快、工作全自动、可靠性高、逻辑推理和判断能力强等特点，所以已被广泛地应用于各种学科领域，并迅速渗透到人类社会的各个方面。

据统计，目前计算机有5000多种用途，并且还在不断增加，计算机的主要应用领域可分为以下几个方面。

1. 科学计算（数值计算）

计算机是为科学计算的需要而发明的。科学计算所解决的大都是从科学研究和工程技术中所提出的一些复杂的数学问题，计算量大而且精度要求高，只有能高速运算和存储量大的计算机系统才能完成。例如：在高能物理方面的分子、原子结构分析，可控热核反应的研究，反应堆的研究和控制，在水利、农业方面的设施的设计计算；地球物理方面的气象预报、水文预报、大气环境的研究；在宇宙空间探索方面的人造卫星轨道计算、宇宙飞船的研制和制导；此外，科学家们还利用计算机控制的复杂系统，试图发现来自外星的通信信号。如果没有计算机系统高速而又精确的计算，许多近代科学都是难以发展的。

2. 信息处理

信息处理是目前计算机应用最广泛的领域之一。信息处理是指用计算机对各种形式的信息（如文字、图像、声音等）收集、存储、加工、分析和传送的过程；当今社会，计算机用于信息处理，对办公自动化，管理自动化乃至社会信息化都有积极的促进作用。

应该指出：办公自动化大大地提高了办公效率和管理水平，在企业单位、事业单位的管理中被广泛采用，尤其是越来越多地应用到各级政府机关的办公事务中。

3. 过程控制

过程控制是指用计算机对生产或其他过程中所采集到的数据按照一定的算法经过处理，然后反馈到执行机构去控制相应过程，它是生产自动化的重要技术和手段。比如，在冶炼车间可将采集到的炉温、燃烧和其他数据传送给计算机，由计算机按照预定的算法计算并确定控制吹氧或加料的多少等．过程控制可以提高自动化程度，减轻劳动强度，提高生产效率，节省生产原料，降低生产成本，保证产品质量的稳定。

4. 计算机辅助系统

计算机辅助系统主要有计算机辅助设计、计算机辅助制造及计算机辅助教学等；计算机辅助设计和计算机辅助制造分别简称为 CAD（Computer Aided Design）和 CAM（Computer Aided Manufacturing）。在 CAD 系统与设计人员的相互作用下，能够实现最佳化设计的判定和处理，能自动将设计方案转变成生产图纸。以飞机设计为例，过去从制定方案到画出全套图纸，要花费大量人力、物力，用两年半到三年的时间才能完成，采用计算机辅助设计之后，只需 3 个月就可完成。CAM 是利用 CAD 的输出信息控制、指挥生产和装配产品。CAD/CAM 使产品的设计、制造过程都能在高度自动化的环境中进行。具有提高产品质量、降低成本、缩短生产周期和减轻管理强度等特点。目前．从复杂的飞机制造到简单的家电产品生产都广泛使用了 CAD/CAM 技术。

将 CAD、CAM 和数据库技术集成在一起，形成 CIMS（计算机集成制造系统）技术，实现设计、制造和管理完全自动化。

计算机辅助教学 CAI（Computer Assisted Instruction），目前，流行的计算机辅助教学模式有练习与测试模式和交互的教课模式；除了计算机辅助教学外，计算机模拟是另一种重要教学辅助手段。还有利用多媒体计算机和相应的配套设备建立的多媒体教室可以演示文字、图形、图像、动画和声音，给教师提供了强有力的现代化教学手段，使得课堂教学变得图文并茂，生动直观；利用计算机网络将校园内开设的课程传送到校园以外的各个地方，使得更多的人能有机会接受教育。

5. 家庭管理与娱乐

越来越多的人已经认识到计算机是一个多才多艺的助手。对于家庭，计算机通过各种各样的软件可从不同方面为家庭生活和事务提供服务，如家庭理财、家庭财物管理、家庭教育、家庭娱乐、家庭信息管理等；对于在职的各类人员，也可以通过运行专用软件或计算机网络在家里办公。

二、计算机的分类

计算机发展到今天，种类繁多，分类方法也各不相同。

1. 按处理数据的形态分类

可以分为数字计算机、模拟计算机和混合计算机。

2. 按使用范围分类

可以分为通用计算机和专用计算机。通用计算机适用于一般科技运算、学术研究、工程设计等广泛用途的计算。通常说的计算机就是指通用数字计算机。专用计算机是为适应某种特殊应用需要而设计的计算机，其运行程序不变、效率高、速度快、精度高，但不宜作他用。如飞机的自动驾驶仪中用的计算机等均属于专用计算机。

3. 按性能分类

这是一种最常用的分类方法，所依据的性能主要包括：字长、存储容量、运算速度、外部设备、允许同时使用一台计算机的用户多少和价格高低等。根据这些性能可将计算机分为超级计算机、大型计算机、小型计算机、微型计算机和工作站五类。

（1）超级计算机（Super Computer）

超级计算机又称巨型机。它是目前功能最强、速度最快，价格最贵的计算机。一般用于解决诸如气象、太空、能源、医药等尖端科学研究和战略武器研制中的复杂计算。它们安装在国家高级研究机关中，可供几百个用户同时使用。这种机器价格昂贵，号称国家级资源。世界上只有少数几个国家能生产这种机器。

（2）大型计算机（Mainframe）

这种机器也有很高的运算速度和很大的存储量，并允许相当多的用户同时使用。当然在量级上都不及超级计算机，价格也相对比巨型机来得便宜。这类机器通常用于大型企业、商业管理或大型数据库管理系统中，也可用作大型计算机网络中的主机。

（3）小型计算机（Minicomputer）

其规模比大型机要小，但仍能支持十几个用户同时使用；这类机器价格便宜，适

合于中小型企事业单位使用。

（4）微型计算机（Microcomputer）

其最主要的特点是小巧、灵活、便宜，但通常一次只能供一个用户使用，所以微型计算机也叫个人计算机（Personal Computer）。

（5）工作站（Workstation）

它与功能较强的高档微机之间的差别已不十分明显。通常，它比微型机有较大的存储容量和较快的运算速度，而且配备大屏幕显示器。主要用于图像处理和计算机辅助设计等领域。不过，随着计算机技术的发展，包括前几类机器在内，各类机器之间的差别有时也不再那么明显了。

知识回顾

一、问答题

1. 计算机应用包括哪几个方面？单位的工资管理系统、天气预报、各类交费系统等分别属于计算机哪方面的应用？

2. 按计算机的性能划分，计算机可分为哪几类？

二、选择题，请选出一个最佳答案。

1. 世界上第一台电子计算机诞生于（　　　）年。

A. 1939　　　　B. 1946　　　　C. 1952　　　　D. 1958

2. 世界上第一台电子计算机名叫（　　　）。

A. EDVAC　　　B. ENIAC　　　C. EDSAC　　　D. MARK-11

3. 计算机的发展趋势是（　　　）、微型化、网络化和智能化。

A. 大型化　　　B. 小型化　　　C. 精巧化　　　D. 巨型化

4. 计算机从诞生至今经历了四个时代，这种对计算机划代的原则是根据（　　　）。

A. 计算机所采用的电子器件　　　　B. 计算机的运算速度

C. 程序设计语言　　　　　　　　　D. 计算机的存储量

5. 下列不属于第二代计算机特点的一项是（　　　）。

A. 采用电子管作为逻辑元件

B. 内存主要采用磁芯

C. 运算速度为每秒几万～几十万条指令

D. 外存储器主要采用磁盘和磁带

6. 世界上首次提出存储程序计算机体系结构的是（　　　）。

A. 比尔·盖茨　　B. 冯·诺依曼　　C. 爱迪生　　　D. 乔治·布尔

7. 用电子管作为电子器件制成的计算机属于（　　　）。

A. 第一代　　　B. 第二代　　　C. 第三代　　　D. 第四代

8. 当代微机采用的主要元件是（　　　）。

A. 电子管   B. 晶体管

C. 中小规模集成电路   D. 大规模、超大规模集成电路

9. 计算机能自动工作，主要是因为采用了（　　）。

A. 二进制数制   B. 高速电子元件

C. 存储程序控制   D. 程序设计语言

10. 有关计算机的主要特性，叙述错误的有（　　）。

A. 处理速度快，计算精度高   B. 存储容量大

C. 逻辑判断能力一般   D. 网络和通信功能强

模块二：计算机中的数制与编码

【技能目标】

1. 不同进制间的转换

2. ASCII 字符编码的查找

【知识目标】

1. 数制及编码的相关概念

2. 数据的度量单位

【重点难点】

1. 进制间的转换

2. 字符编码的方法

任务1　计算机中数制的相关概念及常用进制

人类可识别的信息是丰富的，多样化的，但计算机能够识别的信息只有机器代码，即用 0 和 1 表示的二进制数据。因此，在使用计算机进行信息处理时必须进行数字编码。

一、有关数制的一些基本概念

数制也称为计数制，是指计数的方法，即采用一组计数符号的组合来表示任意一个数的方法。我们所使用的十进制数是位权的计数法，小数点左边第一位是个位，第二位是十位，第三位是百位……十进制数 "555" 中的三个数码都是 "5"，但处于个位的 "5" 所表示的数值大小为 5，处于十位上的 "5" 所表示的数值大小为 50 等，这时就引出了基数和位权两个基本概念。

1. 基数（Radix）

一个计数制所包含的数字符号的个数称为该数制的基数，用 R 表示。例如：

十进制（Decimal）：任意一个十进制数可用0、1、2、3、4、5、6、7、8、9十个数字符号组合的数字字符串来表示，它的基数 R = 10。

二进制（Binary）：任意一个二进制数可用0、1两个数字符号组合的数字字符串来表示，它的基数 R = 2。

为区分不同数制的数，约定对于任一 R 进制的数 N，记作：$(N)_R$。如 $(1010)_2$ 表示二进制数 1010；不用括号及下标的数，默认为十进制数，如 56。人们习惯在一个数的后面加上字母 D(十进制)、B(二进制)、O(八进制)、H(十六进制) 来表示其前面的数用的是什么进位制。如 1010B 表示二进制数 1010；AE05H 表示十六进制数 AE05。"逢基数进一"是进位计数制的主要特征。

2. 位权

任何一个 R 进制的数都是由一串数码表示的，其中每一位数码所表示的实际值大小，除数码本身的数值外，还与它所处的位置有关，由位置决定的值就叫位权。位权用基数的 i 次幂 R^i 表示。

3. 数值的位权展开

任意一个数制都可以表示为各位数码本身的值与其权的乘积之和。例如十进制数 323.5 按位权展开为：$323.5 = 3 \times 10^2 + 2 \times 10^1 + 3 \times 10^0 + 5 \times 10^{-1}$

计算机常用的进制有十进制、二进制、八进制、十六进制等。

表1.2　三种计数制的对应表示

十进制	二进制	十六进制	十进制	二进制	十六进制
0	0000	0	8	1000	8
1	0001	1	9	1001	9
2	0010	2	10	1010	A
3	0011	3	11	1011	B
4	0100	4	12	1100	C
5	0101	5	13	1101	D
6	0110	6	14	1110	E
7	0111	7	15	1111	F

二、各种数制间的转换

对于各种数制间的转换重点要求掌握二进制整数与十进制整数之间的转换。

1. 非十进制数转换成十进制数

利用按权展开的方法，可以把任意数制的一个数转换成十进制数。

［例1.1］　将二进制数 1010.1 转换成十进制数。

$$1010.1B = 1 \times 2^3 + 0 \times 2^2 + 1 \times 2^1 + 0 \times 2^0 + 1 \times 2^{-1}$$

$$=8+2+0.5=10.5\text{D}$$

［例 1.2］　将十六进制数 2BA 转换成十进制数。

$$2\text{BAH}=2\times16^2+\text{B}\times16^1+\text{A}\times16^0=512+176+10=698\text{D}$$

由上述例子可见，只要掌握了数制的概念，那么将任一 R 进制的数转换成十进制数的方法是一样的。

2. 十进制数转换成二进制整数

通常一个十进制数包含整数和小数两部分。由于对整数部分和小数部分处理方法不同，这里只讨论整数的转换。

把十进制整数转换成二进制整数的方法是采用"除二取余"法。具体步骤是：把十进制整数除以 2 得一商数和一余数；再将所得的商除以 2，得到一个新的商数和余数，这样不断地用 2 去除所得的商数，直到商等于 0 为止。每次相除所得的余数便是对应的二进制整数的各位数字。第一次得到的余数为最低有效位，最后一次得到的余数为最高有效位。

［例 1.3］　将十进制整数 215 转换成二进制整数

按上述方法得：

	商1	商2	商3	商4	商5	商6	商7	商8
除数2	215	107	53	26	13	6	3	1
	214	106	52	26	12	6	2	0
余数	1	1	1	0	1	0	1	1
	最低位						最高位	

所以，215D = 11010111B

所有的运算都是除 2 取余，只是本次除法运算的被除数须用上次除法所得的商来取代，这是一个重复过程。

用类似于将十进制数转换成二进制数的方法可将十进制整数转换成十六进制整数，只是所使用的除数以 16 去替代 2 而已。

3. 二进制数与十六进制数间的相互转换

用四位二进制数就可对应表示一位十六进制数。其对照关系如表 1.2 所示。

将一个二进制数转换成十六进制数的方法是从个位数开始向左按每四位二进制数一组划分，不足四位的组前面以 0 补足，然后将每组四位二进制数代之以一位十六进制数字即可。

［例 1.4］　将二进制整数 1111101011101B 转换成十六进制整数。

按上述方法分组得：0001，1111，0101，1011 在所划分的二进制数组中，最后一组是不足四位经补 0 而成的。再以一位十六进制数字符替代每组的四位二进制数字得：1111101011101B = 1F5BH

将十六进制整数转换成二进制整数，其过程与二进制数转换成十六进制数相反，即将每一位十六进制数字代之以与其等值的四位二进制数即可。

任务2 计算机中字符的编码

一、西文字符的编码

计算机中的信息都是用二进制编码表示的，用以表示字符的二进制编码称为字符编码。计算机中常用的字符编码有 EBCDIC（Extended Binary Coded Decimal Interchange Code）码和 ASCII 码（American Standard Code for Information Interchange）码，微型计算机一般采用 ASCII 码。

ASCII 码是美国标准信息交换码，被国际标准化组织（ISO）指定为国际标准；适用于所有拉丁字母，ASCII 码有 7 位码和 8 位码两种形式；用 7 位二进制数（高 3 位代码、低 4 位代码）表示一个字符的编码，其编码范围从 0000000B ~ 1111111B，共有 2^7 =128 个不同的编码值，相应可以表示 128 个不同字符的编码（见表 1.3）。

表 1.3 标准 ASCII 码字符集

低 4 位代码	高 3 位代码							
	000	001	010	011	100	101	110	111
0000	NUL	DLE	SP	0	@	P	、	p
0001	SOH	DC1	!	1	A	Q	a	q
0010	STX	DC2	"	2	B	R	b	r
0011	EXT	DC3	#	3	C	S	c	s
0100	EOT	DC4	$	4	D	T	d	t
0101	ENQ	NAK	%	5	E	U	e	u
0110	ACK	SYN	&	6	F	V	f	v
0111	BEL	ETB	'	7	G	W	g	w
1000	BS	CAN	(	8	H	X	h	x
1001	HT	EM	)	9	I	Y	i	y
1010	LF	SUB	*	:	J	Z	j	z
1011	VT	ESC	+	;	K	[	k	{
1100	FF	FS	,	<	L	\	l	|
1101	CR	GS	−	=	M	]	m	}
1110	SO	RS	.	>	N	^	n	~
1111	SI	US	/	?	O	_	o	DEL

扩展的 ASCII 码使用 8 位二进制表示一个字符的编码，可表示 $2^8 = 256$ 个字符的编码。

在计算机的存储单元中，一个 ASCII 码值占一个字节（8 个二进制位），其最高位（b7）用作奇偶校验位。

二、汉字的编码

ASCII 码是西文的编码，只对英文字符、数字和标点符号进行编码。要用计算机处理汉字，同样也需要对汉字进行编码。计算机对汉字的处理过程实际上是各种汉字编码间的转换过程。这些编码主要包括：汉字输入码、汉字内码、汉字字形码、汉字地址码及汉字信息交换码等。

1. 汉字信息交换码（国际码）

汉字信息交换码是用于汉字信息处理系统之间或者与通信系统之间进行信息交换的汉字代码，也称国标码。它是为使系统、设备之间信息交换时采用统一的形式而制定的。我国于 1981 年颁布了国家标准《信息交换用汉字编码字符集——基本集》，代号 "GB2312-80"，即国标码。

国标码的一些基本概念：

（1）常用汉字及其分级　国标码规定了进行一般汉字信息处理时所用的约 7445 个字符编码，其中 682 个非汉字图形字符和 6763 个汉字代码。汉字代码中又有一级常用字 3755 个，二级次常用字 3008 个。一级常用字按汉语拼音字母顺序排列。二级次常用字按偏旁部首排列，部首顺序依笔画多少排序。

（2）二个字节存储一个国标码　由于一个字节只能表示 256 种编码，显然一个字节不可能表示汉字的国标码，所以一个汉字必须用二个字节来表示。

（3）国标码的编码范围　为了中英文兼容，国标 GB2312-80 中规定，国标码中所有的汉字和字符的每个字节的编码范围与 ASCII 码表中的 94 个字符编码相一致，所以，其编码范围是：2121H-7E7EH。

2. 汉字输入码

汉字输入码是为了将汉字输入计算机而编制的代码，又叫外码。目前，汉字主要是经标准键盘输入计算机的，所以汉字输入码都是由键盘上的字符或数字组合而成的。对于同一汉字，其汉字输入码可以不同，但它们都通过输入字典转换成统一的标准的国标码。

3. 汉字内码

汉字的内码是为在计算机内部对汉字进行存储、处理和传输而编制构汉字代码。它应能满足存储、处理和传输的要求。当一个汉字输入计算机后就变成了内码，然后才能在机器内流动、处理。汉字的内码形式多种多样。目前，一个汉字的内码用 2 个字节来存储，并把每个字节的最高二进制位置 "1" 作为汉字内码的标识。

4. 汉字字形码

经过计算机处理的汉字信息，如果要显示或打印出来，则必须将汉字内码转换成人们可读的方块汉字。用以描述汉字字形的方法主要有：点阵字形和轮廓字形两种。

点阵字形就是以点阵方式来表示的汉字字形，是一种以网格来描画字形的方法。显示一个汉字一般采用 16×16 点阵、24×24 点阵、48×48 点阵等。例如 16×16 点阵就是将一个正方形分为横向的 16 点与纵向 16 点，以点的黑白来描画汉字。一个点需要 1 位二进制代码，所以 16×16 点阵描述一个汉字需要 32 个字节。同理，24×24 点阵需要 72 字节，32×32 点阵需要 128 字节存储空间。

点阵的大小影响着汉字字形的质量，点阵越大；汉字的笔画表示得就越清晰，因而汉字的质量就越高，但它所占用的存储空间也就越大；所以，汉字信息处理系统在确定汉字点阵的同时，也要考虑存储容量及设备的成本等因素。

5. 汉字地址码

汉字的地址码是指汉字字库中存储汉字字形信息的逻辑地址码。汉字字库中，汉字字形信息都是按一定顺序连续存储在存储介质上的。输出汉字时，由汉字地址码先找到该汉字在汉字库中的存储地址，才能取得字形码。

三、数据的存储及度量单位

计算机内所有的信息都是以二进制的形式存放的。其中，一个二进制是数据的最小单位，称为位（bit）。计算机处理信息时，一般以一组二进制数作为一个整体进行的，这组二进制数称为一个字（word）。一个字的二进制位数称为字长。不同计算机系统内部的字长是不同的。计算机中常用的字长有 8 位、16 位、32 位、64 位等。一个字可以表示许多不同的内容，较长的字可以处理更多的信息。字长是衡量计算机性能的一个重要指标。

一般用字节（byte）作为基本单位来度量计算机存储容量。一个字节由 8 位二进制数组成。在计算机内部，一个字节可以表示一个数据，也可以表示一个英文字母或其他特殊字符；两个字节可以表示一个汉字等。

有关存储的常用度量单位及其换算关系如下：

1Byte = 8 个二进制位（bit）

1KB = 1024 字节（B）

1MB = 1024KB = 1024×1024B

1GB = 1024MB

其中 KB、MB、GB 分别称为千、兆、吉等。

为了便于对计算机内的数据进行有效的管理和存取，需要对内存单元进行编号，即给每个存储单元一个地址。每个存储单元存放一个字节的数据。如果需要对某一个存储单元进行存储必须先知道该单元的地址，然后才能对该单元进行信息的存取。应当注意，存储单元的地址和存储单元里的内容是不同的。

知识回顾

一、问答题

1. 进位计数制、基数、位权应做何理解？计算机中常用的进制有哪些？真正能识别的是哪一种？

2. 把 347D 转换成二进制及十六进制。

二、选择题，请选出一个最佳答案。

1. 计算机中所有信息的存储都采用（　　）。

A. 二进制　　　　　B. 八进制　　　　　C. 十进制　　　　　D. 十六进制

2. 汉字点阵为 16×16，那么 100 个汉字的字型信息所占的字节数是（　　）。

A. 3200　　　　　B. 25600　　　　　C. 16×1600　　　　　D. 256

3. 字符的标准 ASCII 编码在机器中的表示方法准确地描述应是（　　）。

A. 使用 8 位二进制代码，最左边一位为 1

B. 使用 8 位二进制代码，最右边一位为 1

C. 使用 8 位二进制代码，最左边一位为 0

D. 使用 8 位二进制代码，最右边一位为 0

4. 小写英文字母"m"的十六进制 ASCII 码 6D，则小写英文字母"c"的十六进制 ASCII 码是（　　）。

A. 98　　　　　B. 62　　　　　C. 99　　　　　D. 63

5. 下列字符中，其 ASCII 码值最大的是（　　）。

A. 9　　　　　B. D　　　　　C. A　　　　　D. Y

6. 一个字节可以表示的最大无符号整数是（　　）。

A. 256　　　　　B. 255　　　　　C. 128　　　　　D. 127

7. 微型计算机能处理的最小数据单位是（　　）。

A. ASCII 码字符　　　B. 字节　　　　C. 字　　　　　D. 比特（二进制位）

8. 执行下列二进制算术加运算 11001001＋00100111 其运算结果是（　　）。

A. 11101111　　　B. 11110000　　　C. 00000001　　　D. 10100010

9. 将二进制 111111 转换为十进制数是（　　）。

A. 64　　　　　B. 62　　　　　C. 63　　　　　D. 32

10. 640KB 的含义是（　　）。

A. 640,000 字节　　　　　　　　　B. 640＊1024 个汉字

C. 640＊1024 字节　　　　　　　　D. 640＊1024 位

11. 目前，国际上广泛采用的西文字符编码是（　　）。

A. 五笔字型码　　　B. 区位码　　　C. 国际码　　　　D. ASCII 码

12. 下列字符中，ASCII 码值最小的是（   ）。

A. a   B. A   C. x   D. Y

13. 七位 ASCII 码最多可以表示（   ）西文符号。

A. 256   B. 128   C. 64   D. 32

14. 字母"B"的 ASCII 码值比字母"b"的 ASCII 码值（   ）。

A. 大   B. 相同   C. 小   D. 不能比较

15. 存放一个汉字的国标码需要（   ）字节。

A. 8   B. 4   C. 2   D. 1

16. 要存放 10 个 24×24 点阵的汉字字模，需要（   ）存储空间。

A. 74B   B. 320B   C. 720B   D. 72KB

17. 十进制整数 100 化为二进制数是（   ）。

A. 1100100   B. 1101000   C. 1100010   D. 1110100

18. 计算机中数据的表示形式是（   ）。

A. 八进制   B. 十进制   C. 二进制   D. 十六进制

19. 下列 4 个无符号十进制整数中，能用 8 个二进制表示的是（   ）。

A. 257   B. 201   C. 313   D. 296

20. 在一个非"0"无符号二进制整数右边加上两个"0"形成的新数，则新数的值是原数值的（   ）。

A. 四倍   B. 二倍   C. 四分之一   D. 二分之一

模块三：计算机系统的组成

【技能目标】

1. 独立组装一台家庭电脑

2. 熟练使用键盘，达到盲打的程度

【知识目标】

1. 了解计算机系统的组成

2. 了解微型计算机的主要部件及其作用

【重点难点】

微机的主要技术指标

任务1　计算机系统组成

计算机系统由硬件系统和软件系统两大部分组成。

硬件是指物理上存在的各种设备。通常所看到的计算机，总会有一些机柜或机箱，里边是各式各样的电子器件或装置。此外，还有键盘、鼠标器、显示器和打印机等，这些都是所谓的硬件，是计算机工作的物质基础，当然，大型计算机的硬件组成比微型机复杂得多。但无论什么类型的计算机，都有负责完成相同功能的硬件部分。软件是指运行在计算机硬件上的程序、运行程序所需的数据和相关文档的总称。程序就是根据所要解决问题的具体步骤编制成的指令序列。当程序运行时，它的每条指令依次指挥计算机硬件完成一个简单的操作，这一系列简单操作的组合，最终完成指定的任务。程序执行的结果通常是按照某种格式产生输出。

硬件是软件发挥作用的舞台和物质基础，软件是使计算机系统发挥强大功能的灵魂，两者相辅相成，缺一不可。

一、"存储程序控制"计算机的基本概念

"存储程序控制"是美籍匈牙利数学家冯·诺依曼等人于1946年提出的设计电子数字计算机的一些基本思想，概括起来有如下三个要点：

1. 计算机应具有运算器、控制器、存储器、输入设备和输出设备等五个基本功能部件。

2. 采用二进制

在计算机内部，程序和数据采用二进制代码表示。二进制只有"0"和"1"两个数码，它既便于硬件的物理实现，又有简单的运算规则，故可简化计算机结构，提高可靠性和运算速度。

3. 存储程序控制

所谓存储程序，就是把程序和处理问题所需的数据均以二进制编码形式预先按一定顺序存放到计算机的存储器里。计算机运行时，中央处理器依次从内存储器中逐条取出指令，按指令规定执行一系列的基本操作，最后完成一个复杂的工作。这一切工作都是由一个担任指挥工作的控制器和一个执行运算工作的运算器共同完成的，这就是存储程序控制的工作原理。存储程序控制实现了计算机的自动工作，同时也确定了冯·诺依曼型计算机的基本结构。

冯·诺依曼的上述思想奠定了现代计算机设计的基础，所以后来人们将采用这种设计思想的计算机称为冯·诺依曼型计算机。从1946年第一台计算机诞生至今，虽然计算机的设计和制造技术都有了极大的发展，但仍没有脱离冯·诺依曼提出的"存储程序控制"的基本工作原理。

二、计算机硬件系统的组成

计算机硬件的五个基本组成部分的功能简述如下。

1. 运算器（Arithmetic and Logical Unit，ALU）

运算器是计算机处理数据形成信息的加工厂，它的主要功能是对二进制数码进行算术运算或逻辑运算，称它为算术逻辑部件（ALU）。绝大多数运算任务都由运算器完成。

由于在计算机内各种运算均可归结为相加和移位这两个基本操作，所以，运算器的核心是加法器（adder）。为了能将操作数暂时存放，将每次运算的中间结果暂时保留。运算器还需要若干个寄存数据的寄存器（register）。若一个寄存器既保存本次运算的结果而又参与下次的运算，它的内容就是多次累加的和，这样的寄存器又叫做累加器（Accumulator，ACC）。

运算器主要由一个加法器、若干个寄存器和一些控制线路组成。

2. 控制器（Control Unit，CU）

控制器计算机的神经中枢，由它指挥全机各个部件自动、协调地工作，像人的大脑指挥躯体一样。控制器的主要部件有：指令寄存器、译码器、时序节拍发生器、操作控制部件的指令让数器（也叫程序计数器）。控制器的基本功能是根据指令计数器中指定的地址从内存取出一条指令，对其操作码进行译码，再由操作控制部件有序地控制各部件完成操作码规定的功能。控制器也记录操作中各部件的状态，使计算机能有条不紊地自动完成程序规定的任务。通常把运算器和控制器合起来称为 CPU（中央处理器）。

3. 存储器（Memory）

存储器是计算机的记忆装置，主要用来保存程序和数据，存储器应该具备存数和取数功能。存储是指往存储器里"写入"数据；取数是指从存储器里"读取"数据。读写操作统称对存储器的访问。存储器分为内存储器（简称内存）和外存储器（简称外存）两类。

中央处理器（CPU）只能直接访问存储在内存中的数据。外存中的数据只有先调入内存后，才能被中央处理器访问和处理。

4. 输入设备（Input Devices）

输入设备是用来向计算机输入命令、程序、数据、文本、图形、图像、音频和视频等信息的。其主要作用是把人们可读的信息转换为计算机能识别的二进制代码输入计算机，供计算机处理。例如，用键盘输入信息时，敲击它的每个键位都能产生相应的电信号，再由电路板转换成相应的二进制代码送入计算机；目前常用的输入设备有键盘、鼠标器、扫描仪等。

5. 输出设备（Output Devices）

输出设备的主要功能是将计算机处理后的各种内部格式的信息转换为 Mi1 能识别的形式（如文字、图形、图像和声音等）表达出来。例如，在纸上打印出印刷符号或在屏幕上显示字符、图形等。常见的输出设备有显示器、打印机、绘图仪和音箱等，它们分别能把信息直观地显示在屏幕上或打印出来。

三、计算机软件系统的组成

所谓软件是指为方便使用计算机和提高使用效率而组织的程序以及用于开发、使用和维护的有关文档。软件系统可分为系统软件和应用软件两大类。

1. 系统软件

系统软件由一组控制计算机系统并管理其资源的程序组成，其主要功能包括：启动计算机，存储、加载和执行应用程序，对文件进行排序、检索，将程序语言翻译成机器语言等。实际上，系统软件可以看作用户与计算机的接口，它为应用软件和用户提供了控制、访问硬件的手段，这些功能主要由操作系统完成。

此外，编译系统和各种工具软件也属此类，它们从另一方面辅助用户使用计算机。

（1）操作系统（Operating System，OS）

操作系统是管理、控制和监督计算机软、硬件资源协调运行的程序系统，由一系列具有不同控制和管理功能的程序组成，它是直接运行在计算机硬件上的、最基本的系统软件，是系统软件的核心。操作系统的主要目的有两个：一是方便用户使用计算机，是用户和计算机的接口；二是统一管理计算机系统全部资源，合理组织计算机工作流程，以便充分、合理地发挥计算机的效率。

操作系统的功能十分丰富，操作系统通常应包括下列五大功能模块：

① 处理器管理。当多个程序同时运行时，解决处理器（CPU）时间的分配问题。

② 作业管理。完成某个独立任务的程序及其所需的数据组成一个作业。作业管理的任务主要是为用户提供一个使用计算机的界面使其方便地运行自己的作业，并对所有进入系统的作业进行调度和控制。

③ 存储器管理。为各个程序及其使用的数据分配存储空间，并保证它们互不干扰。

④ 设备管理。根据用户提出使用设备的请求进行设备分配，同时还能随时接收设备的请求（称为中断），如要求输入信息。

⑤ 文件管理。主要负责文件的存储、检索、共享和保护，为用户提供文件操作的方便。

操作系统的种类繁多，依其功能和特性分为批处理操作系统、分时操作系统和实时操作系统等；依同时管理用户数的多少分为单用户操作系统和多用户操作系统；适合管理计算机网络环境的网络操作系统。

（2）语言处理系统（翻译程序）

机器语言是计算机唯一能直接识别和执行的程序语言。如果要在计算机上运行高级语言程序就必须配备程序语言翻译程序（翻译程序）；翻译程序本身是一组程序，不同的高级语言都有相应的翻译程序。

对于高级语言来说，翻译的方法有两种：一种称为"解释"。早期的 BASIC 源程序的执行都采用这种方式。这种方式速度较慢，每次运行都要经过"解释"，边解释边执

行。另一种称为"编译"，它调用相应语言的编译程序，把源程序变成目标程序（以.OBJ 为扩展名），再把目标程序与库文件相连接形成可执行文件。

对源程序进行解释和编译任务的程序，分别叫做编译程序和解释程序。如 FORTRAN、COBOL、PASCAL 和 C 等高级语言，使用时需有相应的编译程序；BASIC、LISP 等高级语言，使用时需用相应的解释程序。

（3）服务程序

服务程序能够提供一些常用的服务性功能，为用户开发程序和使用计算机提供了方便，像微机上使用的诊断程序、调试程序、编辑程序均属此类。

（4）数据库管理系统

数据库是指按照一定联系存储的数据集合，可为多种应用共享，如医院的病历、人事部门的档案等都可分别组成数据库。数据库管理系统（Data Base Management System，DBMS）则是能够对数据库进行加工、管理的系统软件。其主要功能是建立、消除、维护数据库及对库中数据进行各种操作。数据库系统不但能够存放大量的数，更重要的是能迅速、自动地对数据进行检索、修改、统计、排序、合并等操作，以得到所需的信息。数据库技术是计算机技术中发展最快、应用最广的一个分支。

2. 应用软件

为解决各类实际问题而设计的程序系统称为应用软件。从其服务对象的角度，又可分为通用软件和专用软件两类。

（1）通用软件

这类软件通常是为解决某一类问题而设计的，而这类问题是很多人都要遇到和解决的。例如：文字处理、表格处理、电子演示、电子邮件收发等是企事业等管理单位或日常生活中常见的问题。Microsoft Office 2003 办公软件是针对上述问题而开发的，再如：针对财务会计业务问题的财务软件，针对机械设计制图问题的绘图软件（AutoCAD），以及图像处理软件（Photoshop）等都是适应解决某一类问题的通用软件。

（2）专用软件

在市场上可以买到通用软件，但有些具有特殊功能和需求的软件是无法买到的。比如某个用户希望有一个程序能自动控制车床，同时也能将各种事务性工作集成起来统一管理。因为它对于一般用户是太特殊了，所以只能组织人力开发。当然开发出来的这种软件也只能专用于这种情况。

综上所述，计算机系统由硬件系统和软件系统组成，两者缺一不可。而软件系统又由系统软件和应用软件组成，操作系统是系统软件的核心，在每个计算机系统中是必不可少的；其他的系统软件，如语言处理系统可根据不同用户的需要配置不同程序语言编译系统。应用软件则随各用户的应用领域的不同而可以有不同的配置。

任务2 微型计算机的硬件系统

因学习及生活需要，小林近期准备购置一台微型计算机，请协助他完成最基本硬件的配置。

组装一台性价比较高的个人计算机，主要取决于用户的使用需求。通常个人计算机的作用需求主要集中在工作和娱乐两方面。小林是学生，购置的计算机主要先满足学习需要，硬件要求不是很高，所以给予最基本的配置。先了解微机相关知识。微机外观如图1.1：

图1.1 微机外观图

一、微型计算机的硬件及其功能

1. 主板

主板又称为主机板（Main Board）、系统板（System Board）或母板（Mother Board）。它安装在机箱内，是计算机最基本、最重要的部件之一。主板一般为矩形电路板，上面一般安装有 BIOS 芯片、I/O 控制芯片、键盘和面板控制开关接口、指示灯插接件等元件（见图1.2）。

图1.2 微机主板图

主板上的总线（Bus）是连接 CPU 和计算机上各种器件的一组信号线，总线在各部件之间传递数据和信息。主板上的总线按功能分为三类：用来发送 CPU 命令信号到存储器或 I/O 设备的是控制类总线（Control Bus，CB）；由 CPU 向存储器传送地址的是地址总线（Address Bus，AB）；CPU、存储器和 I/O 之间的数据传送通道是数据总线

（Data Bus，DB）。总线扩展插槽用来插入各种功能的扩展卡，如显卡、声卡、电视接收卡等。总线扩展插槽通过总线与 CPU 连接，在操作系统的支持下扩展使用功能。

2. 中央处理器（CPU）

中央处理器（CPU）主要包括运算器（ALU）和控制器（CU）两大部件。它是计算机的核心部件。CPU 是一体积不大而元件的集成度非常高、功能强大的芯片，计算机的所有操作都受 CPU 控制，所以它的品质直接影响着整个计算机系统的性能。CPU 可以直接访问内存储器，它和内存储器构成了计算机的主机，是计算机系统的主体（如图 1.3）。

CPU 的性能指标直接决定了由它构成的微型计算机

图 1.3　CPU 实物图

系统性能指标。CPU 的性能指标主要有字长和时钟主频两个。字长表示 CPU 每次处理数据的能力，主流的 CPU 每次能处理 32 位二进制数据；时钟频率以 MHz（兆赫兹）或 GHz（吉赫兹）为单位来度量；通常，时钟频率越高其处理数据的速度相对也就越快。CPU 的时钟频率已发展到 4GHz，随着 CPU 主频的不断提高，它对内存 RAM 的存取更快了，而 RAM 的响应速度达不到 CPU 的速度，这样就可能成为整个系统的"瓶颈"；为了协调 CPU 与 RAM 之间的速度差问题，在 CPU 芯片中又集成了高速缓冲存储器（Cache）。

所以，可以说 CPU 主要包括运算器（ALU）和控制器（CU）两大部件，此外，还包括：若干个寄存器和高速缓冲存储器，用内部总线连接。

3. 存储器（Memory）

存储器分为两大类：一类是设在主机中的内部存储器（简称内存），也叫主存储器，用于存放当前运行的程序和程序所用的数据，属于临时存储器；另一类是属于计算机外部设备的存储器，叫外部存储器（简称外存），也叫辅助存储器（简称辅存）。外存属于永久性存储器，存放着暂时不用的数据和程序。当需要某一程序或数据时，首先应调入内存，然后再运行。

一个二进制位（bit）是构成存储器的最小单位。为了存取到指定位置的数据，通常将每 8 位二进制位组成一个存储单元，称为字节（Byte）并给每个字节编上一个号码，称为地址（Address）。

存储器可容纳的二进制信息量称为存储容量。目前，度量存储容量的基本单位是字节（Byte）。此外，常用的存储容量单位还有：KB（千字节）、MB（兆字节）和 GB（吉字节）。

内存储器分为随机存储器（Random Access Memory，RAM）和只读存储器（Read Only Memory，ROM）两类。

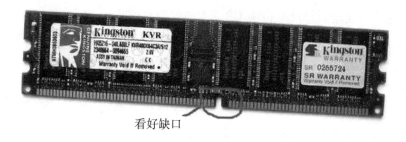

看好缺口

图1.4　内存条

随机存储器也叫读写存储器。依据存储元件结构的不同，RAM 又可分为静态 RAM（Static RAM，SRAM）和动态 RAM（Dynamic RAM，DRAM）。静态 RAM 是利用其中触发器的两个稳态来表示所存储的"0"和"1"的，这类存储器集成度低、价格高，但存取速度快，常用来做高速缓冲存储器（Cache）。动态 RAM 则是用半导体器件中分布电容上有无电荷来表示"1"和"0"。因为保存在分布电容上的电荷会随着电容器的漏电而逐渐消失，所以需要周期性地给电容充电，称为刷新。这类存储器集成度高、价格低，但由于要周期性地刷新，所以存取速度较 SRAM 慢。

RAM 中存储当前使用的程序、数据、中间结果和与外存交换的数据，CPU 根据需要可以直接读/写 RAM 的内容。RAM 有两个主要特点：一是其中的信息随时可以读出或写入，当写入时，原来存储的数据将被冲掉；二是加电使用时其中的信息会完好无缺，但是一旦断电（关机或意外掉电），RAM 中存储的数据就会消失，而且无法恢复。由于 RAM 的这一特点，所以也称它为临时存储器。

只读存储器（Read Only Memory，ROM），顾名思义，只读存储器只能做读出操作而不能做写入操作，ROM 中的信息只能被 CPU 随机读取。

ROM 主要用来存放固定不变的控制计算机的系统程序和数据，如：常驻内存的监控程序、基本 I/O 系统；各种专用设备的控制程序和有关计算机硬件的参数表等。例如，安装在系统主板上的 ROM-BIOS 芯片中存储着系统引导程序和基本输入输出系统。ROM 中的信息是在制造时用专门设备一次写入的，存储的内容是永久性的，即使关机或掉电也不会丢失。随着半导体技术的发展，已经出现了多种形式的只读存储器，如：可编程的只读存储器 PROM（Programmable ROM），可擦除、可编程的只读存储器 EPROM（Erasable Programmable ROM），以及掩膜型只读存储器 MROM（Masked ROM）等。

辅助存储器（Auxiliary Memory）与内存相比，外部存储器的特点是存储量大、价格较低，而且在断电的情况下也可以长期保存信息，所以又称为永久性存储器。目前最常用的有磁盘、光盘等。

（1）硬盘

硬盘（Hard Disk）与硬盘驱动器封装在一起，一般安装在主机箱内。硬盘是计算机最重要的外部存储设备。硬盘的主要性能指标有容量、读写速度、接口类型、数据

缓存以及转速等。硬盘的容量单位为 GB，主流的硬盘容量在 500GB 以上。硬盘接口类型分为 IDE、SATA、SCSI 和光纤通道四种，IDE 和 SATA 接口硬盘用于家用产品中，也部分应用于服务器；SCSI 并不是专门为硬盘设计的接口，它具有应用范围广、多任务、带宽大、CPU 占用率低以及热插拔等优点，但价格较高，主要应用于服务器；光纤通道硬盘只用在高端服务器上，价格昂贵。在硬盘内部的高速存储

图 1.5　硬盘

器称为数据缓存，它能将硬盘工作时的一些数据暂时保存起来，以供读取和再读取。目前硬盘的高速缓存一般为 16～32MB，主流 SATA 硬盘的数据缓存为 32MB。转速是指硬盘内电机主轴的旋转速度，它是标志硬盘档次的重要参数之一，是决定硬盘内部传输速率的关键因素之一。普通硬盘的转速一般有 5400rpm、7200rpm 等几种，SCSI 硬盘转速基本都采用 10000rpm，甚至还有 15000rpm。

移动硬盘。移动硬盘多采用 USB、IEEE 1394 等接口，因此便于插拔，具有便携性。移动硬盘数据的读写模式与标准 IDE 硬盘相同。

（2）光盘与光盘驱动器

光盘存储器主要由光盘和光盘驱动器组成。光盘是存储信息的介质，光盘按用途可以分为只读型光盘和可重写型光盘两种。只读型光盘包括 CD-ROM、DVD（Digital Versatile Disk）和只写一次型 CD-R、DVD-R，前者由厂家预先写入数据，用户不能修改，它主要用于存储文献和不需要修改的信息；后者可以由用户写入信息，写一次后将永久保存在光盘上不可修改。可重写型光盘类似于磁盘，可以反复读写，它的材料与只读型光盘制作材料不同。

4. 输入设备和输出设备

微型计算机的输入设备和输出设备是人与计算机系统之间进行信息交换的主要装置。输入设备可以将外部信息（如文字、数字、声音、图像、程序等）转变为数据输入到计算机中进行加工、处理；而输出设备是把计算机处理的中间结果或最终结果，用人所能识别的形式（如字符、图形、图像、语音等）表示出来，它包括显示设备、打印设备、语音输出设备、图像输出设备等。常用的输入/输出设备主要有：键盘、鼠标、显示器、打印机、音箱等。

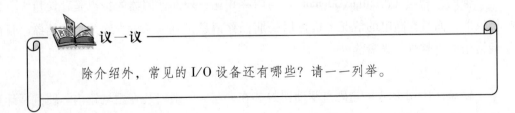

议一议

除介绍外，常见的 I/O 设备还有哪些？请一一列举。

（1）键盘

键盘是计算机常用的输入设备，专家认为在未来相当长的时间内也会是这样；目前普遍使用的是电容式 101 键键盘。如图 1.6 所示：

图 1.6   键盘

常见的 101 键盘可分为 4 个区：功能键区、字符键区、光标控制键区和数字键区；各键区的键符功能见表 1.4。

表 1.4   主要键符的功能与作用

键区	键符名称	功能与操作	特点
字符键区	Shift	上档键。按住该键不放可输入上档的各种符号或大小写转换的字母	字符键区主要由 26 个英文字母键组成，主要用于输入符号、字母、数字等信息
	Caps Lock	大写字母转换键。按该键，Caps Lock 指示灯亮时可输入大写字母；再按该键，Caps Lock 指示灯灭时可输入小写字母	
	Tab	制表键。按该键，光标可移动一个制表位置（一般移动 8 个字符位置，但在不同的软件下移动的位置可能不同）	
	Enter	回车键。按该键表示结束前面的输入并转换到下一行开始输入，或者执行前面输入的命令	
	空格键	该键为一空白长条形，按一次该键能输入一个空格符	
	Backspace	退格键。按一次该键可删除光标前边的一个字符	
	Delete	删除键。按一次该键可删除光标后边的一个字符	
	Ctrl	控制键。该键单独使用没有意义，主要用于与其他键组合在一起操作，构成某种控制作用	
	Alt	转换键。该键单独使用没有意义，主要用于组合键	
	Insert	插入键。改变插入与改写状态	

键区	键符名称	功能与操作	特点
功能键区	F1—F12	功能键。其功能通常由不同的软件来定义	提供软件设置的操作功能用
	Pause	暂停键。按一次该键可暂停正在执行的命令和程序，按任意键即可继续执行	
	Print Screen	屏幕打印键。使用该键可将屏幕内容输出到剪贴板	
	Scroll Lock	屏幕滚动锁定键。按下此键，则屏幕显示停止滚动，直到再按此键为止	
	Esc	中止或取消键。一般用于取消一个操作或中止（退出）一个程序	
光标控制键区	↑ ↓ ← →	光标移动键。使光标上移、下移、右移、左移	该区的主要功能是控制光标在屏幕上的位置
	其他光标控制键	Home 键使光标回到本行起始位置；End 键使光标移到本行结束位置；Page Up 键往前翻一屏内容；Page 盘 Down 键向后翻一屏内容。这四个键的功能跟使用的具体软件有关	
数字键区	小键盘	键位上的上、下档功能由数字锁定键 Num Lock 来控制；当按下 Num Lock 键时，Num Lock 指示灯亮，则上档键数字起作用；再按该键使 Num Lock 灯灭时，则下挡的光标控制键等起作用	快捷、方便地输入数字和运算符

（2）鼠标

鼠标的主要功能是进行光标定位或完成某种特定的输入，鼠标的主要技术指标是分辨率，单位是 dpi，它是指每移动一英寸能检测出的点数，分辨率越高，质量也就越高，现在常用鼠标的分辨率可达 2000dpi 以上。与键盘相同，鼠标的接口也有 PS/2、USB 和无线三种。鼠标通常有 2 或 3 个按键（目前已经有 4 个或 5 个按键的鼠标）。常用的鼠标是 2 个按键中间带一个滚轮，右手握鼠标时，左边的按键为拾取键，用来定位和执行操作；右边的按键为快捷菜单选择键，中间滚轮用来滚动屏幕显示信息。

（3）显示器

显示器也称为监视器或屏幕，它是用户与计算机之间对话的主要信息窗口，其作用是在屏幕上显示从键盘输入的命令或数据，程序运行时能自动将机内的数据转换成直观的字符、图形输出，以便用户及时观察必要的信息和结果。

显示器有三大类：阴极射线管（CRT）显示器、液晶显示器（LCD）和等离子体显示器（PDP）。显示器的主要性能指标有：分辨率、屏幕尺寸、点间距、刷新频率等。

分辨率：显示器显示的字符和图形由一个个小光点组成，这些小光点称为像素。

显示器的分辨率一般表示为水平显示的像素个数×水平扫描线数，如 1024×768。从理论上讲，显示器分辨率越高，显示越清晰，但实际显示效果还与显卡的性能有关。

屏幕尺寸：显示器的显示区域的大小用屏幕尺寸来衡量，屏幕尺寸一般用屏幕区域对角线的长度表示，单位为英寸，如 17 英寸、19 英寸等。

点间距：点间距是指屏幕上两个颜色相同的荧光点之间的最短距离。点间距越小，显示出来的图像越细腻。

刷新频率：刷新频率分为垂直刷新频率和水平刷新频率，垂直刷新频率又称帧频或场频表示屏幕的图像每秒重绘多少次。与垂直刷新频率对应的一项指标是水平刷新频率又称行频，它表示显示器从左到右绘制一条水平线的频率。水平刷新频率和垂直刷新频率及分辨率三者是相关的。一般提到的显示器刷新频率是指垂直刷新频率，单位为 Hz。液晶显示器现在应用已经越来越广泛，与 CRT 显示器相比它具有很多优点：体积小、重量轻、辐射低、图像稳定、用电量小，液晶显示器还可做成真正纯平。

（4）打印机

常见的打印机大致可分为喷墨打印机、激光打印机和针式打印机。与其他类型的打印机相比，激光打印机有着几个较为显著的优点：打印速度快、打印品质好、工作噪声小等。针式打印机由于结构简单，因此体积可以做得比较小，在打印效果要求不高的场所，如超市、出租车、银行等还在广泛使用。喷墨打印机在彩色打印、特殊介质打印方面还在大量应用。

打印机分辨率又称为输出分辨率，是指在打印输出时横向和纵向两个方向上每英寸最多能够打印的点数，单位为 dpi。打印分辨率是衡量打印机打印质量的重要指标，分辨率越高，打印的效果越清晰，也表示打印机的质量越高。

知识回顾

一、问答题

1. 通过学习，请帮小林安装一台家用计算机？列出所需的相关部件名称、性能要求、预算等。

2. 美籍匈牙利数学家冯·诺依曼对计算机领域的贡献有哪些？

二、选择题，请选出一个最佳答案。

1. 计算机硬件的 5 大基本构成包括：运算器、控制器、存储器、输入设备和（　　）。

A. 显示器　　　　B. 输出设备　　　C. 磁盘驱动器　　D. 鼠标

2. 通常所说的 I/O 设备指的是（　　）。

A. 输入输出设备　B. 通信设备　　　C. 网络设备　　　D. 控制设备

3. 计算机存储单元中存储的内容（　　）。

A. 只能是数据　　B. 只能是程序　　C. 只能是指令　　D. 可以是数据和指令

4. 下列关于存储器的叙述中正确的是（　　　）。

A. CPU 能直接访问存储在内存中的数据，也能直接访问存储在外存中的数据

B. CPU 不能直接访问存储在内存中的数据，能直接访问存储在外存中的数据

C. CPU 只能直接访问存储在内存中的数据，不能直接访问存储在外存中的数据

D. CPU 不能直接访问存储在内存中的数据，也不能直接访问存储在外存中的数据

5. 微型计算机硬件系统中最核心的部件是（　　　）。

A. 主板　　　　　　B. CPU　　　　　　C. 内存储　　　　　　D. I/O 设备

6. 中央处理器（CPU）可以直接访问的计算机部件是（　　　）。

A. 内存储器　　　B. 硬盘　　　　　C. 软盘　　　　　D. U 盘

7. 微型计算机存储系统中，PROM 是（　　　）。

A. 可读写存储器　　　　　　　　B. 动态随机存储器

C. 只读存储器　　　　　　　　　D. 可编程只读存储器

8. 设置电脑的显示器及颜色数（　　　）。

A. 与显示器的分辨率有关

B. 与显示卡有关

C. 与显示器的分辨率及显示卡有关

D. 与显示器的分辨率及显示卡无关

9. 在微机中，把数据传送到磁盘上，称为（　　　）。

A. 存盘　　　　　B. 写入　　　　　C. 读出　　　　　D. 以上都不是

10. 下面哪些是 CMOS 的功能（　　　）。

A. 保存系统时间　　　　　　　　B. 保存用户文件

C. 保存用户程序　　　　　　　　D. 保存临时文件

11. 用 MIPS 来衡量的计算机性能指标是（　　　）。

A. 传输速率　　　B. 存储容量　　　C. 字长　　　　　D. 运算速度

12. 在计算机中，既可作为输入设备又可作为输出设备的是（　　　）。

A. 显示器　　　　B. 磁盘驱动器　　　C. 键盘　　　　　D. 图形扫描仪

13. 微型计算机中，ROM 的中文名字是（　　　）。

A. 随机存储器　　　　　　　　　B. 只读存储器

C. 高速缓冲存储器　　　　　　　D. 可编程只读存储器

14. 3.5 英寸软盘片角上有一带黑滑块的小方口，当小方口被关闭时，其作用（　　　）。

A. 只能读不能写　　　　　　　　B. 能读又能写

C. 禁止读也禁止写　　　　　　　D. 能写但不能读

15. 下列叙述正确的是（　　　）。

A. 激光打印机属于击打式打印机　　　B. CAI 软件属于系统软件

C. 盘驱动器是存储介质　　　D. 计算机运算速度可以用 MIPS 表示

16. 微机的内存是（　　）。

A. 按二进制位编址　　　B. 按字节编址

C. 按字长编址　　　D. 按十进制位编址

17. RAM 具有的特点是（　　）。

A. 海量存储

B. 存储在其中的信息可以永久保存

C. 一旦断电，存储在其中的信息将全部消失且无法恢复

D. 存储在其中的信息不能写出

18. 在微机中，通用寄存器的位数是（　　）。

A. 8 位　　　B. 16 位　　　C. 32 位　　　D. 计算机字长

19. 下列选项中不属于输入设备的是（　　）。

A. 扫描仪　　　B. 键盘　　　C. 条形码阅读器　　　D. 投影仪

20. 下列选项中，不是微机总线的是（　　）。

A. 地址总线　　　B. 通信总线　　　C. 数据总线　　　D. 控制总线

21. 计算机的主存是指（　　）。

A. RAM 和 C 盘　　　B. ROM 和 C 盘

C. ROM 和 RAM　　　D. 硬盘

模块四：多媒体技术

【技能目标】

1. 能够说出多媒体技术的特征

2. 描述多媒体技术在生产生活中的运用

【知识目标】

1. 认识什么是多媒体技术和多媒体系统

2. 了解多媒体技术的基本特点及其应用

【重点难点】

理解多媒体、多媒体技术、多媒体系统的含义

任务1　了解多媒体技术

多媒体技术是一门融合了微电子技术、计算机技术、通信技术、数字化声像技术、

高速网络技术和智能化技术于一体的综合的高新技术，它的出现为人们展现出一个丰富多彩的视听世界。随着多媒体技术应用不断地发展和深化，必将对人类、生活的各个领域以及人们思想观念上产生巨大的作用。

1. 多媒体技术基础概念

媒体（Media）：表示和传播信息的载体。

多媒体（Multimedia）：两个或以上的媒体元素的有机结合。

议一议

说一说你眼中的多媒体。

多媒体技术（Multimedia Technology）：利用计算机对文本、图形、图像、声音、动画、视频等多种信息综合处理、建立逻辑关系和人机交互作用的技术。简单来说，多媒体技术就是综合处理图、文、声、像信息，并使之具有集成性和交互性的计算机技术。

2. 多媒体技术的特点

（1）多样性：相对于计算机而言的，即指信息媒体的多样性。

（2）交互性：用户可以与计算机的多种信息媒体进行交互操作从而为用户提供了更加有效地控制和使用信息的手段。

（3）集成性：以计算机为中心综合处理多种信息媒体，它包括信息媒体的集成和处理这些媒体的设备的集成。

（4）数字化：多媒体中的每个媒体都是以数字形式存放在计算机中。

（5）实时性：多媒体系统中，声音和活动的视频图像都是实时的，是与时间密切相关，必须进行实时的处理和控制。

3. 多媒体技术应用

（1）教育培训：利用多媒体技术，能够给学生创造出图文并茂、生动逼真的教学环境，提高学生的学习兴趣和效率，提高学习效果。

（2）商务行业：多媒体技术越来越广泛地应用到商业行业中，例如产品的广告，商品的查询和展示系统，又如近年来日趋成熟的虚拟现实技术。

（3）娱乐休闲：影视、音乐和游戏等家庭休闲娱乐是多媒体技术应用非常广泛的一个领域。

（4）影视处理：音视频的制作和编辑是一个对多媒体技术依赖性较高的应用，多媒体技术为影视行业提高了很多便利。

（5）电子出版业：多媒体技术促进了电子出版业的发展，集文字、图像、声音和视频于一身的电子图书有着普通书籍无法比拟的优势。

（6）网络应用：在网络中，多媒体技术不断的发展和广泛应用，使得信息的交流变得生动活泼、丰富多彩。

任务2 了解多媒体计算机基本设备

1. 多媒体计算机

多媒体计算机（Multimedia Personal Computer）是一种能够对声音、图像、视频等多媒体信息进行综合处理的计算机系统。

1985 年出现了第一台多媒体计算机，其主要功能是指可以把音频视频、图形图像和计算机交互式控制结合起来，进行获取、编辑、存储、处理和输出操作。

1990 年 Microsoft 等公司筹建了多媒体 PC 市场协会（Multimedia PC Marketing Council），并在 1991 年 10 月 8 日发表了第一代多媒体 MPC 的规格，即 MPC1.0。随后又发表了 MPC2.0 和 MPC3.0 的技术规格，1996 年，该协会又发表了 MPC4.0 的技术规格。目前家用机的配置已经远超过了这些规格。

2. 多媒体计算机的组成

（1）多媒体计算机的硬件规范

多媒体计算机包括五个基本的部件：个人计算机（PC），只读光盘驱动器（CD-ROM），声卡，Windows 操作系统和一组音箱或耳机，且对 CPU、存储器容量和屏幕显示功能等定有最低的规格标准。

MPC4.0 的技术标准：

① CPU：Pentium133 或 200

② 内存：16MB 或更多

③ 外存：1.6GB 以上硬盘、3.5 英寸 1.44MB 软驱

④ 显示卡：图形分辨率为 1280×1024/1600×1200/1900×1200，24/32 位真彩色

⑤ 声卡：16 位立体声、带波表 44.1/48kHz

⑥ 视频设备：MODEM 卡、视频采集卡、特技编辑卡和视讯会议卡

⑦ I/O 接口：串口、并口、MIDI 接口和游戏棒接口

⑧ 输入设备：标准 101 键盘、两键鼠标

⑧ 操作系统：Windows3.2/95/98/NT……

⑩ 解压缩卡：符合 MPEG-1 标准的 MPEG

⑪ 其他：声卡、话筒和耳机等

（2）多媒体计算机的软件系统

多媒体软件可以划分成不同的层次或类别。这种划分是在发展过程中形成的，并没有绝对的标准。按其功能可划分为五类：

① 驱动软件。多媒体软件中直接和硬件打交道的软件称为驱动程序。它完成设备的初始化，各种设备操作以及设备的打开与关闭等。

② 多媒体操作系统。又称多媒体核心系统（Multimedia Kernel System）。它应具有实时任务调度，多媒体数据转换和同步控制机制，对多媒体设备的驱动和控制，以及具有图形和声像功能的用户接口等。一般是在已有操作系统基础上扩充与改造，或者重新设计。

③ 多媒体工具软件。多媒体素材指的是文本、图形、图像、声音、动画和视频等不同种类的媒体信息。多媒体素材制作软件是用来采集、输入、处理、存储和输出媒体数据的软件，如声音录制与编辑软件，图形图像编辑处理软件，视频采集、编辑软件，动画生成编辑软件等。

④ 多媒体应用软件。多媒体编辑创作软件又称多媒体著作工具，是多媒体专业人员在多媒体操作系统之上开发的，供特定应用领域的专业人员组织编排多媒体数据，且把它们连接成完整的多媒体应用系统的工具软件。

⑤ 多媒体应用系统。多媒体应用软件是在多媒体硬件平台上设计开发的面向应用的软件系统，由于与应用密不可分，有时也包括用软件创作工具开发出来的应用软件。

知识回顾

选择题，请选出一个最佳答案。

1. 多媒体计算机中所说的媒体是指（　　）。

A. 传递信息的载体
B. 存储信息的实体
C. 信息的编码形式
D. 信息的传输介质

2. 多媒体技术的主要特征是（　　）。

A. 数字化、交互性、集成性、实时性

B. 独立性、交互性、集成性、实时性

C. 不确定性、交互性、集成性、非线性

D. 多样性、交互性、独立性、实时性

3. 计算机多媒体技术，是指计算机能接收、处理和表现（　　）等多种信息媒体的技术。

A. 中文英文和其他文字
B. 硬盘、软件、键盘、鼠标
C. 文字、声音和图像
D. 拼音码、五笔字型和全息码

4. 现在许多信息终端都有多媒体功能，如：手机、数码相机等，它们除了具备各自的基本功能外，还具备录音、录像、拍照、音乐播放功能，这体现了多媒体的（　　）。

A. 实时性　　　　B. 集成性　　　　C. 交互性　　　　D. 可扩充性

5. 参观者可以单击按钮自由欣赏，这主要体现了多媒体技术的（　　）。

A. 多样性　　　　B. 集成性　　　　C. 交互性　　　　D. 可扩充性

6. 以下与多媒体技术的应用无关的是（　　　）。

A. 影视处理　　　B. 商务行业　　　C. 网络应用　　　D. 以上都不是

7. 多媒体计算机技术中的"多媒体"，可以认为是（　　　）。

A. 磁带、磁盘、光盘等实体

B. 文字、图形、图像、声音、动画、视频等载体

C. 多媒体计算机、手机等设备

D. 因特网、Photoshop

8. 家庭电脑既能听音乐，又能看 VCD，这主要是利用了计算机的（　　　）。

A. 人工智能技术　　B. 自动控制技术　　C. 多媒体技术　　　D. 信息管理技术

9. 下列不属于多媒体信息的是（　　　）。

A. 文字、图形　　　B. 视频、音频　　　C. 影像、动画　　　D. 光盘、音箱

模块五：计算机系统的安全

【技能目标】

理解计算机病毒造成的危害，以及如何对计算机病毒进行防治

【知识目标】

1. 计算机病毒的概念、特征、分类

2. 计算机病毒的预防

【重点难点】

1. 计算机病毒的危害

2. 计算机病毒防治的方法

任务1　了解计算机病毒

1. 认识计算机病毒

计算机病毒（Computer Virus）在《中华人民共和国计算机信息系统安全保护条例》中被明确定义，病毒指：编制者在计算机程序中插入的破坏计算机功能或者破坏数据，影响计算机使用并且能够自我复制的一组计算机指令或者程序代码。而在一般教科书及通用资料中被定义为：利用计算机软件与硬件的缺陷或操作系统漏洞，由被感染机内部发出的破坏计算机数据并影响计算机正常工作的一组指令集或程序代码。

2. 计算机感染病毒后的常见症状

计算机受到感染后，会表现出不同的症状，以下是一些经常会碰到的异常现象：

（1）系统启动时间延长或不能正常启动

（2）系统运行速度降低

（3）经常出现"死机"现象

（4）内存空间迅速变小，有时报告内存不够

（5）文件内容和长度有所改变

（6）出现大量来历不明的文件

（7）文件的时间属性被自动更新

（8）外部设备工作异常

（9）屏幕上出现一些乱码或一些莫名其妙的信息

 **议一议**

平时使用电脑有遇到过计算机病毒入侵吗？谈谈你碰到的情况。

3. 计算机病毒的特点

（1）传染性

计算机病毒的传染性是指病毒具有自身复制到其他程序中的特性。计算机病毒是一段人为编制的计算机程序代码，这段程序代码一旦进入计算机并得以执行，它会搜寻其他符合其传染条件的程序或存储介质，确定目标后再将自身代码插入其中，达到自我繁殖的目的。一旦病毒被复制或产生变种，其传播速度之快令人难以预防。

（2）破坏性

任何病毒只要侵入系统，都会对系统及应用程序产生程度不同的影响。轻者降低计算机工作效率，占用系统资源，重者可导致系统崩溃。由此特性可将病毒分为良性病毒和恶性病毒。良性病毒可能只显示些画面、语句骚扰用户或者根本没有任何破坏动作，但会占用系统资源。恶性病毒则会破坏数据、删除文件或加密磁盘、格式化磁盘，对数据造成不可挽回的破坏。

（3）寄生性

计算机病毒寄生在其他程序之中，当执行这个程序时，病毒就起破坏作用，它能享有被寄生的程序所能得到的一切权利，而在未启动这个程序之前，它是不易被人发觉的。

（4）潜伏性

有些病毒像定时炸弹一样，让它什么时间发作是预先设计好的。比如黑色星期五病毒，不到预定时间一点都觉察不出来，等到条件具备的时候一下子就爆炸开来，对系统进行破坏。一个编制精巧的计算机病毒程序，进入系统之后一般不会马上发作，因此病毒可以静静地躲在磁盘或磁带里呆上几天，甚至几年，一旦时机成熟，得到运行机会，就又要四处繁殖、扩散，继续为害。

（5）隐蔽性

病毒一般是具有很高编程技巧、短小精悍的程序，具有很强的隐蔽性，有的可以通过病毒软件检查出来，有的根本就查不出来，有的时隐时现、变化无常，这类病毒处理起来通常很困难。大部分的病毒代码之所以设计得非常短小，也是为了隐藏。

4. 计算机病毒的分类

计算机病毒一般可分成五种类型：

（1）引导型病毒

引导型病毒寄生在主引导区、引导区，病毒利用操作系统的引导模块放在某个固定的位置，并且控制权的转交方式是以物理位置为依据，而不是以操作系统引导区的内容为依据，因而病毒占据该物理位置即可获得控制权，而将真正的引导区内容搬家转移，待病毒程序执行后，将控制权交给真正的引导区内容，使得这个带病毒的系统看似正常运转，而病毒已隐藏在系统中并伺机传染、发作。如大麻病毒、火炬病毒等。

（2）文件型病毒

文件型病毒主要通过感染计算机中的可执行文件（.exe）和命令文件（.com）。该病毒通过对计算机的源文件进行修改，使其成为新的带毒文件。一旦计算机运行该文件就会被感染，从而达到传播的目的。文件被病毒感染后，可能导致执行速度变慢，甚至完全无法执行。如 CIH 病毒就是一种文件型病毒。

（3）混合型病毒

混合型病毒是指兼有引导型病毒和文件型病毒的特点，其危害更大，杀灭也更难。它既感染磁盘的引导记录，又感染可执行文件。这种病毒有 Flip 病毒、One-half 病毒等。

（4）宏病毒

宏病毒不感染程序，也与操作系统没有特别的关联，它只感染 Microsoft Word 文档文件（.doc）和模板文件（.dot）。一旦打开这些文档，宏病毒就会被激活，并驻留在 Normal 模板上。以后所有自动保存的文档都会"感染"上这种宏病毒，如果其他用户打开了感染病毒的文档，宏病毒又会转移到其他计算机上。结果可能导致文件不能正常打印；封闭或改变文件存储路径；将文件改名；乱复制文件；封闭有关菜单；文件无法正常编辑。例如 Taiwan No.1 Macro 病毒就是一种宏病毒。

（5）网络病毒

网络病毒早期大多通过 E-mail 传播，破坏特定扩展名的文件，并使得邮件系统变慢，甚至导致网络系统崩溃，现在的网络病毒主要来自网页病毒，病毒代码隐藏在网页中，一旦用户打开这些网页，病毒就会自动下载到用户的计算机上。"爱虫"病毒就

是一种典型的代表。

 读一读

　　最早的计算机病毒 Creeper 出现在 1971 年，距今已有 42 年之久。当然在那时，Creeper 还尚未被称为病毒，因为计算机病毒尚不存在。Creeper 由 BBN 技术公司程序员罗伯特·托马斯编写，通过阿帕网（互联网前身）传播，从一个系统跳到另外一个系统并自我复制，显示"我是 Creeper，有本事来抓我呀！"。

任务2　计算机使用安全常识

1. 计算机病毒的预防

　　系统一旦感染了计算机病毒，肯定会造成一定的损害，虽然有些病毒对计算机系统的影响不大，但也有可能造成灾难性的影响，因此对计算机病毒的预防受到了人们高度的重视。

　　计算机病毒主要通过可移动设备（如光盘、优盘和移动硬盘）和计算机网络两个途径进行传播，所以，对计算机病毒的预防要求用户养成良好的使用计算机的习惯。具体措施如下：

　　（1）定期检查。定期利用杀毒软件对计算机系统进行检测，发现计算机病毒时要及时清除，实时更新系统安全补丁。

　　（2）安全启动系统。对配有硬盘的机器应该从硬盘启动系统，如果非要用其他外存储设备启动系统，则一定要保证该设备是无病毒的。

　　（3）利用写保护。对保存有重要数据且不需要经常写入的存储设备，在可能的情况下使其处于写保护状态，防止病毒的侵入。

　　（4）建立备份。定期备份重要的数据文件，以免遭受病毒危害后无法恢复，影响正常工作。

　　（5）慎用移动存储设备。在使用移动存储设备前，一定要先进行必要的病毒检查，确认无毒后再使用。

　　（6）慎用网上下载的软件。目前病毒传播的一个最主要的途径就是通过 Internet，因此对网上下载的软件应检测后再使用，更不要随意打开来历不明的电子邮件。

　　（7）采用防病毒卡或者防病毒软件。在计算机上安装防病毒卡或者防病毒软件，是有效防止病毒感染的重要手段。

（8）专机专用。制定科学的管理制度，对重要任务部门应采用专机专用，禁止与任务无关人员接触该计算机，防止潜在的病毒罪犯。

（9）关闭非必要的服务。关闭不必要的系统服务，比如：文件共享、Message 服务等。

（10）严禁在计算机上玩电子游戏。

2. 计算机系统的安全使用

计算机及其外部设备的核心部件主要是集成电路，集成电路对电源、静电、温度以及抗干扰都有一定的要求。正确的安装、操作和维护能延长设备的使用寿命，并能保障系统的正常运转，提高工作工作效率。

以下是对于日常使用提出的一些建议：

（1）电源

计算机电源一般使用 220V、50Hz 交流电源。要求电源的电压要稳定，在计算机工作时供电不能中断。不稳定的电压不但会引起读写数据错误，对显示器和打印机也有不良影响。为防止突然断电对计算机工作造成影响，最好配备不间断供电电源 UPS。为防止雷击，还必须要有可靠的接地线。

（2）环境洁净

计算机对环境的洁净要求虽然并不是十分的严格，但保持清洁的环境，可以防止灰尘可能造成的磁盘读写错误，延长计算机及其相关外部设备的寿命。

（3）环境温度和湿度

计算机的最适宜的工作温度为 15℃～35℃之间，低于 15℃可能引起磁盘读写错误，高于 35℃则会影响机内电子元件的正常工作，因此计算机的要特别注意散热的问题。

相对湿度一般为 20%～80%，超过 80% 会使电子元件受潮变质，甚至漏电、短路，对机器造成损害。低于 20% 会因太过干燥而产生静电，引发机器的错误动作。

（4）防止干扰

计算机应避免强磁场的干扰。在计算机工作时，附近存在强电设备的开关动作可能会影响电源的稳定。

（5）正常开、关机

对于初学者来说，一定要养成良好的计算机操作习惯，特别要注意不要突然断电关机，那样可能会引起数据的丢失和系统的不正常。关机的正确顺序是先退出各种应用软件，然后从操作系统的"开始"菜单中正常关机。

（6）正确使用设备

计算机运行时不要随意搬动，也不要强行插拔移动设备，此类行为将可能导致设备损坏，数据丢失等后果。

知识回顾

选择题，请选出一个最佳答案。

1. 计算机病毒的危害主要表现在（   ）。

A. 致使计算机某些器件   B. 影响计算结果，但不影响速度

C. 影响微机执行速度   C. 影响程序执行，破坏用户数据或程序

2. 确保一块没有病毒的软盘不感染病毒，可采取的措施有（   ）。

A. 不要把该软盘与其他磁盘放在一起

B. 保持磁盘不粘灰尘

C. 设为写保护

D. 定期对软盘格式化

3. 下面不是计算机病毒特点的是（   ）。

A. 安全性   B. 传染性   C. 隐藏性   D. 潜伏性

4. "蠕虫"病毒按病毒的感染方式分，它属于（   ）。

A. 宏病毒   B. Internet 病毒   C. 引导型病毒   D. 混合型病毒

5. 现有的病毒软件做不到（   ）。

A. 预防部分病毒   B. 杀死部分病毒

C. 清除部分黑客软件   D. 防止黑客侵入电脑

6. 计算机病毒主要是造成（   ）的破坏。

A. 磁盘驱动器   B. 磁盘数据库程序

C. 程序和数据   D. 磁盘和其中的程序和数据

7. 引导型病毒攻击和破坏的主要对象是（   ）。

A. 系统文件   B. 执行文件   C. 一般文件   D. 分区表

8. 已知某应用程序感染了文件型病毒，则该文件的大小变化情况一般是（   ）。

A. 变大   B. 变小   C. 不变   D. 以上都不对

9. 文件型病毒感染的主要对象是哪位文件（   ）。

A. . dbf   B. . wps   C. . com 和 . exe   D. . doc

10. 所谓计算机病毒的危害性是（   ）。

A. 使盘片发生霉变   B. 破坏系统软件和文件内容

C. 改写文本文件   D. 磁盘拷贝

11. 关于计算机病毒的特点以下几种论述，其中不正确的是（   ）。

A. 破坏性是计算机病毒的特点   B. 偶然性是计算机病毒的特点

C. 传染性是计算机病毒的特点   D. 潜伏性是计算机病毒的特点

12. 计算机病毒可以使整个计算机瘫痪，危害极大，计算机病毒是（   ）。

A. 一种芯片   B. 一段特制的程序

C. 一种生物病毒　　　　　　　　D. 一条命令

【本章小结】

作为一级计算机基础及 MS OFFICE 应用课程的起始章，它既是接触计算机知识的第一课，又是学习计算机技术的起点。

本章以理论内容为主，知识面较广，考点较多。按历年考题情况，约占 13%。属于难度不大的该掌握的基础知识，比较容易；在内容安排上以点到为止，不做较多的扩大，可以引导学生上网查找更多的相关内容。

"数制和编码"是本章较难掌握但亦是最重要的部分。建议重点学习，特别是"各种进制数转换为十进制数"和"十进制数转换为二进制"两个重要的考点。

学完本章若能掌握组装一部家用电脑所需的硬件设备，就达到初步目的。

【考证习题】

1. 冯·诺依曼在总结研制 ENIAC 计算机时，提出两个重要的改进是（　　　）。

A. 引入 CPU 和内存储器的概念

B. 采用机器语言和十六进制

C. 采用二进制和存储程序控制的概念

D. 采用 ASCII 编码系统

2. 无符号二进制整数 01011010 转换成十进制整数是（　　　）。

A. 80　　　　　　B. 82　　　　　　C. 90　　　　　　D. 92

3. 当前流行的移动硬盘或优盘进行读/写，利用的计算机接口是（　　　）。

A. 串行接口　　　B. 平行接口　　　C. USB　　　　　D. UBS

4. 传播计算机病毒的两大可能途径之一是（　　　）。

A. 通过键盘输入数据时传人　　　　B. 通过电源线传播

C. 通过使用表面不清洁的光盘　　　D. 通过 Internet 网络传播

5. 一个计算机操作系统通常应具有的功能模块是（　　　）。

A. CPU 的管理、显示器管理、键盘管理、打印机和鼠标管理五大功能

B. 硬盘管理、软盘驱动器管理、CPU 的管理、显示器管理和键盘管理五大功能

C. 处理器（CPU）管理、存储管理、文件管理、输入/输出管理和任务管理五大功能

D. 计算机启动、打印、显示、文件存取和关机五大功能

6. 根据汉字国标 GB2312-80 的规定，存储一个汉字的内码需用的字节个数是（　　　）。

A. 4　　　　　　B. 3　　　　　　C. 2　　　　　　D. 1

7. 下列选项中，不属于显示器主要技术指标的是（   ）。

A. 分辨率   B. 重量   C. 像素的点距   D 显示器的尺寸

8. 运算器（ALU）的功能是（   ）。

A. 只能进行逻辑运算   B. 对数据进行算术运算或逻辑运算

C. 只能进行算术运算   D. 做初等函数的计算

9. 微机中，西文字符所采用的编码是（   ）。

A. EBCDIC 码   B. ASCII 码   C. 国标码   D. BCD 码

10. 下列度量单位中，用来度量计算机外部设备传输率的是（   ）。

A. MB/s   B. MIPS   C. GHz   D. MB

11. 第三代计算机采用的电子元件是（   ）。

A. 晶体管   B. 中小规模集成电路

C. 大规模集成电路   D. 电子管

12. 下列叙述中，错误的是（   ）。

A. 硬盘在主机箱内，它是主机的组成部分

B. 硬盘属于外部存储器

C. 硬盘驱动器既可以做输入设备又可做输出设备用

D. 硬盘与 CPU 之间不能直接交换数据

13. 英文缩写 ROM 的中文译名是（   ）。

A. 高速缓冲存储器   B. 只读存储器

C. 随机存取存储器   D. 优盘

14. 在计算机中，每个存储单元都有一个连续的编号，此编号称为（   ）。

A. 地址   B. 位置号   C. 门牌号   D. 房号

15. 计算机能直接识别、执行的语言是（   ）。

A. 汇编语言   B. 机器语言   C. 高级程序语言   D. C + +语言

16. 下列各组软件中，属于系统软件的一组是（   ）。

A. 程序语言处理程序、操作系统、数据库管理系统

B. 文字处理程序、编辑程序、操作系统

C. 财务处理软件、金融软件、网络系统

D. WPS、Office 2010、Excel 2010、Windows 2000

17. 在标准 ASCII 码表中，已知英文字母 A 的 ASCII 码是 01000001，则英文字母 E 的 ASCII 码是（   ）。

A. 01000011   B. 01000100   C. 01000101   D. 01000010

18. 对 CD-ROM 可以进行的操作是（   ）。

A. 读或写   B. 只能读不能写   C. 只能写不能读   D. 能存不能取

19. 下列计算机词汇的英文缩写和中文名字对照中，错误的是（　　　）。

A. CPU——中央处理器　　　　　　B. ALU——算术逻辑部件

C. CU——控制部件　　　　　　　　D. OS——输出服务

20. 组成计算机系统的两大部分是（　　　）。

A. 硬件系统和软件系统　　　　　　B. 主机和外部设备

C. 系统软件和应用软件　　　　　　D. 输入设备和输出设备

21. 下列各存储器中，存取速度最快的一种是（　　　）。

A. Cache　　　　　　　　　　　　B. 动态 RAM（DRAM）

C. CD—ROM　　　　　　　　　　D. 硬盘

22. 十进制数 57 转换成无符号二进制数是（　　　）。

A. 0111001　　B. 0110101　　C. 0110011　　D. 0110111

23. 下列关于计算机病毒的叙述中，正确的是（　　　）。

A. 计算机病毒是一种有逻辑错误的小程序

B. 计算机病毒的特点之一是具有免疫性

C. 反病毒软件必须随着新病毒的出现而升级，提高查杀病毒的功能

D. 感染过计算机病毒的计算机具有对病毒的免疫性

24. 在下列字符中，其 ASCII 码值最大的一个是（　　　）。

A. 空格字符　　　B. 9　　　　　C. Z　　　　　　D. a

25. 下列的中文名字和英文缩写对照中，正确的是（　　　）。

A. 计算机辅助设计——CAD　　　　B. 计算机辅助教育——CAM

C. 计算机集成管理系统——CIMS　　D. 计算机辅助制造——CAI

26. 把硬盘上的数据传送到计算机内存中去的操作称为（　　　）。

A. 读盘　　　　B. 写盘　　　　C. 输出　　　　D. 存盘

27. 下列叙述中，正确的是（　　　）。

A. 用高级程序语言编写的程序称为源程序

B. 计算机能直接识别并执行用汇编语言编写的程序

C. 机器语言编写的程序执行效率最低

D. 高级语言编写的程序的可移植性最差

28. CPU 中，除了内部总线和必要的寄存器外，主要的两大部件分别是运算器和（　　　）。

A. 控制器　　　B. 存储器　　　C. Cache　　　D. 编辑器

29. 在下列设备中，不能作为微机输出设备的是（　　　）。

A. 打印机　　　B. 显示器　　　C. 鼠标器　　　D. 绘图仪

30. KB（千字节）是度量存储器容量大小的常用单位之一，1KB 等于（　　　）。

A. 1000 个字节   B. 1024 个字节

C. 1000 个二进位   D. 1024 个字

31. 下列关于计算机病毒的说法中，正确的是（   ）。

A. 计算机病毒是对计算机操作人员身体有害的生物病毒

B. 计算机病毒将造成计算机的永久性物理损害

C. 计算机病毒是一种通过自我复制进行传染的，破坏计算机程序和数据的小程序

D. 计算机病毒是一种感染在 CPU 中的微生物病毒

32. 数据在计算机内部传送、处理和存储时，采用的数制是（   ）。

A. 十进制   B. 二进制   C. 八进制   D. 十六进制

33. 在标准 ASCII 编码表中，数字码、小写英文字母和大写英文字母的前后次序是
（   ）。

A. 数字、小写英文字母、大写英文字母

B. 数字、大写英文字母、小写英文字母

C. 小写英文字母、大写英文字母、数字

D. 大写英文字母、小写英文字母、数字

34. CPU 的主要性能指标是（   ）。

A. 字长和时钟主频   B. 可靠性

C. 耗电量和效率   D. 发热量和冷却效率

35. 现代计算机中采用二进制数制是因为二进制数的优点是（   ）。

A. 代码表示简短，易读

B. 物理上容易实现且简单可靠；运算规则简单；适合逻辑运算

C. 容易阅读，不易出错

D. 只有 0，1 两个符号，容易书写

36. 微机上广泛使用的 Windows 是（   ）。

A. 多任务操作系统   B. 单任务操作系统

C. 实时操作系统   D. 批处理操作系

第二章

Windows 7 操作系统

Windows 7 是由微软公司开发的，具有革命性变化的操作系统。Windows 7 沿用了一贯的 Windows 窗口式设计，基于窗口的设计能够提高多任务效率，并且用户能够很清晰地看到所打开的内容、所运行的程序。该系统旨在让人们的日常电脑操作更加简单和快捷，为人们提供高效易行的工作环境，用户只需要操作屏幕上带有特定含义的图形符号，就可以指挥计算机工作，是目前为广大计算机用户普遍采用的操作系统之一。

模块一：计算机系统

【技能目标】
1. 能够安装计算机的操作系统
2. 会查看计算机的硬件系统
3. 会查看计算机的软件系统
【知识目标】
1. 了解日常生活中使用到的计算机主要有哪些类型
2. 了解计算机的几大组成部分以及各部分的主要作用
3. 了解计算机的一些常用指标
4. 了解常用的应用软件
【重点难点】
1. 计算机的系统组成及操作系统的作用

任务1　认识计算机系统

操作1　认识计算机系统
计算机系统由计算机硬件系统和软件系统两部分组成。

硬件系统是指计算机的物理设备本身，包括中央处理机、存储器和外部设备等，是借助电、磁、光、机械等原理构成的各种物理部件的有机组合，是系统赖以工作的实体；软件系统指指挥计算机运行的程序，包括计算机运行的各种程序和文件，用于指挥全系统按指定的要求进行工作。计算机系统具有接收和存储信息、按程序快速计算和判断并输出处理结果等功能（见图2.1）。

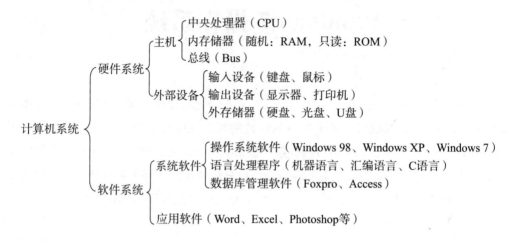

图 2.1

操作2　认识计算机硬件系统

计算机的硬件是指组成计算机的各种物理设备，也就是我们所看得见、摸得着的实际物理设备。它包括计算机的主机和外部设备。构成计算机的硬件系统通常有"五大件"组成：输入设备、输出设备、存储器、运算器和控制器。

1. 输入设备：将数据、程序、文字符号、图像、声音等信息输送到计算机中。常用的输入设备有键盘、鼠标、触摸屏、数字转换器等。

2. 输出设备是为了将计算机的运算结果或者中间结果打印或显示出来。常用的输出设备有：显示器、打印机、绘图仪和传真机等。

3. 存储器将输入设备接收到的信息以二进制的数据形式存到存储器中。存储器有两种，分别叫做内存储器和外存储器。

微型计算机的内存储器是由半导体器件构成的。从使用功能上分，有随机存储器（Random Access Memory，简称 RAM），又称读写存储器；只读存储器（Read Only Memory，简称为 ROM）。

（1）随机存储器（Random Access Memory）

RAM 有以下特点：可以读出，也可以写入。读出时并不损坏原来存储的内容，只有写入时才修改原来所存储的内容。断电后，存储内容立即消失，即具有易失性。RAM 可分为动态（Dynamic RAM）和静态（Static RAM）两大类。DRAM 的特点是集成度高，主要用于大容量内存储器；SRAM 的特点是存取速度快，主要用于高速缓冲存储器。

（2）只读存储器（Read Only Memory）

ROM 是只读存储器。顾名思义，它的特点是只能读出原有的内容，不能由用户再写入新内容。原来存储的内容是采用掩膜技术由厂家一次性写入的，并永久保存下来。它一般用来存放专用的固定的程序和数据。不会因断电而丢失。

（3）CMOS 存储器（Complementary Metal Oxide Semiconductor Memory，互补金属氧化物半导体内存）COMS 内存是一种只需要极少电量就能存放数据的芯片。由于耗能极低，CMOS 内存可以由集成到主板上的一个小电池供电，这种电池在计算机通电时还能自动充电。因为 CMOS 芯片可以持续获得电量，所以即使在关机后，他也能保存有关计算机系统配置的重要数据。

外存储器的种类很多，又称辅助存储器。外存通常是磁性介质或光盘，像硬盘，软盘，磁带，CD 等，能长期保存信息，并且不依赖于电来保存信息，但是由机械部件带动，速度与 CPU 相比就显得慢得多。

4. 运算器和控制器

运算器又称算术逻辑单元。它是完成计算机对各种算术运算和逻辑运算的装置，能进行加、减、乘、除等数学运算，也能作比较、判断、查找、逻辑运算等。

控制器由程序计数器、指令寄存器、指令译码器、时序产生器和操作控制器组成，它是发布命令的"决策机构"，即完成协调和指挥整个计算机系统的操作，是计算机指挥和控制其他各部分工作的中心，其工作过程和人的大脑指挥和控制人的各器官一样，控制器是计算机的指挥中心，负责决定执行程序的顺序，给出执行指令时机器各部件需要的操作控制命令。

控制器和运算器统称为中央处理器，简称 CPU。

操作 3　认识计算机软件系统

计算机软件系统是指计算机系统中的程序及其文档，程序是计算任务的处理对象和处理规则的描述；文档是为了便于了解程序所需的阐明性资料。

软件是用户与硬件之间的接口界面。用户主要是通过软件与计算机进行交流。软件是计算机系统设计的重要依据。为了方便用户，为了使计算机系统具有较高的总体效用，在设计计算机系统时，必须通盘考虑软件与硬件的结合，以及用户的要求和软件的要求。

计算机软件总体分为系统软件和应用软件两大类：

1. 系统软件是负责管理计算机系统中各种独立的硬件，使得它们可以协调工作。系统软件使得计算机使用者和其他软件将计算机当作一个整体而不需要顾及到底层每个硬件是如何工作的。

一般来讲，系统软件包括操作系统和一系列基本的工具（如编译器，数据库管理，

存储器格式化，文件系统管理，用户身份验证，驱动管理，网络连接等方面的工具）。

常用的系统软件如图2.2。

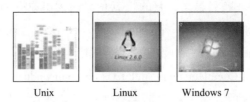

Unix   Linux   Windows 7

图 2.2

2. 应用软件是为了某种特定的用途而被开发的软件。应用软件可以拓宽计算机系统的应用领域，扩大硬件的功能，又可以根据应用的不同领域和不同功能划分为若干子类。它可以是一个特定的程序，比如一个图像浏览器，可以是一组功能联系紧密，可以互相协作的程序的集合，比如微软的 Office 软件，也可以是一个由众多独立程序组成的庞大的软件系统，比如数据库管理系统。

常用的应用软件图标如图2.3。

图 2.3

知识回顾

1. 一个完整的计算机系统就是指（　　　）。

A. 主机、键盘、鼠标器和显示器　　　B. 硬件系统和操作系统

C. 主机和它的外部设备　　　D. 软件系统和硬件系统

2. 在下列软件中，属于计算机操作系统的是（　　　）。

A. Windows 7　　　B. Word 2010　　　C. Excel 2010　　　D. PowerPoint 2010

3. 下列各组软件中，全部属于应用软件的是（　　　）。

A. 程序语言处理程序、操作系统、数据库管理系统

B. 文字处理程序、编辑程序、Unix 操作系统

C. 财务处理软件、金融软件、WPS Office 2003

D. Word 2003、Photoshop、Windows XP

4. 下列叙述中，错误的一条是（　　）。

A. 计算机硬件主要包括：主机、键盘、显示器、鼠标器和打印机五大部件

B. 计算机软件分系统软件和应用软件两大类

C. CPU 主要由运算器和控制器组成

D. 内存储器中存储当前正在执行的程序和处理的数据

5. 计算机软件系统是由哪两部分组成（　　）。

A. 网络软件、应用软件　　　　　　　B. 操作系统、网络系统

C. 系统软件、应用软件　　　　　　　D. 服务器端系统软件、客户端应用软件

实操任务

查看自己计算机的硬件型号和操作系统版本。

任务2　计算机系统的主要技术指标

操作1　认识计算机系统的主要性能指标

一、运算速度

运算速度是衡量计算机性能的一项重要指标。通常所说的计算机运算速度（平均运算速度），是指每秒钟所能执行的指令条数，一般用"百万条指令每秒"（MIPS，即：Million Instruction Per Second）来描述。同一台计算机，执行不同的运算所需时间可能不同，因而对运算速度的描述常采用不同的方法。常用的有 CPU 时钟频率（主频）、每秒平均执行指令数（ips）等。微型计算机一般采用主频来描述运算速度。CPU 的主要性能指标有：

1. 频率

CPU 的频率也叫主频或时钟频率，指 CPU 在单位时间（秒）内发出的脉冲数，其计量单位是 HZ（赫兹）。CPU 的频率在一定程度上代表了 CPU 的实际运算速度，一般来说，CPU 的频率越高，其运算速度就越快。

与 CPU 频率相关的另外一个概念是前端总线频率（FSB），也称为总线频率，它反映了总线传输的速度，直接影响到 CPU 与内存数据交换速度。

数据传输最大带宽取决于所有同时传输的数据的宽度和传输频率，即数据总线带宽＝（总线频率×总线位宽）/8，其单位为 GB/s。

2. 字长

字长指 CPU 一次所能处理的二进制的位数。其单位是位（bit）。如过去流行的 Pentium 4（奔腾 4）CPU 属于 32 位字长的 CPU，而现在比较流行的酷睿 2 双核系统

CPU 则是 64 位字长的，其运算能力比单核的 CPU 提高了许多。在其他指标相同时，字长越大计算机处理数据的速度就越快。

3. 缓存

CPU 的缓存（Cache）是 CPU 中的一种数据存储器，它主要用于存储 CPU 和内存进行数据交换时所传输的数据，它的存储速度比内存还快。通常可分为一级缓存（L1 Cache）、二级缓存（L2 Cache）和三级缓存（L3 Cache）。

主流 CPU 的二级缓存一般在 512KB ~ 4MB 之间。三级缓存的容量更大，制造成本更低。

4. 双核和多核技术

双核是指在一个 CPU 中集成了两个内核，使单个 CPU 具有两个普通 CPU 的运算能力。双核性能在同频单核 CPU 的基础上可提升约 20%。多核是在一个 CPU 中集成了多个内核。

5. CPU 内核和接口

CPU 的内核即 CPU 运算数据的处理中心。通常，在 CPU 生产厂商在推出一种新型 CPU 产品时，其与旧款 CPU 的主要区别就在于内核的构造上。

CPU 的接口是指 CPU 与主板插槽接触的部位。

6. 制造工艺

CPU 的制造工艺一般是指 CPU 内部主要电子元件之间所间隔的距离，其单位通常为 nm（纳米），生产工艺越先进，连接线越细，CPU 内部功耗和发热量越小，其集成度越高。

二、内存储器的容量

内存储器，也简称主存，是 CPU 可以直接访问的存储器，计算机需要执行的程序与需要处理的数据就是存放在主存中的。内存储器容量的大小反映了计算机即时存储信息的能力。内存容量越大，系统功能就越强大，能处理的数据量就越庞大。内存的主要性能参数有容量、工作电压、存取时间、工作频率、数据宽度等。

1. 容量

计算机中内存容量越大，计算机运行速度也就越快。但内存容量的增加受到主板芯片支持能力和内存插槽数量的制约。因此在扩充内存容量时，要了解所使用的主板所支持的最大内存容量和空闲的内存插槽数量。

2. 工作电压

内存能稳定工作时的电压叫做内存工作电压。不同型号的内存其工作电压一般不同。

3. 存取时间

SDRAM 芯片的存取时间大致在 5ns ~ 10ns 之间（$1ns = 10^{-9}$ 秒），而 DDR SDRAM

芯片的存取时间大致在 2ns ～ 7ns 之间。

4. 时钟频率（工作频率）

内存的工作频率以 MHz 为单位，数值越大，运行速度越快。

DDR 内存和 DDR2 内存的频率可以用工作频率和等效频率两种方式表示，工作频率是内存颗粒实际的工作频率，但是由于 DDR 内存可以在脉冲的上升和下降沿都传输数据，因此传输数据的等效频率是工作频率的两倍；而 DDR2 内存每个时钟能够以四倍于工作频率的速度读/写数据，因此传输数据的等效频率是工作频率的四倍。

5. 数据宽度

数据宽度是指内存一次读写的二进制位数，单位是 bit（位）。现在的单通道内存控制器一般都是 64 位。

三、外存储量的容量

外存储器容量通常是指硬盘容量（包括内置硬盘和移动硬盘）。外存储器容量越大，可存储的信息就越多，可安装的应用软件就越丰富。硬盘的性能参数有容量、转速、缓存、平均寻道时间、硬盘的传输速度等指标。

1. 硬盘容量

一般说来，一块硬盘的容量是越大越好，但在容量相同的情况下，就需要考虑单碟容量了。在硬盘内部用于存储信息的介质是一张张金属盘片，硬盘的单碟容量就是指单张盘片的存储容量，如果单张盘片的容量较大，则表明这块硬盘的稳定性较好。

2. 硬盘转速

从理论上讲，转速越快，硬盘读取数据的速度也就越快，但是速度的提升会产生更大的噪声和热量，所以硬盘的转速是有一定限制的。

3. 硬盘缓存

硬盘缓存是硬盘内部的高速存储器，是衡量硬盘的重要性能指标。

4. 平均寻道时间

平均寻道时间指硬盘磁头移动到相应数据所在磁道时所用的时间，通常以 ms（毫秒）为单位，对硬盘而言，这个值越小越好。

5. 硬盘的传输速度

硬盘的传输速度主要由硬盘外部和内部的传输速度组成。他们的单位是不同的，硬盘外部的传输速度单位是 MB/S（兆字节每秒），硬盘内部的传输速度单位是 Mb/s（兆位每秒），它们的换算关系是 1MB/s = 8Mb/s。根据接口的不同，SATA 硬盘的外部传输速度为 150MB/s 或 300MB/S，而硬盘内部的传输速度通常只有 1Gb/s 或更高一些。由于硬盘内部的传输速度要低于硬盘外部的传输速度，所以最好选择硬盘内部传输速度较快的硬盘。

四、外部设备的配置及扩展能力

主要指计算机系统配接各种外部设备的可能性、灵活性和适应性。

五、软件配置

软件是计算机系统必不可少的重要组成部分，其配置是否齐全，直接关系到计算机性能的好坏和效率的高低。

知识回顾

1. 20GB 的硬盘表示容量约为（　　　）。

A. 20 亿个字节 　　　　　　　　　B. 20 亿个二进制位

C. 200 亿个字节 　　　　　　　　　D. 200 亿个二进制位

2. 能直接与 CPU 交换信息的存储器是（　　　）。

A. 硬盘存储器　　B. CD-ROM　　　C. 内存储器　　　D. 软盘存储器

3. 在计算机领域中通常用 MIPS 来描述（　　　）。

A. 计算机的运算速度 　　　　　　　B. 计算机的可靠性

C. 计算机的可运行性 　　　　　　　D. 计算机的可扩充性

4. （　　　）是决定微处理器性能优劣的重要指标。

A. 内存的大小 　　　　　　　　　　B. 微处理器的型号

C. 主频 　　　　　　　　　　　　　D. 内存储器

实操任务

1. 查看自己计算机的主要指标。

模块二：Windows 7 操作系统

【技能目标】

1. 学会安装计算机操作系统

2. 学会 Win 7 系统的基本操作

3. 学会设置控制面板

4. 学会添加字体

5. 学会使用系统工具

【知识目标】

1. 了解操作系统的分类和作用

2. 了解 Windows 7 系统安装方法

3. 了解控制面板中各项的设置方法

4. 了解各系统工具的作用

【重点难点】

1. Windows 7 操作系统系统的设置和应用

任务1 操作系统的概念

未安装软件的计算机被称为裸机，是不能直接被用户所使用的。操作系统（Operating System，简称OS）是计算机上安装的第一层软件，是控制和管理计算机系统内各种硬件和软件资源、有效地组织多道程序运行的系统软件（或程序集合），是用户与计算机之间的接口，实现处理器管理、存储器管理、设备管理、文件管理、作业管理，为用户使用计算机系统提供方便的用户界面，从而使计算机系统实现高效率和高自动化。

对于操作系统本身来讲，操作系统是程序和数据结构的集合。操作系统是直接和硬件相邻的第一层软件，它是由大量极其复杂的系统程序和众多的数据结构集成的。

对于整个计算机系统而言，操作系统是计算机系统的资源管理者，这些资源包括硬件和软件。操作系统向用户提供了高级而调用简单的服务，掩盖了绝大部分硬件设备复杂的特性和差异，使得用户可以免除大量的乏味的杂务，而把精力集中在自己所要处理的任务上。

对于用户而言，操作系统是用户使用计算机的入口。操作系统作为用户与计算机硬件之间的接口，一般可以分为三种形式：命令方式、系统调用、图形界面。

操作1 常见的计算机操作系统

操作系统并不是与计算机硬件一起诞生的，它是在人们使用计算机的过程中，为了提高资源利用率、增强计算机系统性能，伴随着计算机技术本身及其应用的日益发展而逐步地形成和完善起来的。1946年第一台计算机诞生——20世纪50年代中期，还未出现操作系统，计算机工作采用手工操作方式。20世纪50年代后期，手工操作的慢速度和计算机的高速度之间形成了尖锐矛盾，手工操作方式已严重损害了系统资源的利用率。唯一的解决办法只有摆脱人的手工操作，实现作业的自动过渡。这样就逐步出现了批处理系统、分时系统、实时系统等。1956年，第一个操作系统GM-NAA I/O由美国通用公司为大型机IBM 704开发，然而除了批处理别无它用。

一、MS-DOS操作系统

1981年，美国Microsoft公司为IBM公司微型计算机开发出一个单用户、单任务的操作系MS-DOS（Microsoft Disk Operating System），是第一个实际应用的16位操作系统。MS-DOS采用层次模块结构，它由三个层次模块和一个引导程序组成。这三个模块是文件系统（MSDOS. SYS）、输入输出系统（IO. SYS）和命令处理程序（COMMAND. COM）。其中输入输出系统又由常驻在ROM中的基本输入输出系统BIOS和系统盘上的BIOS接口模块两部分组成。引导程序是在磁盘初始化时，由FORMAT命令写在硬盘的0柱0面1扇区上的，它在系统启动时用来查找和装入MS-DOS（IO. SYS和MSDOS. SYS等）。MS-DOS是一个命令方式的操作系统，MS-DOS 6. 22是微软推出的

内核汉化的第一个 MS-DOS 中文版，MS-DOS 8.0 是 Microsoft 公司 MS-DOS 的最终版本，MS-DOS 的成功使得微软成为地球上最赚钱的公司之一。在 1990 年初，微软与 IBM 的合作破裂，IBM 依然对 DOS 充满信心，PC-DOS 7.0 的发布使 DOS 的功能更加强大。至今，DOS 已经从单纯的操作系统骨架发展到一个功能强大的操作系统软件集。

二、Windows 操作系统

1985 年 11 月，Microsoft 公司发布了第一代窗口式多任务操作系统 Windows 1.0，最初运行在 DOS 环境下；接着发布了 Windows 3.0、Windows 3.1、Windows 3.2，当时已经捆绑了 Word 和 Excel 软件；后来升级到 Windows 95 时就是独立的操作系统，不再依赖于 DOS；再后来就是耳熟能详的 Windows 97（95 改进版）、Windows 98、Windows ME、Windows NT、Windows 2000、Windows XP、Windows 2003、Windows Vista、Windows 7 等。

Windows Me 是在 95 和 98 的基础上开发的，但由于稳定性以及新功能存在问题而未能延续前两个版本的辉煌，成为微软首个最不受欢迎的操作系统。2001 年 10 月，微软发布了 Windows XP，它是 Windows 操作系统发展史上的一次全面飞跃。XP 分为两个版本，一个是面向家庭用户的家庭版（Home），一个是面向企业和高级用户的专业版（Professional）。两个版本的基本功能是一样的，具有一致的操作界面和操作方法，包含丰富的娱乐应用程序、稳定的内核和简单易用的互联网络功能。专业版还具有更好的安全性，可以对目录和文件进行加密以保护数据，支持远程登录和离线工作，可以使用户与远在世界各地的朋友保持通信联系等。2005 年 1 月 14 号，微软正式对外发布了取代 Windows XP 的新一代操作系统——Windows Longhorn。但是就在 7 月 22 日微软将 Longhorn 更名为 Vista，2006 年正式上市。Windows Vista 较上一个版本 Windows XP 增加了上百种新功能。微软也在 Vista 的安全性方面进行了改良，Vista 较 Windows XP 增加了用户管理机制（UAC）以及内置的恶意软件查杀工具（Windows Defender）等。2009 年 10 月 22 日 Windows 7 在美国发布，Windows 7 是 Vista 的"小更新大变革"，Windows 7 的设计主要围绕五个重点——针对笔记本电脑的特有设计；基于应用服务的设计；用户的个性化；视听娱乐的优化；用户易用性的新引擎。

三、UNIX 操作系统

UNIX 操作系统，是美国 AT&T 公司于 1971 年在 PDP-11 上运行的操作系统。具有多用户、多任务的特点，支持多种处理器架构，最早由肯·汤普逊（Kenneth Lane Thompson）、丹尼斯·里奇（Dennis Mac Alistair Ritchie）和 Douglas Mcllroy 于 1969 年在 AT&T 的贝尔实验室开发。目前它的商标权由国际开放标准组织（The Open Group）所拥有。但是由于众多厂商在其基础上开发了有自己特色的 UNIX 版本，所以影响了整体。在国外，UNIX 系统可谓独树一帜，广泛应用于科研、学校、金融等关键领域。

四、Linux 操作系统

Linux 是一种开源的、类 Unix 的操作系统。Linux 是由芬兰赫尔辛基大学的一个大学生 Linus B. Torvolds 在 1991 年首次编写的，标志性图标是一个小企鹅。Linux 是目前唯一可免费获得的、多任务、多进程的操作系统。Linux 也分为很多种版本，现今比较流行的是：Turbo Linux、RedHat Linux、Slackware Linux、Solaris，我国也有自己的 Linux，其名称为红旗 Linux。

五、Mac OS X 操作系统

1983 年美国 Apple 公司开发出第一个图形界面、并支持鼠标的操作系统 Apple Lisa。1984 年，Macintosh System 1.0 操作系统随第一代 Macintosh 计算机的诞生而发布，虽然只是黑白两色的图形界面，但已经具有桌面、窗口、图标、光标、菜单和卷动栏等项目。苹果对系统进行了巨大改变，1997 年 7 月 22 日发布了基于 Unix、整合多种先进技术、界面绚丽多彩的新一代操作系统 Mac OS 8，它是第一个真正不同于 Macintosh system1.0 桌面的系统，新一代的 Mac OS 8 比它的前辈运行更加稳定。Mac OS 至今已经推出了十代，第十代操作系统名为 Mac OS X，Mac OS X 的不同版本都用猫科动物的名字来命名，例如 2011 年 7 月上市场的 Mac OS X Lion。Mac OS X 操作系统界面友好，性能优异，只能运行在苹果公司自己的电脑上，但由于苹果电脑独特的市场定位，现在仍然存活良好。

操作2 智能设备操作系统

智能设备由于具有开放性的操作系统，像个人电脑一样可以安装第三方应用软件而得到越来越高的市场份额。主要流行的智能设备操作系统有：

1. Symbian（塞班），塞班公司为手机设计的操作系统。2008 年 12 月，塞班公司被诺基亚收购。

2. Android（安卓），是 2007 年 11 月 Google 发布的基于 Linux 平台的开源手机操作系统。

3. iOS（又称 iPhone OS），是苹果公司为 iPhone 开发的操作系统，它主要是给 iPhone、iPod touch 以及 iPad 使用。

4. Windows Mobile，是微软公司针对移动产品而开发的操作系统。

这些手机操作系统被不同的智能手机硬件厂商所支持。

知识回顾

1. 在各类计算机操作系统中，分时系统是一种（   ）。

A. 单用户批处理操作系统　　　　B. 多用户批处理操作系统

C. 单用户交互式操作系统　　　　D. 多用户交互式操作系统

2. 操作系统是计算机系统中的（   ）。

A. 硬盘存储器　　　　　　　　　B. 关键的硬件部件

C. 广泛使用的应用软件　　　　　D. 外部设备

3. 交互式操作系统允许用户频繁地与计算机对话，下列不属于交互式操作系统的是（　　）。

    A. Windows 系统　　B. DOS 系统　　　　C. 分时系统　　　　D. 批处理系统

实操任务

1. 在网络上查询对比各操作系统的优劣。

任务2　Windows 7 操作系统基础

操作1　Windows 7 操作系统的安装

一、硬件要求

运行 Windows 7 操作系统的最低硬件要求是：

1. 1GHz 32 位或 64 位处理器。

2. 1GB 内存（基于 32 位）或 2GB 内存（基于 64 位）。

3. 16GB 可用硬盘空间（基于 32 位）或 20GB 可用硬盘空间（基于 64 位）。

4. 带有 WDDM 1.0 或更高版本的驱动程序的 DirectX 9 图形设备。

5. DVD 驱动器，键盘和 Microsoft 鼠标或兼容的指针设备。

6. Super VGA（800×600）或更高分辨率的视频适配器和监视器。

Windows 7 是专门为与今天的多核处理器配合使用而设计的。

所有 32 位版本的 Windows 7 最多可支持 32 个处理器核，而 64 位版本最多可支持 256 个处理器核。

Windows 7 专业版、企业版和旗舰版允许使用两个物理处理器，以在这些计算机上提供最佳性能。Windows 7 简易版、家庭普通版和家庭高级版只能识别一个物理处理器。

二、Windows 7 的安装

Windows 7 系统通常是通过光盘驱动器来完成安装的，光驱安装步骤如下：

1. 启动计算机，根据提示修改启动顺序设置（按 F12 键），出现如图 2.4 所示，把 Windows 7 安装光盘放入光驱，把启动顺序选项设置为光驱优先启动。主板不同，启动顺序设置也会相应不同。

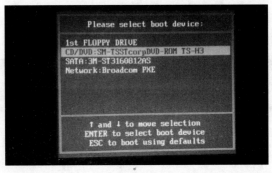

图2.4

2. 计算机启动后出现图 2.5 所示，请按键盘任意键从光驱启动电脑；电脑从光驱启动后开始加载安装程序文件，如图 2.6 所示。

图 2.5　　　　　　　　　　　　　　　　　　　图 2.6

3. 开始启动 Windows PE 环境，如图 2.7、图 2.8 所示。

 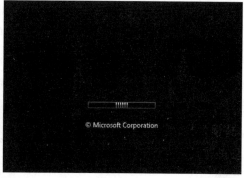

图 2.7　　　　　　　　　　　　　　　　　　　图 2.8

4. 安装程序启动，选择你要安装的语言类型，同时选择适合自己的时间和货币显示种类及键盘和输入方式，如图 2.9 所示。

图 2.9

5. 进入"安装 Windows"页面，如图 2.10 所示，单击"现在安装"，进入"安装程序正在启动服务"页面，如图 2.11 所示。

图 2.10 图 2.11

6. 进入"请阅读许可条款"页面，如图 2.12 所示，点击我接受许可协议，然后单击"下一步"，进入"您想进行何种类型的安装"页面，如图 2.13 所示，如果是从 XP 直接升级到 Windows 7，选择升级，如果是全新安装，选择自定义。

图 2.12 图 2.13

7. 进入"您想将 Windows 安装在何处？"页面，如图 2.14 所示，选择 Windows 7 安装分区，一般来说应该选择 C 盘。

图 2.14

如果希望在具有足够可用空间的特定分区上安装 Windows，请选择要使用的分区，然后单击"下一步"开始安装。（如果要保留现有版本的 Windows 并创建多重引导配置，请确保将 Windows 安装在当前版本 Windows 所在分区以外的分区上。）

如果您希望创建、扩展、删除或格式化分区，并且已经从安装光盘启动了 Windows，请单击"驱动器选项（高级）"，再单击所需选项，然后按照说明进行操作。按照说明继续操作。

注意：Windows 7 只能安装到 NTFS 格式的分区。

8. 安装程序开始复制 Windows 文件，如图 2.15 所示；开始展开 Windows 文件，如图 2.16 所示。

图 2.15

图 2.16

9. 开始安装功能和更新，如图 2.17 所示；完成后，Windows 7 需要重新启动计算机，如图 2.18 所示。

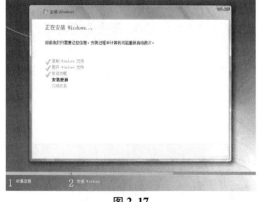

图 2.17

图 2.18

10. 在计算机重新启动之后，重复步骤 1，将启动顺序修改为硬盘启动优先，计算机从硬盘启动，如图 2.19 所示；安装程序更新注册表设置，如图 2.20 所示。

图 2.19

图 2.20

11. 启动 Windows 7 各项服务,如图 2.21 所示;继续完成安装,如图 2.22 所示。

图 2.21

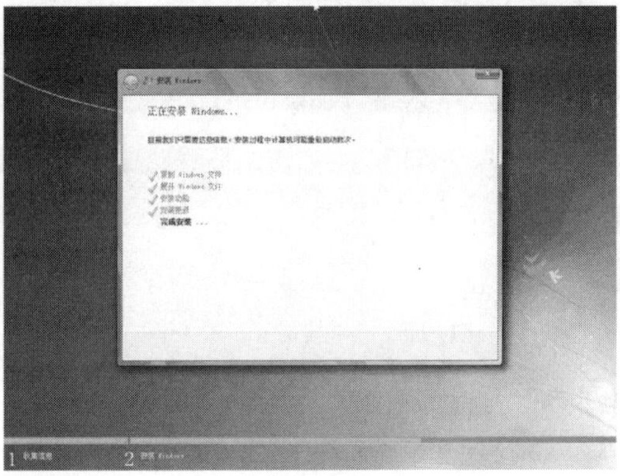

图 2.22

12. 系统会提示重启计算机,安装程序为首次使用计算机做一些相应的检查和准备。这些全是计算机自动进行的,我们要做的是在计算机检查准备结束后为计算机设置专属自己的名称和密码。见图 2.23、图 2.24。

图 2.23

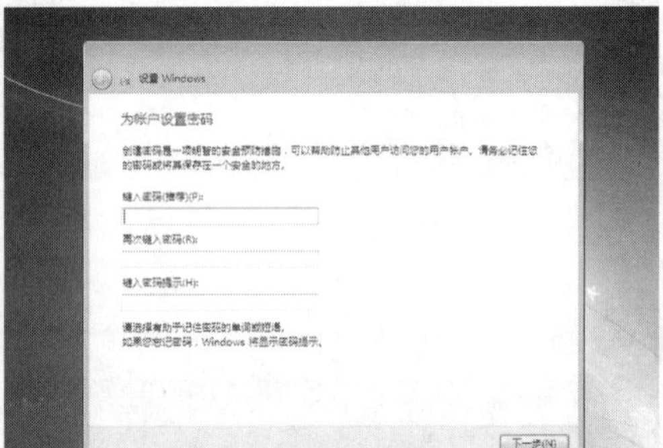

图 2.24

13. 进入"键入您的 Windows 产品密钥"页面,如图 2.25 所示,键入您的 Win-

dows 7 副本附带的、包含 25 个字符的产品密钥（如果此前没有提前记录此产品载体（如光盘）上的密匙，可暂时不输入，直接点击下一步），然后请单击联机时自动激活 Windows，接着单击下一步。

图 2. 25

14. 进入"帮助您自动保护计算机以及提高 Windows 的性能"页面，如图 2.26 所示，然后根据自己的选择进行时间和日期、计算机网络位置等相关设置。

设置完成后进入 Windows 7 桌面，如图 2.27 所示，安装至此完成。

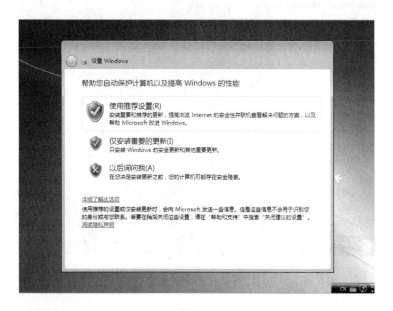

图 2. 26

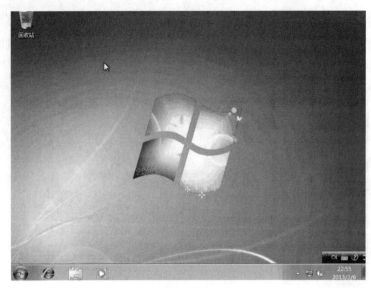

图 2.27

操作 2　Windows 7 的基本操作

一、Windows 7 的启动与关闭

　　Windows 7 安装完成后，只要启动电源，计算机就会启动操作系统，Windows 7 的开始菜单以微软徽标的按钮取代，点击屏幕左下角的按钮即可打开程序菜单。为避免系统运行时的一些重要数据丢失，在关闭或重启计算机时，要求用鼠标单击"开始"按钮→"关机"小箭头菜单项，然后选择"关闭计算机"关闭系统。如图 2.28 所示。

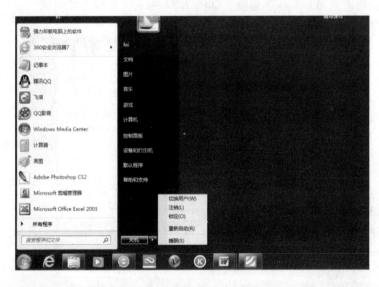

图 2.28

　　在关闭计算机对话框中若选择"睡眠"命令，则计算机会关闭显示器及硬盘的读写操作，进入低耗能状态，一旦用户碰到鼠标或键盘上的键后，计算机就退出睡眠状态。笔记本电脑在运行状态下直接合上显示器也自动转入睡眠状态。

二、Windows 7 的桌面

Windows 7 启动后的屏幕区域称为桌面，桌面上包括一些常用的程序或文档图标、任务栏和"开始"菜单按钮。在 Windows 7 的桌面上通常会有一些小图形并加上文字说明的对象，这些小图形称为图标。图标是用来代表具体的对象，如"计算机"、"文档"、"回收站"、一个具体的文件或一些程序的快捷方式等，用鼠标左键双击这些图标可进行相应的应用操作，右键单击会弹出快捷菜单选项并进行相应操作。用户还可以添加图标、删除图标、排列图标等操作。如图 2.29 所示。

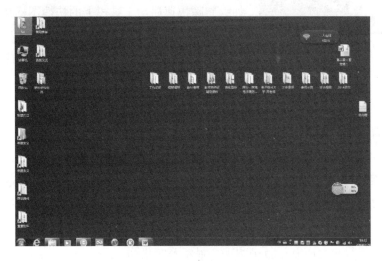

图 2.29

三、任务栏

任务栏位于桌面的底部，它分为开始菜单按钮、快速启动工具栏、活动任务区、语言栏和通知等几个区域，如图 2.30 所示。

图 2.30

1. 开始菜单

开始菜单是引导用户使用计算机各项功能或资源的最直接工具，Windows 的许多操作都是从"开始"按钮开始的。单击" "按钮将弹出一个双列的菜单，左边显示最近使用过的程序图标及"所有程序"子菜单，右边显示系统常用的工具和程序，如"文档""图片"、"控制面板"、"设备和打印机"和"帮助和支持"工具等。"所

图 2.31

有程序"子菜单下,列出了系统所安装的应用程序,它们通过子菜单的形式来组织,应用程序安装后一般会在开始菜单中添加相应的菜单项,以方便用户的使用。如图 2.31 所示。

2. 快速启动栏

用来存放那些经常使用的应用程序的快捷图标按钮,如 "IE 浏览器"、 "Windows Media Player"等,通过单击图标按钮,用户可以更方便、快捷地启动相应的应用程序。用户可以根据自己的需要添加或删除快速启动工具栏上的快捷图标按钮。

3. 活动任务区

显示了用户当前已打开的应用程序窗口按钮,用户可以通过单击选择这些按钮来实现程序间的切换。

4. 语言栏

用来设置当前使用语言的种类和切换文字输入方法。

5. 通知区域

显示了系统当前的时间、网络连接状况、声音控制器状况等。可用鼠标双击其中的某一图标来设置或查看更多的状态信息。

6. 显示桌面

点击后直接最小化所有运行中程序,显示系统桌面。

在任务栏上的空白区单击右键,再点属性选项,弹出如图 2.32 所示的任务栏属性对话框,可以设置任务栏的显示属性,如锁定、启动任务管理器等。在不锁定任务栏时,可用鼠标拖动改变任务栏的大小、位置。

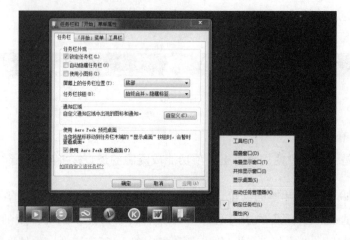

图 2.32

四、窗口

对于不同个的程序、文件，虽然每个窗口的内容各不相同，但所有窗口都具有相同的部分，下面以"计算机"窗口为例，介绍窗口的组成（见图2.33）。

图 2.33

当用户打开了多个窗口时，经常需要在各个窗口之间切换。Windows 7 提供了窗口切换时的同步预览功能，可以实现丰富实用的界面效果，方便用户切换窗口。

1. Alt + Tab 键预览窗口。

2. Win + Tab 键的 3D 切换效果。

3. 通过任务栏图标预览窗口。

Windows 7 操作系统提供了层叠窗口、堆叠显示窗口和并排显示窗口三种窗口排列方法。通过多窗口排列，可以使窗口排列更加整齐，方便用户进行各种操作（见图2.34 和图 2.35）。

图 2.34

图 2.35

五、菜单

菜单位于 Windows 窗口的菜单栏中，是应用程序中命令的集合。菜单栏通常由多层菜单组成，每个菜单又包含若干个命令。要打开菜单，单击需要打开的菜单项即可（见图2.36）。

在菜单中，有些命令在某些时候可用，而在某些时候不可用；有些命令后面还有级联的子命令。一般来说，菜单中的命令包含以下几种。

1. 可用命令与暂时不可用的命令。
2. 含有快捷键的命令。
3. 带有字母的命令。
4. 带省略号的命令。
5. 复选命令和单选命令。
6. 快捷菜单和级联菜单。

图 2.36

六、对话框

对话框是 Windows 操作系统中的一个重要元素，它是用户在操作电脑的过程中系统弹出的一个特殊窗口。对话框是用户与电脑之间进行信息交流的窗口，在对话框中用户通过对选项的选择和设置，可以对相应的对象进行某项特定的操作。

Windows 7 中的对话框多种多样，一般来说，对话框中的可操作元素主要包括命令按钮、选项卡、单选按钮、复选框、文本框、下拉列表框和数值框等，但要注意，并不是所有的对话框都包含以上所有的元素。

七、任务管理器

通过组合键 Ctrl + Alt + Del 或鼠标右键单机任务栏可启动任务管理器。任务管理器上主要显示了计算机正在运行的程序、进程、服务、网络等相关信息，用户可以查看正在运行的程序的状态，还可终止已停止响应的程序。任务管理器上还可查看其他的一些状态信息，如 CPU 和内存使用情况、网络状态信息和网络连接信息，如图 2.37 所示。

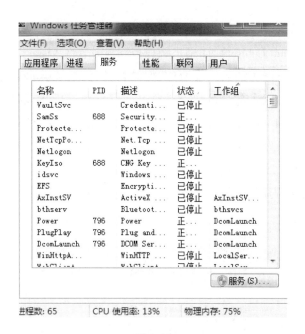

图 2.37

操作 3　Windows 7 的程序管理

一、Windows 7 系统下程序的启动

在 Windows 7 中要启动一个程序，可采用如下方法：

1. 双击程序的图标。不论程序是在桌面上，还是在计算机的某个文件夹内，双击可以启动此程序或打开该文件。

2. 单击"开始"→"所有程序"菜单项下相应的程序文件名来启动程序。

3. 通过单击快速启动栏中应用程序快捷方式启动程序。

二、Windows 7 系统下程序的退出

程序的退出和窗口的关闭一样。Windows 7 是一个多用户、多任务系统，可同时运行多个程序窗口，当前窗口程序（前台程序）可以直接进行关闭操作，其他运行程序（后台程序）可通过切换为前台程序进行关闭操作。

三、Windows 7 系统下程序的切换

程序间的切换和窗口间的切换一样，可采用如下方法：

1. 单击任务栏上的相应程序窗口按钮。

2. 单击应用程序窗口的任意位置。

3. 通过组合键 Alt + Tab 实现切换。

四、Windows 7 系统下程序的安装与删除

Windows 7 系统的应用程序一般都会提供安装和卸载程序，可以直接使用安装程序和卸载程序来安装或卸载软件。

1. UAC 及程序安装

UAC（User Account Control）即用户账户控制，微软在 Vista 和 Windows 7 系统中引用该项技术，在出现可能影响系统安全的操作时，操作系统会自动触发 UAC，经用户确认后程序才能执行。因大部分的恶意软件、木马病毒、广告插件在进入计算机时都会有如：将文件复制到 Windows 或 Program Files 等目录、安装驱动、安装 Active X 等操作，而这些操作都会触发 UAC，用户都可以在 UAC 提示时来禁止这些程序的运行。

Windows 7 系统下常见的安装程序有 setup. exe、install. exe、应用程序名 .exe 和 ****. msi，双击安装程序后，触发 UAC 控制，经用户确认即可即可安装相应程序。如图 2.38 所示。

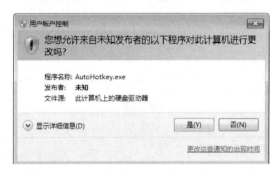

图 2.38

调整 UAC 安全级别操作如下：

在运行里输入 C:\\ Windows \\ System32 \\ UserAccountControlSettings. exe，可以直接弹出 UAC 设置的窗口进行设置。

2. 程序卸载

双击系统桌面"计算机"图标，在打开的计算机资源管理器窗口中，点击窗口上方"卸载或更改程序"按钮，打开"卸载或更改程序"窗口，通过点击某项程序可以实现卸载、修复和更改操作，不需要使用的软件可以通过"开始"菜单中相应的卸载软件选项来删除，如图 2.39、图 2.40、图 2.41 所示。

图 2.39   **图 2.40**

图 2.41

知识回顾

一、填空题

1. 在安装 Windows 7 的最低配置中，内存的基本要求是（　　）GB 及以上。

2. 要安装 Windows 7，系统磁盘分区必须为（　　）格式。

3. 在安装 Windows 7 的最低配置中，硬盘的基本要求是（　　）GB 以上可用空间。

二、单项选择题

1. 在 Windows 7 的各个版本中，支持的功能最多的是（　　）。

A. 家庭普通版　　　B. 家庭高级版　　　C. 专业版　　　　　D. 旗舰版

2. 在 Windows 7 操作系统中，将打开窗口拖动到屏幕顶端，窗口会（　　）。

A. 关闭　　　　　　B. 消失　　　　　　C. 最大化　　　　　D. 最小化

3. 在 Windows 7 操作系统中，显示桌面的快捷键是（　　）。

A. "Win" + "D"　　　　　　　　　B. "Win" + "P"

C. "Win" + "Tab"　　　　　　　　D. "Alt" + "Tab"

4. 在 Windows 7 的各个版本中，支持的功能最少的是（　　）。

A. 家庭普通版　　　　　　　　　B. 家庭高级版

C. 专业版　　　　　　　　　　　D. 旗舰版

5. 为了保证 Windows 7 安装后能正常使用，采用的安装方法是（　　）。

A. 升级安装　　　　　　　　　　B. 卸载安装

C. 覆盖安装　　　　　　　　　　D. 全新安装

三、多项选择题

1. 在 Windows 7 中个性化设置包括（　　）。

A. 主题桌面　　　　B. 背景窗口　　　　C. 颜色　　　　　　D. 声音

2. 在 Windows 7 中可以完成窗口切换的方法是（　　）。

A. "Alt" + "Tab"　　　　　　　　B. "Win" + "Tab"

C. 单击要切换窗口的任何可见部位　　D. 单击任务栏上要切换的应用程序按钮

3. 在 Windows 7 中，窗口最大化的方法是（　　）。

A. 按最大化按钮　　　　　　　　B. 按还原按钮

C. 双击标题栏　　　　　　　　　D. 拖拽窗口到屏幕顶端

4. Windows 7 的特点是（　　）。

A. 更易用　　　　B. 更快速　　　　C. 更简单　　　　D. 更安全

实操任务

1. 在本地计算机安装 Win 7 操作系统。

2. 用两种不同的方面查看任务管理器。

任务3　Windows 7 的设置与系统工具

操作1　控制面板

在 Windows 7 中，控制面板是一个比较特殊的窗口，在其中有许多应用程序，可以对系统的软硬件环境进行全面的控制和管理，比如调整显示器的属性、设置网络地址、添加用户及设置密码、系统更新等。Windows 7 的控制面板有两种界面，一种是类别显示，一种是图标显示，两种界面可以通过窗口右上角的"查看方式"选择项进行切换。控制面板的打开方式通常是点击"开始"菜单，打开或者通过计算机资源管理器的菜单栏打开控制面板，如图 2.42、图 2.43 所示。

图 2.42

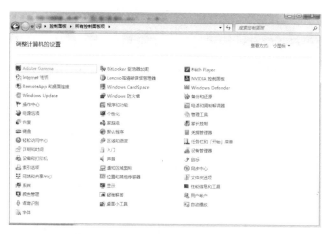

图 2.43

操作2 几种常用设置

一、设置账户

1. 认识账户

设置用户账户之前需要先弄清楚 Windows 7 有几种账户类型。一般来说，用户账户有以下三种：计算机管理员账户、标准用户账户和来宾账户。

计算机管理员账户拥有对全系统的控制权：能改变系统设置，可以安装和删除程序，能访问计算机上所有的文件。除此之外，它还拥有控制其他用户的权限：可以创建和删除计算机上的其他用户账户、可以更改其他人的账户名、图片、密码和账户类型等。

Windows 7 中至少要有一个计算机管理员账户。在只有一个计算机管理员账户的情况下，该账户不能将自己改成受限制账户。

2. 创建用户账户

管理用户账户的最基本操作就是创建新账户。用户在安装 Windows 7 过程中，第一次启动时建立的用户账户就属于"管理员"类型，在系统中只有"管理员"类型的账户才能创建新账户（见图 2.44、图 2.45）。

图 2.44

图 2.45

3. 更改用户账户

刚刚创建好的用户还没有进行密码等有关选项的设置，所以应对新建的用户信息进行修改。要修改用户基本信息，只需在【管理账户】窗口中选定要修改的用户名图标，然后在新打开的窗口中修改即可（见图2.46、图2.47）。

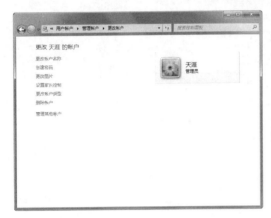
图 2.46

图 2.47

4. 删除用户账户

用户可以删除多余的账户，但是在删除账户之前，必须先登录到具有"管理员"类型的账户才能删除（见图2.48、图2.49）。

图 2.48

图 2.49

二、设置时间同步

在 Windows 7 操作系统中可将系统的时间和 Internet 的时间同步。方法是在【日期和时间】对话框中切换至【Internet 时间】选项卡，然后单击【更改设置】按钮。打开【Internet 时间设置】对话框，选中其中的【与 Internet 时间服务器同步】复选框，然后单击【立即更新】按钮即可（见图2.50、图2.51）。

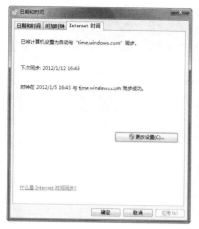

图 2.50

图 2.51

三、设置桌面小工具

Windows 7 系统提供了很多实用有趣的小工具，如【时钟】、【日历】和【货币】等。用户可以在桌面空白处右击鼠标，在弹出的快捷菜单中选择【小工具】命令，即可打开桌面小工具窗口，在其中双击需要添加的小工具的图标，例如双击【日历】和【时钟】的图标，则桌面边栏处会显示【日历】和【时钟】两个小工具（见图 2.52、图 2.53）。

图 2.52

图 2.53

桌面上添加了小工具后，可以对小工具的外观、显示效果等进行设置，下面以设置【时钟】小工具为例进行介绍（见图 2.54、图 2.55）。

图 2.54

图 2.55

操作3　添加字体

在安装操作系统时，系统会自带一些默认的字体，但是字体在不能满足用户需要的情况下，用户可以自己安装新的字体。安装字体时，只需将字体文件拷贝到计算机"控制面板"中"字体"文件夹即可。

字体添加完成后，在"字体"窗口的内容区域就可以看到新安装的字体（见图2.56）。

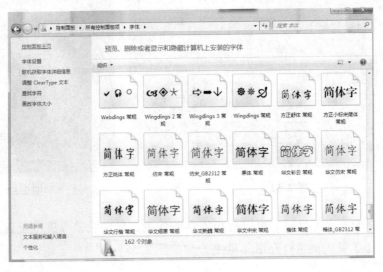

图 2.56

操作4　系统工具

为了使系统能够安全高效运行，Windows 7 提供了一些系统维护工具，例如磁盘清理、磁盘碎片整理和系统还原等工具,利用这些工具来维护系统,有利于使系统保持一个较佳的运行状态(见图2.57)。

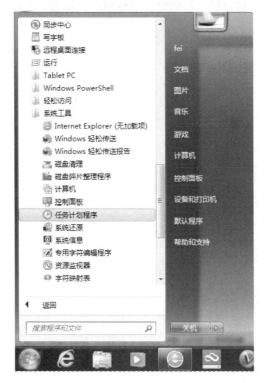

图 2.57

一、磁盘清理

磁盘清理工具可以清除计算机不同分区上不再需要的文件,在"所有程序"中选择"附件→系统工具→磁盘清理"就会出现图2.58的界面,选择对应的分区就可以进行磁盘清理,以便删除不用的临时文件与程序,从而释放磁盘空间。

图 2.58

二、磁盘碎片整理程序

计算机系统在存储文件时,总是使用最先满足的可用磁盘空间,但是系统会经常删除或修改一些文件,这样就会在磁盘上形成一些不连续的空间,随着文件不停地被存储到这些空间,又不断地被删除,磁盘上这样的小空间就会越来越多,这种小空间就是磁盘碎片。计算机在存取大文件时,不得不把文件分成许多小块存储在这些不连续的空间内,从而影响了系统的数据存取速度。所以,磁盘在使用一段时间后,应当使用磁盘碎片整理程序对磁盘上的文件和这些碎

片空间进行重新组织，提高系统速度。

　　在"所有程序"中选择"附件→系统工具→磁盘碎片整理程序"就会出现图 2.59，选择对应的分区就可以对磁盘碎片空间进行重新组织，提高系统访问磁盘的速度。

图 2.59

知识回顾

1. 下列属于 Windows 7 控制面板中的设置项目的是（　　）。

A. Windows Update　　　　　　　　B. 备份和还原

C. 恢复　　　　　　　　　　　　　　D. 网络和共享中心

2. 在 Windows 7 操作系统中，打开外接显示设置窗口的快捷键是（　　）。

A. "Win" + "D"　　　　　　　　　B. "Win" + "P"

C. "Win" + "Tab"　　　　　　　　D. "Alt" + "Tab"

3. 在 Windows 7 操作系统中，显示 3D 桌面效果的快捷键是（　　）。

A. "Win" + "D"　　　　　　　　　B. "Win" + "P"

C. "Win" + "Tab"　　　　　　　　D. "Alt" + "Tab"

实操任务

1. 用两种不同的方式显示控制面板。

2. 在本地计算机上添加"微软雅黑"字体。

3. 对本地计算机的 D 盘进行碎片整理。

模块三： Windows 7 文件管理

【技能目标】

1. 能够建立新文件（夹）

2. 能够查看文件（夹）的详细信息

3. 能够改变文件夹中文件的显示方式

4. 能够复制或移动文件（夹）到相应位置

5. 能够用库管理文件夹

【知识目标】

1. 掌握文件和文件夹的概念

2. 了解各种文件的类型

3. 掌握文件或文件夹复制和移动的方法

4. 了解文件库的概念

【重点难点】

1. 文件的各种类型

2. 文件和文件夹复制和移动的方法

3. 库的应用

任务1　文件、文件夹

操作1　认识文件

一、文件的概念

所谓"文件"，就是在我们的电脑中，以实现某种功能，或某个软件的部分功能为目的而定义的一个单位。电脑中的文件可以是文档、程序、快捷方式和设备。文件是由文件名和图标组成，一种类型的文件具有相同的图标，文件名不能超过 255 个字符（包括空格）。如下图所示。

二、文件的常见类型

文件有很多种，运行的方式也各有不同。一般来说我们可以通过文件的扩展名来识别这个文件是哪种类型，特定的文件都会有特定的图标（就是显示这个文件的样子），也只有安装了相应的软件，才能正确显示这个文件的图标。

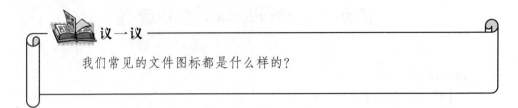

议一议

我们常见的文件图标都是什么样的？

下表是常用的文件类型及打开方式：

实际应用	说　明	打开\编辑方式	汉语、外语全称
ddb	Protel 电路原理图文件	Design Explorer 99 SE 打开	
doc	Word 文档	微软的 Word 等软件打开	*DOCument*
txt	文本文档（纯文本文件）	记事本，网络浏览器等大多数软件	*TeXT*
wps	Wps 文字编辑系统文档	金山公司的 wps 软件打开	*Word Processing System*
xls	Excel 电子表格	微软的 excel 软件打开	
ppt	Powerpoint 演示文稿	微软的 powerpoint 等软件打开	
rar	WinRAR 压缩文件	WinRAR 等打开	
htm 或 html	网络页面文件（标准通用标记语言下的一个应用 html）	网页浏览器、网页编辑器（如 W3C Amaya、Front-Page 等）打开	HyperText Markup Language
pdf	可移植文档格式	用 pdf 阅读器打开（比如 Acrobat）、用 pdf 编辑器编辑	*Portable Document Format*
dwg	CAD 图形文件、（扩展名汉语全称：图）	AutoCAD 等软件打开	DraWinG
exe	可执行文件、可执行应用程序	Windows 视窗操作系统	EXEcutable
jpg	普通图形文件（联合图像专家小组）	打开用各种图形浏览软件、图形编辑器	Joint Photographic Expert Group
png	便携式网络图形、一种可透明图片	打开用各种图形浏览软件、图形编辑器	*Portable Network Graphics*
bmp	位图文件	打开用各种图形浏览软件、图形编辑器	BitMaP
swf	Adobe FLASH 影片	Adobe FLASH Player 或各种影音播放软件	*ShockWave Flash*
fla	swf 的源文件	Adobe FLASH 打开	

操作2　认识文件夹

一、文件夹的概念

计算机中文件夹是用来协助人们管理计算机文件的，它可以更好的保存文件，使它整齐规范，每一个文件夹对应一块磁盘空间，它提供了指向对应空间的地址，它没有扩展名，也就不像文件的格式用扩展名来标识（见图2.60）。

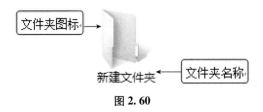

图 2.60

二、文件、文件夹的关系

文件夹中可以包含多个文件和文件夹，也可以不包含任何文件和文件夹。不包含任何文件和文件夹的文件夹称为空文件夹。

文件和文件夹都是存放在计算机的磁盘里，文件夹可以包含文件和子文件夹，子文件夹内又可以包含文件和子文件夹，依次类推，即可形成文件和文件夹的树形关系。（见图2.61）。

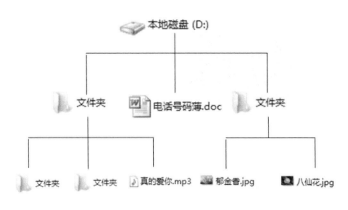

图 2.61

知识回顾

1. 文件的类型可以根据（　　）来识别。

A. 文件的大小　　　　　　　　　B. 文件的用途

C. 文件的扩展名　　　　　　　　D. 文件的存放位置

2. 文件夹中可包含（　　）。

A. 文件　　　　　B. 程序　　　　　C. 文件夹　　　　　D. 图片

实操任务

查看本地计算机上有哪几种类型的文件。

任务2　文件（夹）管理

操作1　建立一个新文件（夹）

文件管理是操作系统的重要功能之一。Windows 7 操作系统集成了"计算机"和"资源管理器"。其可进行各种文件（夹）操作，如打开、新建、复制、移动、删除和重命名文件（夹）等，还可以进行网络连接，访问 Internet 等。

一、建立新文件或文件夹的方法

1. 方法一：右键新建法：在桌面空白处点鼠标右键→新建→根据需要选择新文件或文件夹（见图2.62）。

图 2.62

2. 方法二：资源管理器中上方的快捷栏，上面也有个"新建文件夹"项，选好文件夹所在位置，点击就行（见图2.63）。

操作2　重命名新文件（夹）

选中需要重命名的文件或文件夹，单击鼠标右键，点击重命名。也可直接点击 F2 键直接重命名（见图2.64）。

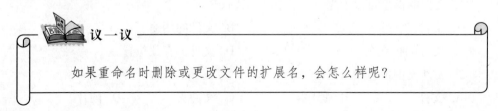

议一议

如果重命名时删除或更改文件的扩展名，会怎么样呢？

78

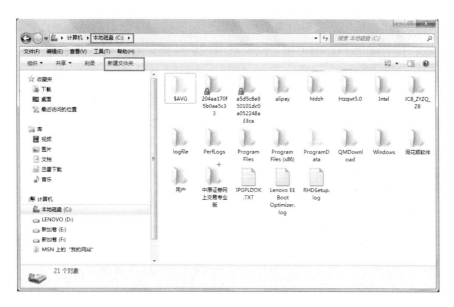

图 2. 63

操作2　查看、设置文件（夹）属性

文件（夹）属性包括文件类型、长度、位置、存储类别、建立时间等详细信息。查看文件或文件夹属性的方法两个（见图 2.65）。

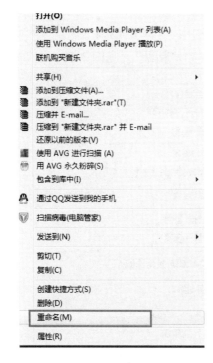

图 2. 64　　　　　　　　　　　　　图 2. 65

方法一：直接在选中的文件（夹）上单击鼠标右键，在弹出的菜单里选择属性。

方法二：按着键盘上的 ALT 键，同时双击鼠标左键，直接就打开了文件（夹）的属性窗口。

文件和文件夹的属性稍有不同，可在属性中查看文件（夹）的相关信息，也可根据需要对文件进行自定义、安全、共享等属性设置（见图 2.66、图 2.67）。

图 2.66   图 2.67

操作3 复制、移动文件（夹）

复制和移动文件（夹）的方法有好多种，常用的有以下几种：

1. 鼠标右键快捷菜单中的"复制""剪切"和"粘贴"（见图 2.68、图 2.69）。

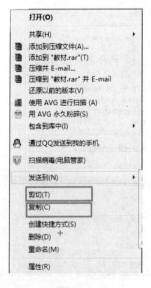
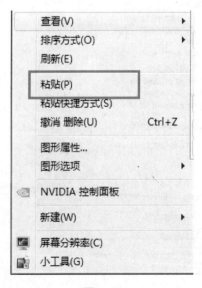

图 2.68   图 2.69

2. 编辑菜单里的"复制""剪切"和"粘贴"（见图 2.70）。

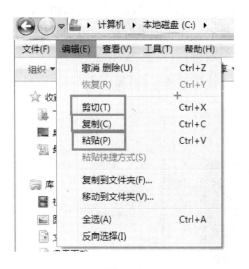

图 2.70

3. 键盘里的 Crtl + C 可以复制，Ctrl + X 可以剪切，Ctrl + V 可以粘贴。

4. 可以打开两个窗口，如果两个窗口代表的文件夹在同一个盘中，直接把文件图标拖到目标窗口则是移动，按住 Crtl 拖动就是复制；如果两个窗口代表的文件夹在不同的盘中，直接把文件图标拖到目标窗口就是复制，按住 Shift 拖动则是移动。

5. 如果要在同一个文件夹下复制文件，则按住 Crtl 再拖动文件图标就可以产生一个文件复件。

小提示：移动和复制文件（夹）的方法有很多种，不需要都熟记，只需选取一、两种熟练应用就好。

操作 4　查看、修改文件（夹）的显示方式

一、普通文件（夹）的显示方式

Windows 7 系统一般用【计算机】窗口来查看文件和文件夹等计算机资源，用户主要通过窗口工作区、地址栏、导航窗格这三种方式进行查看。

在查看文件或文件夹时，系统提供了多种文件和文件夹的显示方式，用户可单击工具栏中的图标，在弹出的快捷菜单中有八种排列方式可供选择：（1）【超大图标】；（2）【大图标】；（3）【中等图标】；（4）【小图标】；（5）【列表】；（6）【详细信息】；（7）【平铺】；（8）【内容】。

二、隐藏文件（夹）的显示方式

在电脑系统中，一般为隐藏属性的文件，系统会默认为不显示，特别是一些受保护性强的系统文件，更是不会显现在盘符中，有效的防止出现误删的情况。如果要把它们都显示出来，可以进行一些相关设置，让隐身文件现出原形。

方法步骤如下：

1. 首先打开电脑的【控制面板】，可以从两个位置打开。

路径不同，目标是一致的，在我们平时操作中，根据自己的习惯操作就行。

（1）【开始】→【控制面板】（见图 2.71）。

（2）【资源管理器】→【控制面板】（见图 2.72）。

图 2.71

图 2.72

2. 进入【控制面板】找到【文件夹选项】，并打开进入【文件夹选项】对话框设置（见图 2.73）。

图 2.73

3. 【文件夹选项】对话框还可以从另一通道进入，路径是【计算机】→【组织】
→【文件夹各搜索选项】（见图2.74）。

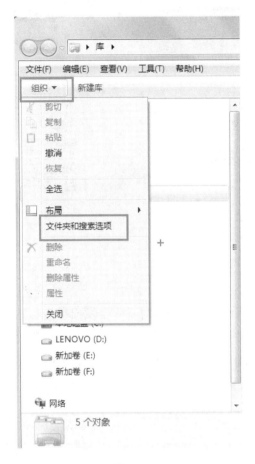

图2.74

4. 进入【文件夹选项】点击【查看】，然后找到【隐藏文件和文件夹】，看到第一
个选择为不显示，第二个为显示，这时选择第二个【显示隐藏的文件、文件夹和驱动
器】，确定即可显示出一些隐身的非系统的文件和文件夹了，可以进行编辑或删除（见
图2.75）。

5. 如果还要进一步显示出一些受保护的系统文件，那要怎么做呢？

答案是同样在【文件夹选项】上，只要把【隐藏的受保护的操作系统文件夹】前
面的勾去掉就可以了（见图2.76）。

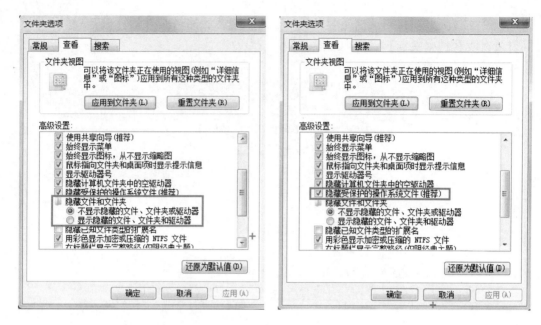

图 2.75　　　　　　　　　　　　　　　图 2.76

6. 由于是受保护的系统文件，确定时系统会发出警告，选"是"继续显示，这时就可以对一些系统文件进行编辑或者删除了。但是编辑或删除了系统文件就会对系统造成破坏，将使你的电脑无法运行，所以，为了你心爱的电脑正常工作，还是修改回来，使它们继续隐身，受保护起来吧，免得误删，到时就悔之晚矣（见图 2.77）。

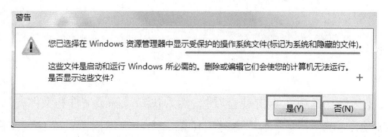

图 2.77

操作 5　加密和共享文件（夹）

一、加密文件（夹）

加密文件和文件夹即是将文件和文件夹加以保护，使得其他用户无法访问该文件或文件夹，保证文件和文件夹的安全性和保密性。

Windows 7 系统的文件和文件夹加密方式，与以往 Windows 系统有所不同。它提供了一种基于 NTFS 文件系统的加密方式，称为 EFS（Encrypting File System），全称加密文件系统。

EFS 加密可以保证在系统启动以后，可以继续对用户数据提高保护。当一个用户加密数据时，其他任何未授权的用户，甚至是管理员，都无法访问其数据（见图 2.78）。

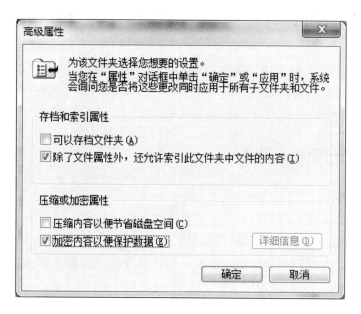

图 2.78

二、共享文件（夹）

现在家庭或办公生活环境里经常使用多台电脑，而多台电脑里的文件和文件夹可以通过局域网多用户共同享用。用户只需将文件或文件夹设置为共享属性，以供其他用户查看、复制或者修改该文件或文件夹（见图 2.79、图 2.80）。

图 2.79

图 2.80

知识回顾

1. 在 Windows 操作系统中,"Ctrl" + "C"是( )命令的快捷键。

2. 在 Windows 操作系统中,"Ctrl" + "X"是( )命令的快捷键。

3. 在 Windows 操作系统中,"Ctrl" + "V"是( )命令的快捷键。

实操任务

1. 在本地计算机桌面上建立新文件夹,重命名为"练习",再从桌面复制到 D 盘根目录下,然后共享该文件夹。

2. 更改文件夹选项,查看 C 盘隐藏的系统文件。

任务3 Windows 7 中的库

操作1 认识库

库有点像是大型的文件夹一样,但是其本质上跟文件夹有很大的不同。在文件夹中保存的文件或者子文件夹,都是存储在同一个地方的。而在库中存储的文件则可以来自于五湖四海。如可以来自于用户电脑上的关联文件或者来自于移动磁盘上的文件(见图2.81)。

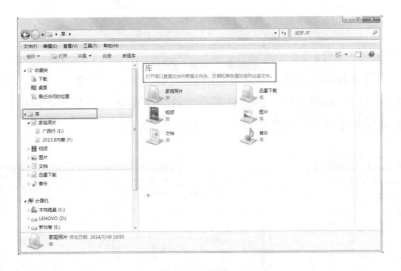

图 2.81

通过"库"这个 Windows 7 新功能,可以更加便捷地查找、使用和管理分布于整个电脑或网络中的文件。库可以将您的资料汇集在一个位置,而无论资料实际存储在什么位置(见图2.82)。

库还可以关注经常用到的文件夹,只需把文件夹拖动到任务栏的空白处,就可以加入到库关注中,下次需要时,直接右键单击任务栏中的库按钮,就可以发现需要操作的文件夹。注意哦,库只是关注了文件夹,原文件夹的位置不变(见图2.83)。

图 2.82   图 2.83

 读一读

　　"库"是个有些虚拟的概念，把文件夹收纳到库中并不是将文件真正复制到"库"这个位置，而是在"库"这个功能中"登记"了那些文件夹的位置来由 Windows 管理而已，因此，收纳到库中的内容除了它们自占用的磁盘空间之外，几乎不会再额外占用磁盘空间，并且删除库及其内容时，也并不会影响到那些真实的文件。

操作 2　库的应用

　　Windows 7 提供了文档库、音乐库、图片库和视频库。但是，您也可以对其进行个性化，或创建您自己的库，仅需几次单击操作即可。不仅如此，您还可以对库进行快速分类和管理，例如，按文档类型、按图片生成日期或按音乐风格进行整理。您还可以在家庭网络中与他人轻松共享库。

【课堂案例】

　　将分别位于外部硬盘驱动器、家人的电脑和您的办公笔记本电脑中的家庭相册汇集到一个"家庭照片"的库中。

一、创建新库

1. 点开"资源管理器"按钮，然后单击左窗格中的"库"。

在"库"中的工具栏上，单击"新建库"，或者在右窗格中的空白处单击鼠标右键，单击"新建库"（见图 2.84、图 2.85）。

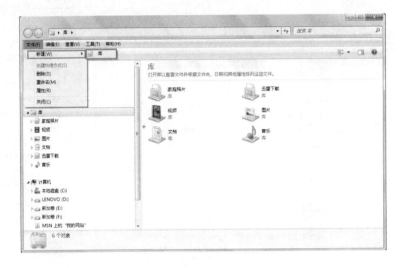

图 2.84

图 2.85

2. 键入库的名称，命名为"家庭照片"然后按 Enter，一个新库就建好了（见图 2.86）。

二、告诉 Windows 您的新库中应包含的文件夹即可

1. 将计算机上的文件夹包含到库中的步骤：

（1）在任务栏中，单击"Windows 资源管理器"按钮。

（2）在导航窗格（左窗格）中，导航到要包含家庭照片的文件夹，然后单击（不是双击）该文件夹。

（3）在工具栏（位于文件列表上方）中，单击"包含到库中"，然后单击"家庭

88

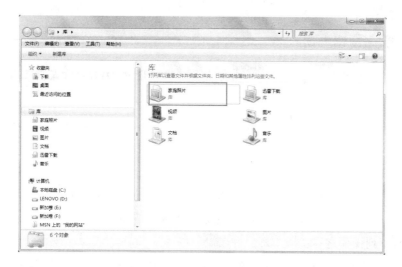

图 2. 86

照片"库（见图2.87）。

图 2. 87

2. 将外部硬盘驱动器上的文件夹包含到库中的步骤：

（首先确保外部硬盘驱动器已连接到计算机，并且计算机可以识别该设备。）

（1）在任务栏中，打开"Windows 资源管理器"。

（2）在导航窗格（左窗格）中，单击"计算机"，然后导航到要包含的外部硬盘驱动器上的文件夹。

（3）在工具栏（位于文件列表上方）中，单击"包含到库中"，然后单击"家庭照片"库。

读一读

目前还无法将可移动媒体设备（如 CD 和 DVD）和某些 USB 闪存驱动器上的文件夹包含到库中。

3. 将网络文件夹包含到库中的步骤

网络文件夹必须添加到索引中并且可脱机使用，然后才能包含到库中。

（1）在任务栏中，单击"Windows 资源管理器"按钮。

请执行下列操作之一：

a. 在导航窗格（左窗格）中，单击"网络"，然后导航到要包含的网络上的照片文件夹。

b. 单击地址栏左侧的图标，键入网络的路径，按 Enter，然后导航到要包含的文件夹。

（2）在工具栏（位于文件列表上方）中，单击"包含到库中"，然后单击"家庭照片"库。

小提示：如果未看到"包含到库中"选项，则意味着网络文件夹未加索引或在脱机时不可用。

经过上述三个环节，你家庭所有位置的照片现在可以在同一窗口中显示了。您的照片实际上仍然处于三个不同的位置。这就是库的奇妙之处。

操作3 删除库中的文件夹

不再需要监视库中的文件夹时，可以将其删除。从库中删除文件夹时，不会从原始位置中删除该文件夹及其内容（见图 2.88）。

图 2.88

从库中删除文件夹的步骤：

1. 在任务栏中，单击"Windows 资源管理器"按钮。

2. 在导航窗格（左窗格）中，单击要从中删除文件夹的库。

3. 在库窗格（文件列表上方）中，在"包括"旁边，单击"位置"。

4. 在显示的对话框中，单击要删除的文件夹，单击"删除"，然后单击"确定"。

知识回顾

一、填空题

Windows 7 有四个默认库，分别是（   ）、（   ）、（   ）和（   ）。

二、判断题

1. 在 Windows 7 中默认库被删除后可以通过恢复默认库进行恢复。（   ）

2. 添加到库中的文件夹，原位置的文件夹就不存在了。（   ）

实操任务

新建一个库，重命名为练习，分别把本地计算机 D 盘的一个文件夹和 U 盘中的一个文件夹添加到练习库中。

模块四：Windows 7 的基本操作应用

【技能目标】

1. 能够进行外观个性化设置

2. 能够设置网络

3. 能够安装中文输入法

4. 会用资源管理器

5. 会检索自己想要的文件

6. 能对系统的属性进行必要的设置

【知识目标】

1. 了解系统的相关属性

2. 掌握资源管理器的用途

3. 了解设置网络的方法

【重点难点】

1. 资源管理器的应用

2. 不同类型网络的设置方法

任务1 个性化的系统

操作1 外观和主题设置

桌面的外观和主题元素是用户个性化工作环境的最明显体现，用户可以根据自己的喜好和需求来改变桌面图标、桌面背景、系统声音、屏幕保护程序等设置，让 Windows 7 系统更加适合用户自己的个人习惯。

1. 设置桌面背景

桌面背景就是 Windows 7 系统桌面的背景图案，又叫做墙纸。启动 Windows 7 操作系统后，桌面背景采用的是系统安装时默认的设置，用户可以根据自己的喜好更换桌面背景（见图 2.89）。

图 2.89

2. 更改桌面图标

对于 Windows 7 系统桌面上的图标，用户也可以自定义其样式和大小等属性。如果用户对【计算机】、【网络】、【回收站】等桌面系统图标样式不满意，可以选择不同的样式。如果是老年人用户，希望将图标面积放大以便看得更为清楚，也可以设置图标的大小（见图 2.90、图 2.91）。

图 2.90

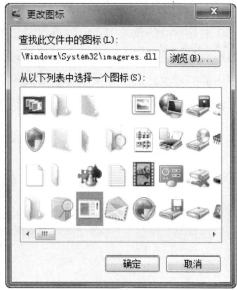

图 2.91

3. 设置屏幕保护程序

屏幕保护程序简称为【屏保】，是用于保护计算机屏幕的程序，当用户暂时停止使用计算机时，它能让显示器处于节能的状态。

Windows 7 提供了多种样式的屏保，用户可以设置屏保的等待时间，在这段时间内如果没有对计算机进行任何操作，显示器就进入屏保状态；当用户要重新开始操作计算机时，只需移动一下鼠标或按下键盘上的任意键，即可退出屏保（见图 2.92）。

图 2.92

4. 设置分辨率和刷新频率

对显示器的设置主要包括更改显示器的分辨率和刷新频率。显示分辨率是指显示器所能显示的像素点的数量，显示器可显示的像素点数越多，画面就越清晰，屏幕区域内能够显示的信息也就越多。设置刷新频率主要是为了防止屏幕出现闪烁现象。如果刷新频率设置过低会对眼睛造成伤害（见图2.93）。

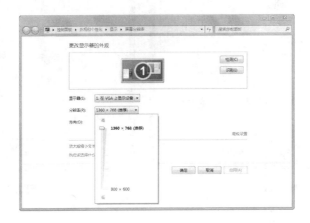

图 2.93

5. 更改颜色和外观

在 Windows 7 系统里，用户可以自定义窗口、【开始】菜单以及任务栏的颜色和外观。Windows 7 提供了丰富的颜色类型，甚至可以采用半透明的效果（见图2.94）。

图 2.94

6. 其他外观设置方法：

（1）右键单击计算机→属性→高级系统设置→高级→性能→设置进行个性化设置

（见图2.95）。

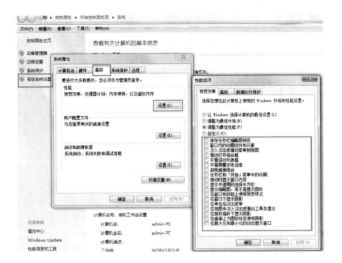

图2.95

（2）打开控制面板里的"外观"，可以对电脑进行个性化设置（见图2.96、图2.97）。

图2.96

图2.97

操作2　网络设置

一、基本网络设置

1. 在本地计算机任务栏右下角找到对应图标，打开网络共享中心（见图2.98）。

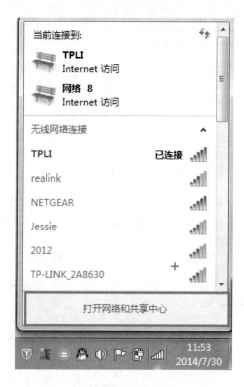

图 2.98

注：也可在控制面板中，打开网络共享中心（见图2.99）。

图 2.99

96

2. 打开网络共享中心，点击本地连接，打开本地连接网络配置：点击"属性"，在弹出窗口点击"Internet 协议版本 4 （IPv4）"，再点击"属性"（见图 2.100）。

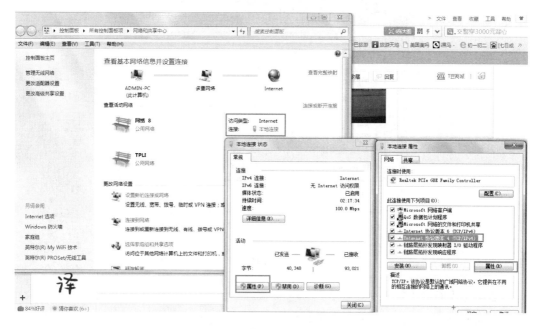

图 2.100

注：也可在网络共享中心，点击"更改适配器设置"，来到"本地连接"，打开本地连接"属性"（见图 2.101、图 2.102）。

图 2.101   图 2.102

3. 进行 IP 设置（见图 2.103）。

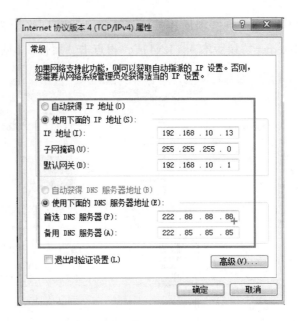

图 2. 103

二、无线网络设置

要创建无线网络链接，只要打开网络共享中心，点击"设置新的连接或网络"，可以立即设置一个全新的网络连接（见图 2.104）。

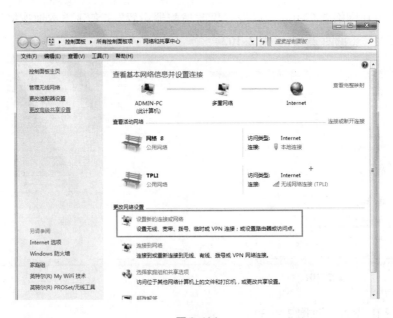

图 2. 104

1. 相比过去的 XP 系统时代，Win 7 的网络设置项简单易用得多，不管是否具备专业知识，只需根据 Win 7 系统的提示一步步操作，选择"连接到 Internet"，点击"下一步"就可以了（见图 2.105）。

图 2. 105

2. 马上我们就能看到这个需要选择网络连接方式的界面，这里由于需要连接无线网络，选择第一项即可（见图 2.106）。

图 2. 106

3. 在 Win 7 桌面右下角我们可以搜索到相应的无线网络，确定了自己连接的无线网络名称就能轻松一键联网，进行网上冲浪了（见图 2.107）。

图 2.107

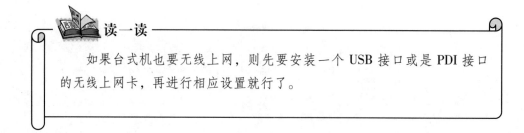

读一读

　　如果台式机也要无线上网，则先要安装一个 USB 接口或是 PDI 接口的无线上网卡，再进行相应设置就行了。

　　Win 7 操作系统会自动搜索出当前可用的所有无线网络信号，因此以后无论我们带着笔记本电脑走到哪里，需要联网时只需点击 Win 7 桌面右下角的"网络中心"立刻就能查找到可用的网络。

操作3　中文输入法的安装、删除和选用

1. 打开控制面板后，找到更改键盘或其他输入法并打开（见图 2.108、图 2.109）。

图 2.108   图 2.109

2. 在文本服务和输入语言面板，找到"添加按钮"并单击（见图 2.110）。

3. 在添加输入语言面板，找到"中文（简体，中国）"，就可以看到系统里面的一些中文输入法，在需要使用的输入法前面勾选上该输入法并确定即可添加该输入法（见图 2.111）。

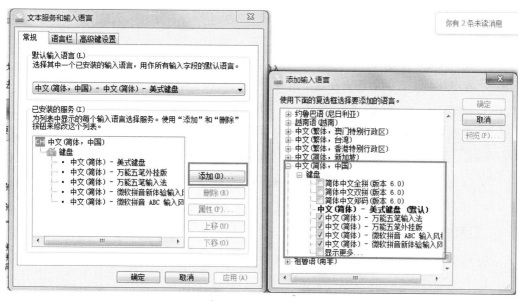

图 2.110   图 2.111

4. 在文本服务和输入语言面板，可以选择自己喜欢的输入法作为默认输入法，这样在使用时就不需要手动切换了（见图 2.112）。

接下来就可以享用你熟悉的输入法了。

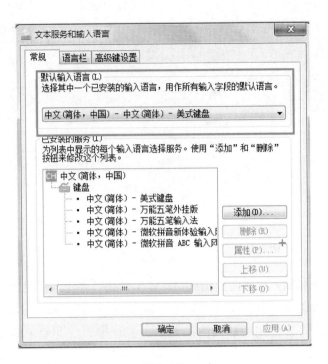

图 2. 112

知识回顾

多项选择题:

1. 在 Windows 7 中个性化设置包括（　　）。

A. 主题　　　　　　B. 桌面背景　　　　　C. 窗口颜色　　　　　D. 声音

2. 桌面上的快捷方式图标可以代表（　　）。

A. 应用程序　　　B. 文件夹　　　　　C. 用户文档　　　　D. 打印机

3. 以下网络位置中，可以在 Windows 7 里进行设置的是（　　）。

A. 家庭网络　　　B. 小区网络　　　　C. 工作网络　　　　D. 公共网络

实操任务

1. 对本地计算机进行外观设置。

2. 在本地计算机上安装五笔字型输入法。

任务2　资源管理器的应用

操作1　打开资源管理器

一、打开资源管理器的方法有三种

1. Win 7 将资源管理器集成了，打开"我的电脑"就是打开资源管理器。

2. 键盘上的"Win"键＋E 打开的就是资源管理器。

3. 可以通过右击"开始"按钮，然后选择"打开 Windows 资源管理器"快速打开运行。

操作2　认识资源管理器

1. Win 7 资源管理器在窗口左侧的列表区，将计算机资源分为收藏夹、库、计算机和网络等大类，更加方便用户更好更快地组织、管理及应用资源（见图 2.113）。

图 2.113

2. 若 Win 7 资源管理器界面布局过多，也可以通过设置变回简单界面。操作时，点击页面中组织按钮旁的向下的箭头，在显示的目录中，选择"布局"中需要的窗体，例如细节窗体、预览窗格、导航窗格等（见图 2.114）。

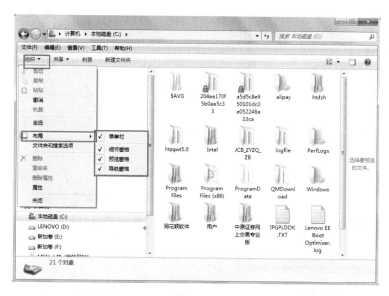

图 2.114

3. 资源管理器中文件显示方式可以根据自己的需要更改（见图 2.115）。

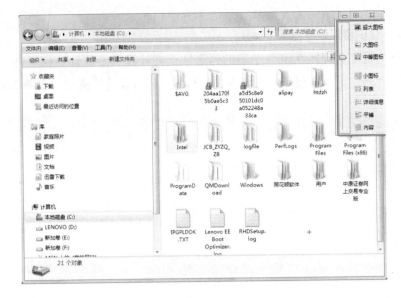

图 2.115

4. 在 Win 7 下使用超级任务栏时，将文件夹锁定在超级任务栏打开的默认都是库，下面我们将其改为计算机目录。在锁定文件夹处右键，继续右键 Windows 资源管理器，选择属性，将打开的选项卡中"目标"改为"% windir%\explorer. exe，"即加上一个空格和英文模式的逗号","即可（见图 2.116、图 2.117）。

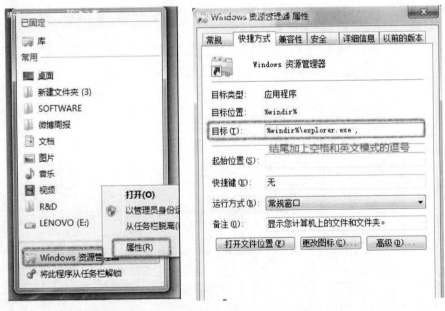

图 2.116   图 2.117

再次点击打开"资源管理器"，发现就是熟悉的磁盘管理界面了。

操作3 资源管埋器的应用

1. 查看文件夹

Win 7 资源管理器在管理方面设计，更利于用户使用，特别是在查看和切换文件夹时，查看文件夹时，上方目录处会显示根据目录级别依次显示，中间还有向右的小箭头。

当用户点击其中某个小箭头时，该箭头会变为向下，显示该目录下所有文件夹名称。点击其中任一文件夹，即可快速切换至该文件夹访问页面，非常方便用户快速切换目录。

此外，当用户点击文件夹地址栏处，可以显示该文件夹所在的本地目录地址，就像 XP 中文件夹目录地址一样（见图 2.118）。

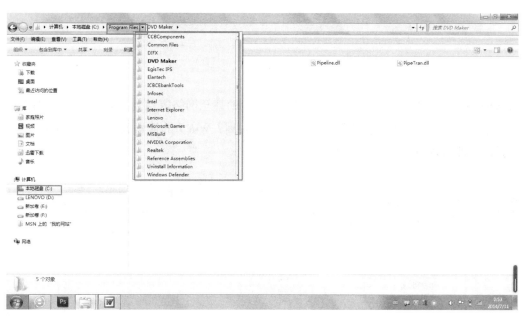

图 2.118

2. 查看最近访问位置

在 Win 7 资源管理器收藏夹栏中，增加了"最近访问的位置"，方便用户快速查看最近访问的位置目录，这也是类似于菜单栏中"最近使用的项目"的功能，不过"最近访问的位置"只显示位置和目录。

在查看"最近访问的位置"时，可以查看访问位置的名称、修改日期、类型及大小等，一目了然（见图 2.119）。

3. 资源管理器的检索文件、程序功能

Win 7 系统资源管理器的搜索框在菜单栏的右侧，可以灵活调节宽窄。它能快速搜

图 2.119

索 Windows 中的文档、图片、程序、Windows 帮助甚至网络等信息。Win 7 系统的搜索是动态的，当我们在搜索框中输入第一个字的时刻，Win 7 的搜索就已经开始工作，大大提高了搜索效率（见图 2.120）。

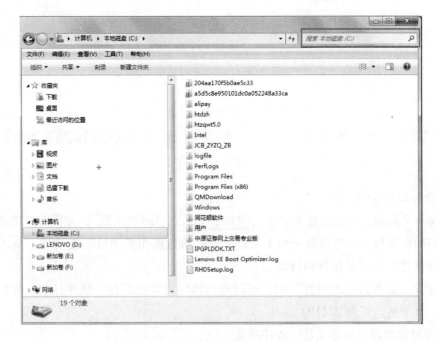

图 2.120

 **读一读**

> Win 7 系统的搜索功能主要集中在两个地方——开始菜单和资源管理器，这两个地方的搜索功能有一些细微的区别。开始菜单中的搜索框是多功能搜索框，它可以在 Windows 文件夹、Program File 文件夹、Path 环境变量指向的文件夹、Libraries、Run 历史中快速搜索文件，而且还可以搜索常用程序，CMD、Msconfig 之类的系统程序，甚至控制面板的程序，也能直接在这个搜索框里调出使用。

4. 资源管理器的预览功能

Win 7 操作系统还提供了文件预览功能。在资源管理器左上角，打开"组织"，"布局"，勾选"预览窗格"；或者直接点击资源管理器右上角的"显示/隐藏预览窗格"按钮。

左侧空格中选中的文件就会在预览窗中显示出来（见图 2.121）。

图 2.121

资源管理器不仅可以对一些图片，声音等多媒体文件进行预览，Win 7 资源管理器的预览窗格对 Office 办公文档也有非常好的支持。对于 Word 文档，不仅可以直接预览，还可以进行文本选择及复制操作。对于 Excel 文档，可以浏览每个工作表，右键可以进行复制操作。对于 PPT 文档，预览内容的同时，鼠标点击或者滚轮滚动可以进行逐页放映以及幻灯片的复制操作。对于 Visio 文档，也可以直接预览，但不能进行文本复制操作。

以上我们只介绍了最常用的文档格式在 Windows 7 资源管理器预览窗格中的快速浏览，大家可以自己试用一下更多文档格式的预览。有了 Windows 7 资源管理器的预览窗格，我们可以在众多文档中完成迅速查阅，这对于想快速了解、挑选文档或者从文档中获取信息的用户来说特别实用，可以大大提高效率。

如果需要关闭预览窗格，再次点击 Windows 7 资源管理器右上角预览窗格图标，即可隐藏右边的预览窗格。

知识回顾

一、填空题

1. 打开 Windows 7 资源管理器方法，可以通过右击（　　）按钮，然后选择"打开 Windows 资源管理器"快速打开运行；也可以直接双击（　　），直接打开资源管理器。

2. 默认情况下，Windows 7 的资源管理器窗口的菜单栏是隐藏的，要选择菜单命令，可按下（　　）键显示菜单栏后再进行操作。

3. Windows 7 资源管理器，为更加方便用户更好更快地组织、管理及应用资源。将计算机资源分为（　　）、（　　）、（　　）、（　　）和（　　）等五大类。

实操任务

1. 打开资源管理器，显示 C 盘根目录的文件，并改变文件的显示方式为详细列表。

2. 打开资源管理器，搜索名为"Windows"的文件夹。

任务3 系统、磁盘属性的查看、设置

操作1 系统属性

1. 查看系统属性的常用方法有以下两种：

方法一：点击开始菜单，打开控制面板，打开系统→高级系统设置。

方法二：右键单击"计算机"选择"属性"，打开"高级系统设置"，就可以看到系统属性了（见图2.122）。

2. 更改系统属性

在图2.122中，可以分别点击系统属性中的计算机名、硬件、高级、系统保护和远程标签，对电脑进行个性化设置。

操作2 磁盘属性

1. 查看磁盘属性

在资源管理器中，选择磁盘，右键单击"属性"，可以查看该磁盘的相关属性（见图2.123）。

图 2.122

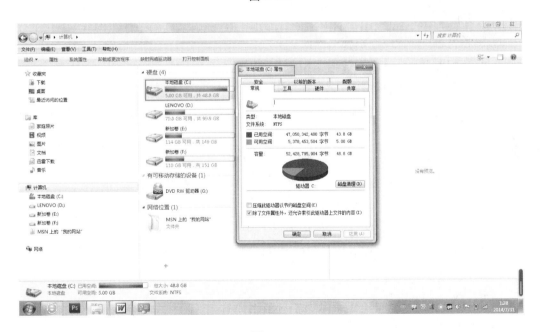

图 2.123

2. 更改磁盘属性

在上图磁盘属性中，可以点击不同的标签，对该磁盘进行格式化、碎片整理等操作。

知识回顾

1. Windows 系统属性可以对系统的（　　　）、（　　　）、（　　　）、（　　　）和

（　　　）进行设置。

2. 磁盘属性中可以对磁盘进行（　　　）、（　　　）和（　　　）操作。

实操任务

1. 查看本地计算机系统属性。

2. 查看 C 盘属性，并对 C 盘进行碎片整理。

【本章小结】

Windows 7 还有很多非常方便实用的功能，可以帮助我们高效地完成各项任务。短短两年多时间，Windows 7 系统凭借酷炫的界面以及简单、易用、快速、安全等特点，迅速成为全球最受用户喜爱的操作系统，现在 Windows 7 已经逐渐成为身边很多朋友生活学习工作的好伙伴。正在使用 Windows XP 的朋友不妨升级到 Windows 7 系统，体验一下它的强劲酷炫和方便吧！

【综合实训】

一、实验目的及要求

1. 熟悉 Windows 7 操作系统的界面。

2. 学会配置 Windows 7 系统。

3. 掌握窗口的基本操作。

4. 掌握"开始"菜单中启动和使用应用程序的方法，学会利用任务栏来实现程序的切换。

5. 使用"计算机"及"资源管理器"进行文件管理。

6. 掌握可移动磁盘的基本操作，如格式化、存取信息和删除信息。

7. 掌握 Windows 7 中 TCP/IP 协议的配置方法。

8. 掌握文件搜索的方法，熟练使用搜索工具。

9. 掌握 IE 浏览器的使用方法并了解 IE 浏览器的常用功能。

二、实验设备（环境）及要求

硬件：PC，因特网接入。

软件：Windows 7 操作系统。

三、实验内容与步骤

1. 设置工作环境

（1）更改桌面的壁纸图案

在桌面空白处右击鼠标，点击菜单栏中的搜狗壁纸，进行壁纸修改或者在计算机图库中选定一张图片，右击鼠标，选择设置为桌面背景。

（2）更改显示分辨率，设定合适的刷新频率在桌面空白处右击鼠标，选择屏幕分辨率→高级设置→监视器→设定屏幕刷新频率。

（3）设置"回收站"

设置"C"盘的回收站最大空间为10%，"D"盘删除时不将文件移入回收站，而是将文件彻底删除，删除时要显示删除确认对话框。

鼠标点击开始→在搜索程序和文件中输入 gpedit. msc 搜索→弹出组策略对话框→用户配置→管理模块→资源管理器→点击回收站允许的最大大小输入100或者右击回收站→属性→在本地 C 盘和 D 盘中进行相应设置。

2. 校准计算机系统的时间

右击右下角时间显示→更改时间和日期显示→设为标准时间。

3. 更改计算机名称，并更改工作组为"实验"

右击计算机图标→更改设置→计算机名→更改。

4. 创建一个受限用户，用户名称和密码自定

进入控制面板→用户账户→创建新账户标准用户→输入用户名→创建账户和密码。

5. 查看系统硬件的详细配置，包括显卡、声卡、网卡的型号

右击计算机图标→属性→设备管理器→查看网络适配器，显示适配器和声音。

6. 文件和文件夹管理（使用资源管理器）

（1）在 D 盘根目录下建立一个名为"实验"的文件夹

计算机→D 盘→右击空白处在选项中选择新建文件夹。

（2）使用搜索工具，查找指定的文件，如"notepad"文件，将"notepad"文件拷贝到"实验"文件夹中

计算机→在窗口左上角搜索 notepad 文件→选中该文件→按住 Ctrl + C→打开"实验"文件夹→按住 Ctrl + V→单击回车。

（3）文件改名，将 d：\ 实验文件夹中的"notepad"文件改名为"notepad1"

单击该文件→按 F2 进行重命名。

（4）改变文件的属性，将"notepad"文件的属性改为"隐藏、只读"

右击文件→属性→勾选隐藏、只读→确定。

（5）更改 d：\ 实验文件夹的属性，使其在"资源管理器"中能够看到所有隐藏文件

组织→文件夹和搜索选项→查看→显示隐藏的文件夹。

（6）在多人使用的计算机上，设置 d：\ 实验文件夹为私人专用

右击该文件→属性→高级→加密内容→设置密码。

（7）一次性删除"实验"文件夹中的所有文件

单击该文件→按 Shift + Del 键。

7. 从系统文件夹下分别搜索

（1）所有"win*.exe"文件

在计算机窗口右上角输入 win*.exe 进行搜索。

（2）满足上题条件且字节数大于或等于5MB的文件

点击搜索框→选中大小→输入≧5MB。

8. 配置 TCP/IP 协议

计算机需要通过校园网连入 Internet，网络中心配置清单如下：

　　　　IP 地址：222.20.132.101

　　　　子网掩码：255.255.255.0

　　　　默认网关：222.20.132.1

　　　　DNS 服务器：202.1102.224.68 和 202.102.227.68

请按照该配置清单，配置 TCP/IP 协议。

进入控制面板→网络和 Internet→本地连接→属性→勾选 TCP/IP 协议→单击属性→点击使用下面的 IP 地址和 DNS 服务器地址→输入清单→确定。

9. IE 浏览器的配置与使用

（1）在 IE 浏览器"工具"菜单中选择"Internet 选项"命令，设置 Internet 选项

控制面板→网络和 Internet→Internet 选项，进行设置。

（2）利用 IE 浏览器的收藏夹收藏网址，并导出/导入"收藏夹"

在网页右上角点击五角星→点击添加到收藏夹→选中导出和导入。

（3）保存浏览过的页面

在网页右上角点击五角星→点击添加到收藏夹→添加。

10. 搜索引擎的使用

（1）利用百度搜索引擎搜索"河南省外贸学校"相关的网页

（2）利用百度搜索引擎搜索并下载歌曲"祝福"

打开百度→MP3→输入"祝福"，百度一下→下载。

【考证习题】

1. 填空题

（1）在安装 Windows 7 的最低配置中，内存的基本要求是（　　）GB 及以上。

（2）Windows 7 有四个默认库，分别是视频、图片、（　　）和音乐。

（3）Windows 7 是由（　　）公司开发，具有革命性变化的操作系统。

（4）要安装 Windows 7，系统磁盘分区必须为（　　）格式。

（5）在 Windows 操作系统中，"Ctrl + C"是（　　）命令的快捷键。

（6）在安装 Windows 7 的最低配置中，硬盘的基本要求是（　　）GB 以上可用

空间。

（7）在 Windows 操作系统中，"Ctrl + X"是（　　　）命令的快捷键。

（8）在 Windows 操作系统中，"Ctrl + V"是（　　　）命令的快捷键。

（9）Windows 允许用户同时打开（　　　）个窗口，但任一时刻只有一个是活动窗口。

（10）使用（　　　）可以清除磁盘中的临时文件等，释放磁盘空间。

2. 判断题

（1）正版 Windows 7 操作系统不需要激活即可使用。（　　　）

（2）Windows 7 旗舰版支持的功能最多。（　　　）

（3）Windows 7 家庭普通版支持的功能最少。（　　　）

（4）在 Windows 7 的各个版本中，支持的功能都一样。（　　　）

（5）在 Windows 7 中默认库被删除后可以通过恢复默认库进行恢复。（　　　）

（6）在 Windows 7 中默认库被删除了就无法恢复。（　　　）

（7）正版 Windows 7 操作系统不需要安装安全防护软件。（　　　）

（8）任何一台计算机都可以安装 Windows 7 操作系统。（　　　）

（9）安装安全防护软件有助于保护计算机不受病毒侵害。（　　　）

（10）在 Windows 中，可以对磁盘文件按名称、类型、文件大小排列。（　　　）

3. 单项选择题

（1）下列哪一个操作系统不是微软公司开发的操作系统？（　　　）

A. Windows Server　B. Win 7　　　　　　C. Linux　　　　　　D. Vista

（2）Win 7 目前有几个版本？（　　　）

A. 3　　　　　　　　B. 4　　　　　　　　C. 5　　　　　　　　D. 6

（3）在 Windows 7 的各个版本中，支持的功能最少的是（　　　）。

A. 家庭普通版　　　B. 家庭高级版　　　C. 专业版　　　　　D. 旗舰版

（4）在 Windows 7 的各个版本中，支持的功能最多的是（　　　）。

A. 家庭普通版　　　B. 家庭高级版　　　C. 专业版　　　　　D. 旗舰版

（5）在 Windows 7 操作系统中，将打开窗口拖动到屏幕顶端，窗口会（　　　）。

A. 关闭　　　　　　B. 消失　　　　　　C. 最大化　　　　　D. 最小化

（6）在 Windows 7 操作系统中，显示桌面的快捷键是（　　　）。

A. Win + D　　　　　　　　　　　　　　B. Win + P

C. Win + Tab　　　　　　　　　　　　　D. Alt + Tab

（7）文件的类型可以根据（　　　）来识别。

A. 文件的大小　　　　　　　　　　　　　B. 文件的用途

C. 文件的扩展名　　　　　　　　　　　　D. 文件的存放位置

（8）在下列软件中，属于计算机操作系统的是（　　　　）。

A．Windows 7　　　　　　　　　B．Word 2010

C．Excel 2010　　　　　　　　　D．PowerPoint 2010

（9）为了保证 Windows 7 安装后能正常使用，采用的安装方法是（　　　　）。

A．升级安装　　　B．卸载安装　　　C．覆盖安装　　　D．全新安装

（10）安装 Windows 7 操作系统时，系统磁盘分区必须为（　　　）格式才能安装。

A．FAT　　　　　B．FAT16　　　　C．FAT32　　　　D．NTFS

4．多项选择题

（1）反映存储容量大小的单位有（　　　）。

A．KB　　　　　B．Byte　　　　　C．GB　　　　　D．MB

（2）微机中用于输出的设备有（　　　）。

A．显示器　　　　B．扫描仪　　　　C．打印机　　　　D．绘图仪

（3）计算机硬件系统的主要性能指标有（　　　）。

A．字长　　　　　B．内存容量　　　C．主频　　　　　D．存取周期

（4）桌面上的快捷方式图标可以代表（　　　）。

A．应用程序　　　B．文件夹　　　　C．用户文档　　　D．打印机

（5）在 Windows 中，能够选择汉字输入法的按键有（　　　）。

A．Shift + 空格　　B．Alt + 空格　　C．Ctrl + 空格　　D．Ctrl + Shift

（6）在 Windows 中，剪贴板可保存（　　　）。

A．文本　　　　　B．图片　　　　　C．视频　　　　　D．声音

（7）使用 Windows 7 的备份功能所创建的系统镜像可以保存在（　　　）上。

A．内存　　　　　B．硬盘　　　　　C．光盘　　　　　D．网络

（8）下列属于 Windows 7 控制面板中的设置项目的是（　　　）。

A．Windows Update　　　　　　　B．备份和还原

C．恢复　　　　　　　　　　　　D．网络和共享中心

（9）在 Windows 7 中可以完成窗口切换的方法是（　　　）。

A．"Alt" + "Tab"

B．"Win" + "Tab"

C．单击要切换窗口的任何可见部位

D．单击任务栏上要切换的应用程序按钮

（10）在 Windows 7 中个性化设置包括（　　　）。

A．主题　　　　　B．桌面背景　　　C．窗口颜色　　　D．声音

第三章

Word 2010 字处理综合应用

　　中文 Word 2010 是 Microsoft 公司推出的 Office 2010 系列办公软件之一，适用于制作各种文档，如信函、简历、传真等。它具有丰富的文字处理功能，能实现图、表、文混排，所见即所得，易学易用，功能强大、操作简单，是当前深受用户欢迎的文字处理软件之一。

模块一：Word 2010 字处理的基本操作

【技能目标】

1. 掌握 Word 2010 编辑窗口的使用
2. 掌握 Word 2010 对文档的编辑和操作

【知识目标】

1. 掌握 Word 2010 的启动和退出
2. 掌握 Word 2010 的窗口组成
3. 掌握文档的创建、打开、输入、保存、保护和打印、多文档的编辑等基本操作

【重点难点】

1. 对文档的处理
2. 保存和另存为的区别
3. 命令菜单和工具栏的使用

任务1　认识 Word 2010

操作1　启动和退出 Word 2010

作为 2010 初学者，用户首先应该学会启动与退出 Word 2010 的方法。

一、启动 Word 2010

常用的 Word 2010 的启动方法有以下几种：

1. 从开始菜单启动

具体步骤为：将鼠标指针移到屏幕左下角的"开始"菜单按钮，执行"开始"→"所有程序"→"Microsoft Office"→"Microsoft Office 2010"命令。

2. 用快捷方式启动

具体步骤为：

（1）在桌面上双击 Word 应用程序的图标。

（2）双击任意带有图标 的文件，或者单击选中 Word 文档后，按"Enter"键进入 Word 编辑环境。

二、退出 Word 2010

具体步骤为：

（1）单击 Word 2010 窗口右上角的"关闭"按钮 。

（2）单击"文件"菜单中的"退出"命令。

（3）双击窗口左上角的控制菜单图标 。

（4）按快捷键"Alt + F4"。

操作 2　认识 Word 2010 工作界面

Word 2010 启动后，Word 2010 的工作界面随即出现在屏幕上，同时会自动生成一个名为"文档 1"的新文档。Word 2010 的窗口外观如图 3.1 所示。

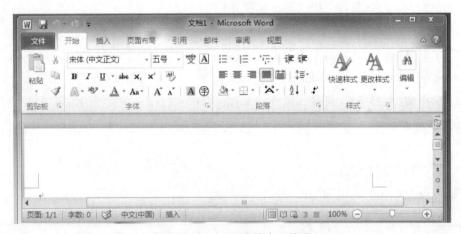

图 3.1　Word 2010 的窗口外观

操作 3　认识 Word 2010 常用工具栏

Word 2010 的窗口由标题栏、快速访问工具栏、文件选项卡、功能区、工作区、状态栏、文档视图工具栏、显示比例控制栏、滚动条、标尺等各部分组成。Word 2010 的各个常用工具栏名称如图 3.2 所示。

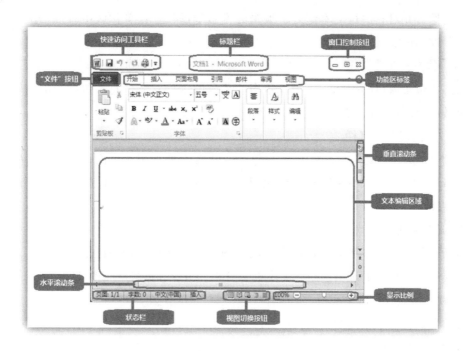

图 3.2　Word 2010 常用工具栏

（1）标题栏

标题栏位于 Word 窗口的最上方，用来显示当前文档的标题。左侧有"控制菜单"图标、文档的名称和应用程序的名称，右侧有窗口的"最小化"、"最大化"和"还原"按钮。

（2）快速访问工具栏

快速访问工具栏默认位于窗口的功能区上方，它的作用是使用户能快速启动经常使用的命令。它包含"保存"、"撤销"、"重复"和"自定义快速访问工具栏"四个命令按钮。

（3）"文件"选项卡

包含有"新建"、"打开"、"关闭"、"另存为"等基本命令，此外还提供了关于文档、最近使用过的文档等相关信息。

（4）功能区

Word 2010 与之前的版本相比，一个显著的特征就是各种功能区取代了传统的菜单操作方式。Word 默认有 8 个功能区，分别是"开始"、"插入"、"页面布局"、"引用"、"邮件"、"审阅"、"视图"和"加载项"。通过这些功能区，用户可以快速、直观地对文档进行各种操作，可以单击选项卡来切换显示的命令集。

（5）工作区

工作区位于窗口的中央。占据窗口的大部分区域。在 Word 窗口的工作区中可以打

开一个文档，并对它进行文本键入、编辑或排版等操作。在工作区中有一个不断闪动的光标，即当前插入点。

（6）状态栏

状态栏位于窗口的底部，用于显示当前系统的工作状态信息，包括当前编辑文档所在页数/总页数、插入点所在位置、行和列的信息等。

（7）文档视图工具栏

所谓"视图"，就是查看文档的方式。Word 有 5 种视图：页面视图、阅读版式视图、Web 版式视图、大纲视图和草稿视图，用户可以根据对文档的操作需求不同使用不同的视图。

① 页面视图

页面视图主要用于版面设计。在页面视图下可以像在普通视图下一样输入、编辑和排版文档，也可以处理页边距、文本框、分栏、页眉和页脚、图片和图形等。

② 阅读版式视图

阅读版式视图适于阅读长篇文章。

③ Web 版式视图

使用 Web 版式视图，无须离开 Word 即可查看 Web 页在 Web 浏览器中的效果。

④ 大纲视图

适合对文本内容进行编辑。

⑤ 草稿视图

草稿视图取消了页面边距、分栏和图片等元素，仅显示标题和正文，是最节省计算机系统硬件资源的视图方式。

（8）显示比例控制栏

显示比例控制栏由"缩放级别"和"缩放滑块"组成，用于更改正在编辑文档的显示比例。

（9）滚动条

滚动条分水平滚动条和垂直滚动条。使用滚动条中的滑块或按钮可滚动工作区内的文档内容。

（10）标尺

标尺有水平标尺和垂直标尺两种。标尺除了显示文字所在的实际位置、页边距尺寸外，还可以用来设置制表位、段落、页边距尺寸、左右缩进、首行缩进等。

任务2　Word 2010 的基本操作

操作1　新建文档

启动 Word 2010 后，它会自动打开并新建一个空白文档"文档1"，以后按创建顺序依次为"文档2"、"文档3"……。除此之外，还有以下几种方法均可新建文档，新建文档的任务窗口如图3.3所示。

（1）单击"文件"菜单下的"新建"命令。

（2）按快捷键"Ctrl + N"。

（3）按组合键"Alt + F"，打开"文件"菜单（或用鼠标单击"文件"菜单），再按"N"键执行新建命令。

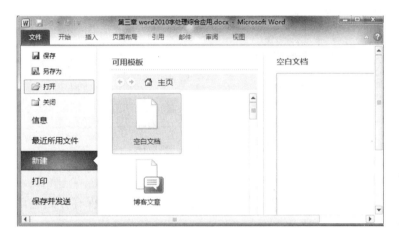

图3.3 新建文档任务窗口

注意：每新建一个文档，任务栏中就会有一个相应的文档按钮与之对应。而当新建文档多于一个时，这些文档的按钮在任务栏中则将以叠置的按钮组形式出现。

操作2 保存文档

1. 文档的保存

文档编辑完后，信息暂时处于内存中，为了将文档长期保存，必须将它保存在磁盘等外存中，此时就需要使用保存命令。

（1）保存文档

① 单击"快速访问工具栏"的保存按钮 。

② 单击"文件"菜单下的"保存"命令。

③ 按快捷键"Ctrl + S"。

要注意的是，在文档的保存过程中分两种情况。如果是新建的文档，则对它第一次保存时会弹出"另存为"的对话框，用户应在对话框的相应位置选择，然后在对话框下面的文件名处输入文档的名称。如不需特别设置保存类型，可采用默认的保存类型，如图3.4所示。

如果是保存已经存在的文档且文档修改后仍以原来的名字保存在原位置，则可直接使用上面提到的保存方法，此时不会弹出"另存为"对话框。

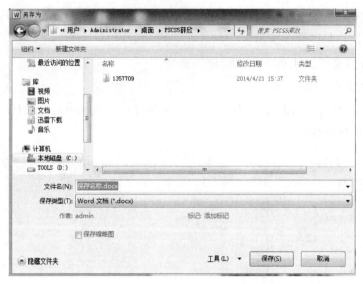

图 3.4 "另存为" 对话框

(2) "另存为" 文档

如果想把一个文档以另外的名字或者在不同的位置再次保存，则应该"另存为"文档。方法为：

单击"文件"菜单下的"另存为"命令，此时会弹出图 3.4"另存为"对话框。之后的操作与保存新建文档的一样。

(3) 一次性保存多个文档

如果想一次性保存多个文档，可以按住 Shift 键的同时单击"文件"选项卡，此时选项卡中的"保存"命令变成了"全部保存"，单击"全部保存"即可完成操作。

操作 3　打开和关闭文档

1. 打开文档

对文档进行编辑和处理，必须要先打开文档。

具体方法有：

(1) 双击带有 Word 文档图标的文件，可直接打开文档。如果选定多个文档，还可以一次打开多个文档。

(2) 单击"文件"菜单下的"打开"命令。

(3) 按快捷键"Ctrl + O"。

在执行打开操作时，Word 会显示一个"打开"对话框。如图 3.5 所示。在对话框左侧找到要打开的文档的位置，然后选中该文档，再单击对话框下面的"打开"命令，就可以打开这个文档了。

2. 打开最近使用过的文档

如果要打开的文档是最近使用过的文档，则可以通过"文件"选项下的"最近所

图 3.5 "打开"对话框

用文件"命令。如图 3.6 所示。在对话框中分别单击"最近的位置"和"最近使用的文档",选中需要的打开的文档名,即可打开目标文档。

图 3.6 "最近所用文件"对话框

操作 4 输入文本

输入文本,就是在窗口的工作区中录入文字、标点符号、数字、符号等字符的操作。

(1) 插入点

新建一个空白文档后,窗口工作区的左上角就会出现一个闪烁的光标"│",它叫做插入点,表示此位置可以输入文本了。输入文字时,文字总是从插入点插入到文本中去。在目标位置单击鼠标的左键,可将插入点定位在那里。另外,还可以用键盘上的移动光标键移动插入点,如表 3.1。

计算机应用

表 3.1　用键盘移动插入点

键　名	可执行的操作
←	移动光标到前一个字符
→	移动光标到后一个字符
↑	移动光标到前一行
↓	移动光标到后一行
Home	移动光标到行首
End	移动光标到行尾
Ctrl + Home	移动光标到文档首
Ctrl + End	移动光标到文档尾

（2）段结束符

Word 2010 具有自动换行的功能，当输入到每行的末尾时不必按 Enter 键，Word 就会自动换行。Enter 键叫做硬回车，每输入完一段文字后，按一下 Enter 键就可形成一个段落。如果要把两个段落合并为一个段落，只需要删除光标后面的"回车符" ↵ 即可。

（3）换行符

如果在输入时，要另起一行，但不另起一个段落，可以输入换行符，即按组合键"Shift + Enter"。

（4）输入方式

输入文本时，有两种方式可供选择："插入"或"改写"。默认情况下为"插入"方式。单击状态栏上的"插入"或"改写"或按一下键盘上的 Insert 键，可在两种状态间切换。

（5）文档中不同颜色的下划线的含义

在 Word 处于检查"拼写和语法"状态时，Word 用红色的波形下划线表示可能的拼写错误，绿色波形下划线表示可能的语法错误，蓝色的下划线的文本表示超级链接，紫色下划线的文本表示使用过的超级链接。

操作 5　文本选定、插入与删除、复制与移动

（1）文本选定

我们在编辑文档时经常需要进行"选定"操作。"选定"操作需要先选中该段文字，被选中的文本会反显加亮。

文本的选定主要可通过两种主要的方法：

① 使用鼠标操作选定文本（如表 3.2 所示）。

表 3.2　鼠标操作选定文本

要进行的操作	采用鼠标执行的操作
选定任意文本	按住鼠标左键从这些文本上拖过
选定一个单词	双击该单词
选定一行文字	在文本选定区（文档左侧的空白处）单击鼠标
选定多行文字	在文本选定区上下拖动鼠标
选定一个句子	按住 Ctrl 键后，单击该句子的任意位置
选定一个段落	在文本选定区双击鼠标
选定整个文档	在文本选定区三击鼠标

② 使用键盘操作选定文本（如表 3.3 所示）。

表 3.3　使用键盘操作选定文本

按组合键	可实现的功能
Shift + →	将选定范围扩展到右边一个字符
Shift + ←	将选定范围扩展到左边一个字符
Shift + ↑	将选定范围扩展到上一行
Shift + ↓	将选定范围扩展到下一行
Shift + Home	将选定范围扩展到行首
Shift + End	将选定范围扩展到行尾
Shift + PageUp	将选定范围扩展到上一屏
Shift + PageDown	将选定范围扩展到下一屏
Ctrl + Shift + Home	将选定范围扩展到文档开头
Ctrl + Shift + End	将选定范围扩展到文档结尾
Ctrl + A	选定整个文档

（2）插入与删除文本

① 插入文本

插入文本是指把插入点定位在要插入的位置上，然后输入文本。在输入新字符时，插入点右侧的字符会随着新字符的输入逐一向右移动。如果，插入点右侧的字符总是被新输入的字符所替代，则证明此时处于"改写"状态。用户需要先将输入状态由"改写"改为"插入"后，即可正常插入文本。

② 删除文本

◇ 删除插入点右侧的字符可按 Delete 键。

◇ 删除插入点左侧的字符可按退格键 Backspace。

◇ 删除一部分文本需要先选定要删除的文本，然后按 Delete 键。

注意：在进行删除操作时，如果操作失误，可按组合键"Ctrl + Z"撤销错误操作。

（3）移动或复制文本

① 移动文本

移动文本是指将文本从当前位置移动到另一处位置上。主要有两种基本方法：

利用鼠标拖动文本：选定要移动的文本，按住鼠标左键，此时鼠标指针下面会出现一个灰色的矩形，并在箭头处出现一个虚竖线段（文本要插入的新位置），拖动鼠标指针到要移动到的新位置上并松开左键，即可完成操作。

利用剪贴板移动文本：选定要移动的文本，使用剪贴板中的剪切按钮 ✂ 剪切，或按快捷键"Ctrl + X"，将所选定的文本剪切后放在剪贴板中，然后将插入点定位到要移动到的新位置上，再使用粘贴按钮📋或按快捷键"Ctrl + V"把文本从剪贴板中移动到新位置上。

② 复制文本

在需要重复输入一些文本的时候我们可以使用"复制"功能来提高效率。复制文本和移动文本相似，也有两种基本的操作方法：

利用鼠标拖动复制文本：选定要复制的文本，先按住 Ctrl 键，再按住鼠标左键，此时鼠标指针下面会出现带一个"＋"号的灰色的矩形，并在箭头处出现一个虚竖线段（文本要插入的新位置），拖动鼠标指针到要移动到的新位置上松开鼠标左键再松开 Ctrl 键，即可完成复制操作。

利用剪贴板复制文本：选定要复制的文本，使用剪贴板中的复制按钮 📋 复制，或按快捷键"Ctrl + C"，将所选定的文本复制后放在剪贴板中，然后将插入点定位到要复制到的位置上，再使用粘贴按钮📋或按快捷键"Ctrl + V"把文本从剪贴板中复制到新位置上。

任务3　Word 2010 高级操作

操作1　插入脚注和尾注

脚注和尾注可以用来对文档中的某些内容或名词等加上注释。脚注和尾注都是注释，仅仅是所在的位置不同。脚注位于每一页面的底端，尾注位于文档的结尾处。

将插入点移动到需要插入脚注和尾注的位置后，单击"引用"选项卡的"脚注"组右下角的" 🔲 "，可以弹出"脚注和尾注"的对话框，如图 3.7 所示。用户在对话框的相应位置设置注释的编号格式、自定义标记、起始编号和编号方式后，再点击对话框底部的"插入"命令可以完成插入。

　　如果想要删除脚注和尾注，则选定脚注和尾注号后按 Delete 键，就可以完成删除。

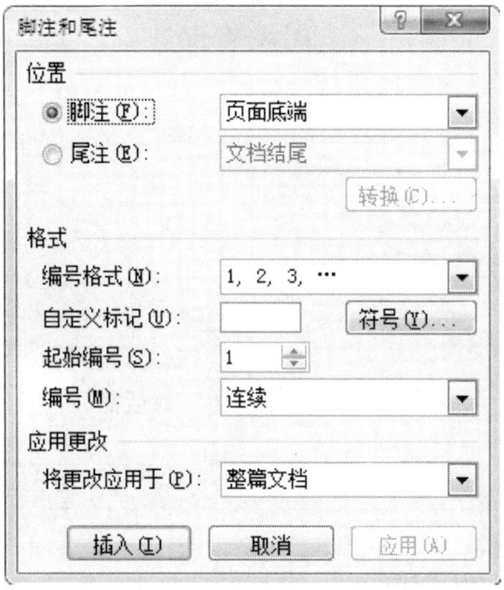

图 3.7　"脚注和尾注"对话框

操作 2　文档保护

　　如果用户想要保护自己的文档不被别人查看和修改，可以为文档设上"打开权限密码"和"修改权限密码"。

　　（1）设置"打开权限密码"

　　具体步骤为：

　　① 单击"文件"选项卡下的"另存为"命令，打开"另存为"对话框，如图 3.8 所示。

　　② 在"另存为"对话框中，选择"工具"菜单下的"常规选项"命令，打开"常规选项"对话框（如图 3.9 所示），输入想设置的密码，如图 3.9 所示。

　　③ 单击对话框下面的"确定"按钮，在弹出的"确认密码"对话框中（如图 3.10 所示），再次输入一次密码并单击"确定"。

　　这样，"打开权限密码"就设置完了，用户再次打开该文档时，窗口会先弹出"密码"对话框。用户需要先输入正确的密码，才能打开文档。

　　如果想要取消设置好的密码，首先需要先打开该文档，然后按照上面的方法打开"常规选项"对话框，将"打开文件所需要的密码"那栏中带"＊"号的密码，用 Delete 键删掉后单击"确定"命令，即可返回"另存为"对话框，此时单击对话框下面的"保存"命令就可以取消密码了。

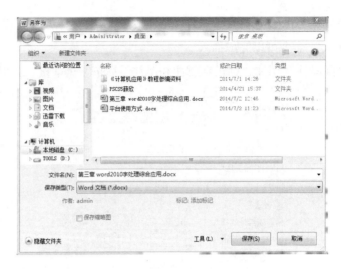

图 3.8　"另存为"对话框

图 3.9　"常规选项"对话框

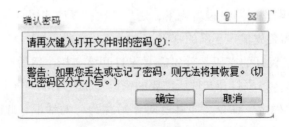

图 3.10　"确认密码"对话框

（2）设置"修改权限密码"

文档设置了修改权限密码后，就只有拥有"修改权限密码"的人才能对文档进行修改。没有密码的人则只能以"只读"方式打开它。设置"修改权限密码"的方法和设置"打开权限密码"的方法差不多，只是在"常规选项"对话框中将密码输入在"修改文件时的密码"那一栏中（请参照图3.9"常规选项"对话框）。

操作3　多窗口和多文档编辑操作

（1）在多个打开的文档中切换当前文档

在使用Word时可以同时打开多个文档，每个文档对应一个窗口。这些文档中只有你正在操作的那一个是当前文档窗口。"视图"选项卡"窗口"组的"切换窗口"的下拉菜单中，可以看到目前所有被打开的文档名。其中，当前文档前会有一个☑符号。单击文件名或者在任务栏单击文档按钮都可以切换当前文档。

（2）将所有文档窗口"全部重排"

在"视图"选项卡"窗口"组中单击"全部重排"命令可以将所有打开的文档窗口排列在屏幕上。

（3）文档窗口的拆分

单击"视图"选项卡"窗口"组中的"拆分"命令，可以将文档窗口从不同位置上拆分成两个窗口。如果想要调整窗口的大小，可以把鼠标指针移动到屏幕上的灰色水平线上，当鼠标指针变成上下箭头时，拖动鼠标就可以调整窗口的大小了。窗口的"拆分"功能特别适合用在编辑或处理长文档时。

如果要取消窗口的"拆分"，可以单击"视图"选项卡"窗口"组中的"取消拆分"命令。

知识回顾

1. Word 2010是一款主要用于（　　　）处理的应用软件。

2. 位于Word 2010窗口最上面的能够显示文档名称的是（　　　）栏。

3. Word 2010具有五种基本的视图，（　　　）视图是Word的默认视图。

4. Word 2010具有（　　　）和（　　　）两种标尺。

5. 退出Word 2010可以使用快捷键（　　　）。

6. 单击（　　　）选项卡可以打开"脚注和尾注"对话框。

7. 删除插入点之前的字符可按（　　　）键，删除插入点之后的字符可按（　　　）键。

8. Word 2010中，若想保护文档可以给文档设置（　　　）密码和（　　　）密码。

实操任务

请按要求对下文中的文字进行编辑、排版和保存。

> 　　原来是这样，跑步不仅仅只是为了孩子身体的健康，也是为了他们精神上的成长。这是一个培养孩子目标意识的教育过程。
>
> 　　脚掌可以说是"第二心脏"，对于全身的血液循环也起到了非常重要的作用。光着脚跑步，可以提高记忆力和反应的敏捷程度。而长跑这样的有氧运动，能够促进血液的循环，对大脑也非常有益。但是非得让这么幼小的孩子去跑成年人都很难完成的马拉松吗？有这个必要吗？
>
> 　　园长笑着说："跑马拉松是要培养孩子们的梦想和他们的冒险精神。平日的慢跑，是为了实现对马拉松的挑战——当孩子们挑战一项看似不可能完成的任务时，梦想就在他们心中诞生了"。

具体要求：

（1）利用剪贴板的"剪切"和"粘贴"功能，把文章的第一段和第三段的位置交换一下。

（2）为文章添加"修改权限密码"。

（3）以"文档1"为名将文章保存在桌面上。

模块二：Word 2010 字处理的排版操作

【技能目标】

1. 掌握通知类相关文档的设计与制作

2. 掌握文档图文混排的方法

【知识目标】

1. 掌握 Word 文档的基本编辑和格式化

2. 掌握文档页面、页眉/页脚设置及打印方法

3. 掌握文档中图形对象的插入和编辑

【重点难点】

1. 查找与替换的使用

2. 文字、段落的编辑及页面设置

任务1　制作会议通知文稿

操作1　字体格式的设置

1. 会议通知的内容

会议通知是会议召开之前，将会议的时间、地点、参加人、会议内容以及发布通

知的部门，告知与会单位、参会人员等的一种通知，会议通知的格式如下：

关于学校召开各部门负责人会议的通知

学校各职能科室、部门：

学校办公室定于×年×月×日（星期二）14:00在学校三楼会议室召开各部门负责人会议，会议主要议题是：1. 各部门负责人汇报各部门的工作情况及下阶段的工作思路；2. 学校下一阶段的工作安排及工作重点。望各部门负责人做好准备，准备出席，不得请假。

学校办公室

××××年××月××日

2. 设置字体格式

在 Word 2010 中输入文字默认的字体是"宋体"，字号为"五号"。对文字格式的操作，我们可以通过两种方法来实现。

通知的内容、性质：通知可以分为指示性通知；引发、批转、转发性通知；会议通知。

（1）在"开始"选项卡中设置字体格式

字体分为英文字体和中文字体两种，可以通过单击"字体"下拉列表框来完成设置。字号就是字符的大小，要改变字体的字号，首先需要选中需要改变的文字，然后在"字体"组中单击"字号"右侧的下拉列表框，从中选择需要的字号，如果列表框中没有合适的字号，我们也可以在"字号"文本框中输入需要的字号。如图 3.11、3.12 所示。

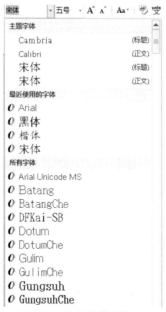

图 3.11 改变字体　　图 3.12 改变字号

字形指附加于文本的属性，包括常规、加粗、倾斜和下划线等。对字形的设置，可以在"开始"选项卡的"字体"组中单击加粗按钮 **B**，将选中文本变成加粗格式；单击"倾斜"按钮 *I*，将选中文本变成倾斜格式；单击"下划线"按钮 U，选中文本下方会出现下划线，如图 3. 13 所示。

图 3.13　四种字形示例

下划线除了单线以外，还可通过单击"下划线"按钮右侧的下拉按钮，从列表框中选择需要的下划线，以及下划线颜色，如图 3. 14 所示。

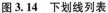

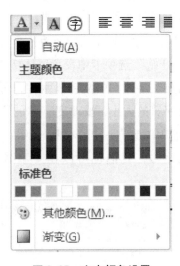

图 3.14　下划线列表　　　　图 3.15　文本颜色设置

为了使某段文字区别于其他文本，方便查看或者突出其重要性，可以通过给这段文字添加颜色来达到目的。

选定文本，在"开始"选择卡的"字体"组中，单击"字体颜色"按钮 右侧的下三角按钮，在打开的列表框中选择需要的文字颜色，也可以单击"其他颜色"按钮进行精确设置（如图 3. 15 所示）。

（2）通过"字体"对话框设置字体格式

Word 2010 还可以通过"字体"对话框进行文本格式的综合设置。选中要设置的文本，然后在"开始"选项卡的"字体"组中，单击对话框启动器按钮 。打开如图 3. 16 所示的"字体"对话框。在该对话框中，可以设置文本的字体、字号、字形、颜

色、下划线、着重号、效果等选项。单击"高级"选项卡，可以精确设置字符的缩放
比例、间距、位置等（如图 3.17 所示）。

图 3.16 "字体"选项卡　　　　　　　　图 3.17 "高级"选项卡

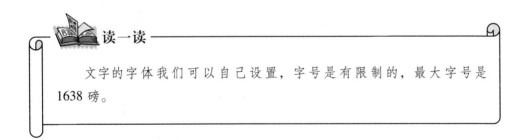

读一读

　　文字的字体我们可以自己设置，字号是有限制的，最大字号是 1638 磅。

【课堂案例】

　　会议通知的内容输入完成后，需要对其中的文本进行必要的设置，以满足实际打印的需要。下面就介绍一下如何进行文本设置。

　　（1）输入会议通知的内容（略）。

　　（2）选中会议通知的第一行文本，单击"开始"选项卡中"字体"下拉列表框，从中选择"黑体"（效果如图 3.18 所示）。

　　（3）单击"字体"组中的对话框启动器按钮，打开"字体"对话框，选择"高级"选项卡，在缩放中，选择 150%（效果如图 3.19 所示）。

　　（4）选中通知的全部文本，单击"字体"选项卡中的"字号"下拉列表框，从中选择"四号"，效果如图 3.20 所示。

关于学校召开各部门负责人会议的通知
学校各职能科室、部门：
学校办公室定于×年×月×日（星期二）14：00 在学校三楼会议室召开各部门负责人会议，会议主要议题是：1、各部门负责人汇报各部门的工作情况及下阶段的工作思路；2、学校下一阶段的工作安排及工作重点。望各部门负责人做好准备，准备出席，不得请假。
学校办公室
××××年××月××日

图 3.18 设置字体

关于学校召开各部门负责人会议的通知
学校各职能科室、部门：
学校办公室定于×年×月×日（星期二）14：00 在学校三楼会议室召开各部门负责人会议，会议主要议题是：1、各部门负责人汇报各部门的工作情况及下阶段的工作思路；2、学校下一阶段的工作安排及工作重点。望各部门负责人做好准备，准备出席，不得请假。
学校办公室
××××年××月××日

图 3.19 设置字符缩放

关于学校召开各部门负责人会议的通知

学校各职能科室、部门：

学校办公室定于×年×月×日（星期二）14：00 在学校三楼会议室召开各部门负责人会议，会议主要议题是：1、各部门负责人汇报各部门的工作情况及下阶段的工作思路；2、学校下一阶段的工作安排及工作重点。望各部门负责人做好准备，准备出席，不得请假。

学校办公室

××××年××月××日

图 3.20 设置字号

（5）选中"×年×月×日（星期二）14：00"文本，单击"下划线"按钮 **U** 旁的下拉箭头，选择双线作为下划线，效果如图 3.21 所示。

关于学校召开各部门负责人会议的通知

学校各职能科室、部门：

学校办公室定于<u>×年×月×日（星期二）</u>14：00 在学校三楼会议室召开各部门负责人会议，会议主要议题是：1、各部门负责人汇报各部门的工作情况及下阶段的工作思路；2、学校下一阶段的工作安排及工作重点。望各部门负责人做好准备，准备出席，不得请假。

学校办公室

××××年××月××日

图 3.21 设置下划线

操作2　段落格式的设置

段落是指两个段落标记之间的文本内容，是独立的信息单位。在文本的编辑中经常会用到大量的段落，为了使整个文档的布局规划一致，设置段落格式是非常必要的。

1. 设置段落缩进

段落缩进是指段落中的文本与页边距之间的距离。在 Word 2010 中共有 4 种段落缩进方式：左缩进、右缩进、悬挂缩进和首行缩进。

- 左缩进：设置整个段落左边界的缩进量。
- 右缩进：设置整个段落右边界的缩进量。
- 悬挂缩进：设置段落中除首行以外的其他行的起始位置。
- 首行缩进：设置段落中首行的起始位置。

段落缩进的设置方法有两种，菜单方式和标尺方式。

（1）使用菜单设置段落缩进

将光标定位于需要设置段落格式的段落，单击"开始"选项卡中"段落"组中的对话框启动器按钮，打开"段落"对话框。在对话框的"缩进和间距"选项卡中，"缩进"选项区域中的"特殊格式"下拉列表框中，选择"首行缩进"或"悬挂缩进"进行设置，"左缩进"和"右缩进"可以直接设置，如图 3.22 所示。

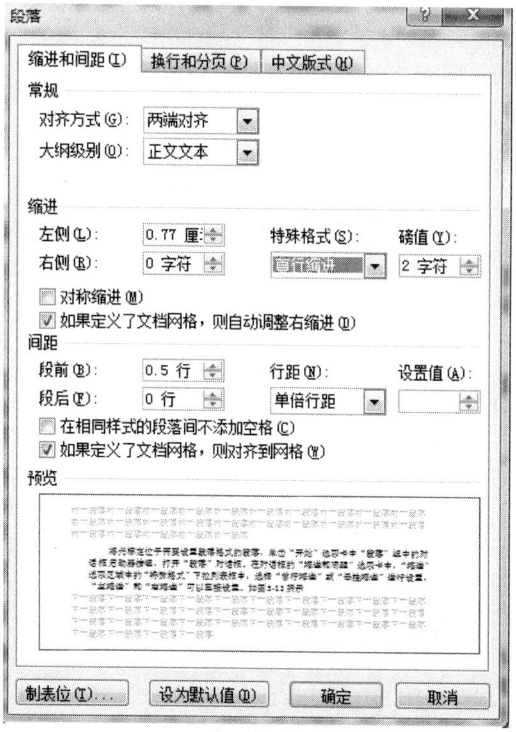

图 3.22　设置段落缩进

（2）使用标尺设置段落缩进

通过标尺可以快速设置段落的缩进方式及缩进量。在水平标尺中包括首行缩进、悬挂缩进、左缩进和右缩进四个标记，如图3.23所示。拖到各个标记就可以设置相应的段落缩进方式，如需精确缩进，可在拖拽的同时按住 Alt 键。

图 3.23　水平标尺

2. 设置段落的对齐方式

段落对齐是指文本相对于文档边缘的对齐方式，包括两端对齐、居中、左对齐、右对齐和分散对齐。

要设置段落的对齐方式，可以通过单击"段落"组中的相应按钮来实现，也可以通过"段落"对话框来实现。

将光标定位于需要设置对齐的段落中，如果几个段落需要设置相同的格式，可以将几个段落全部选中。

单击"段落"组中，对话框启动按钮，打开"段落"对话框，在该对话框的"缩进和间距"选项卡中选择"对齐方式"（如图3.24所示）。

对齐方式的设置还可以使用"段落"组中的对齐按钮来实现。

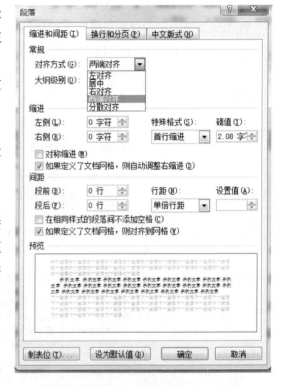

图 3.24　选择对齐方式

◇ 左对齐按钮：将所选段落所有行与文档左侧对齐。

◇ 居中对齐按钮：将所选段落所有行在页面居中。

◇ 右对齐按钮：将所选段落所有行与文档右侧对齐。

◇ 两端对齐按钮 ▤：增加文本之间的距离，是段落文字在左右两端同时对齐（段落的最后一行除外），这样可以在页面两侧形成整齐的外观。

◇ 分散对齐 ▤：使段落两端同时对齐，并根据需要增加字符间距。

使用对齐按钮设置文本对齐方式非常简单，只要用光标选中需要设置的段落，单击想要的对齐按钮即可。

3. 设置段落间距和行间距

段落间距是前后相邻的段落之间的距离，段落之间的距离是通过段前距离和段后距离设置来实现的。行间距是指段落中行与行之间的距离。如果要设置多个段落之间的距离，可以选择多个段落，如果只是设置某个段落的间距或行距，只需要将光标定位于该段落即可设置。

打开"段落"对话框，在"对话框"的"缩进和间距"选项卡中的"选项"区域中，单击"行距"下拉列表框右侧的下拉按钮进行设置。单击"段前"个"段后"旁的下拉按钮，设置段前、段后距离（如图 3.25 所示）。

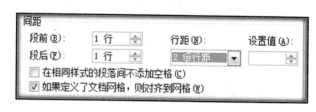

图 3.25 设置行距和段间距

【课堂案例】

上一节我们对会议通知的文本进行了字体格式的设置，本节我们将对会议通知的段落格式进行设置。

（1）将光标定位于文档中"关于学校召开各部门负责人会议的通知"这一段，单击"段落"组中"居中对齐"按钮 ▤，设置本段落本段落文本居中对齐（效果如图 3.26 所示）。

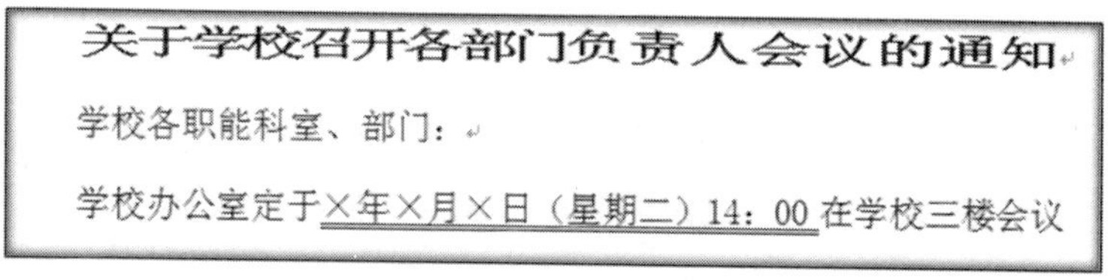

关于学校召开各部门负责人会议的通知
学校各职能科室、部门：
学校办公室定于×年×月×日（星期二）14：00 在学校三楼会议

图 3.26 段落居中对齐

（2）将光标定位于"学校各职能科室"这一段中，单击"开始"选项卡的"段落"

组中的对话框启动按钮，打开"段落"对话框，设置此段文本格式为首行缩进"2个字符"，段前间距为"2行"，段后间距为"1行"，如图3.27所示，设置效果如图3.28所示。

　　（3）选中文档的三个段落，直到"不得请假"，按住键盘上的 Alt 键，用鼠标拖动"首行缩进"标尺，显示2个字符时，松开鼠标，将选中的三个段落设置成首行缩进2个字符，效果如图3.29所示。

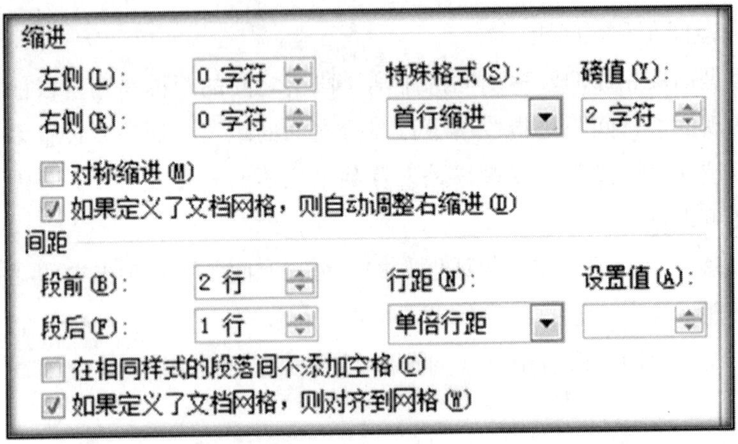

图 3.27　设置段落格式

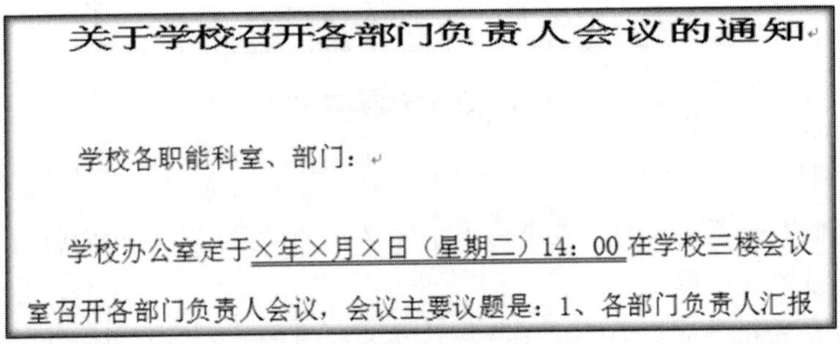

图 3.28　设置段落间距的效果

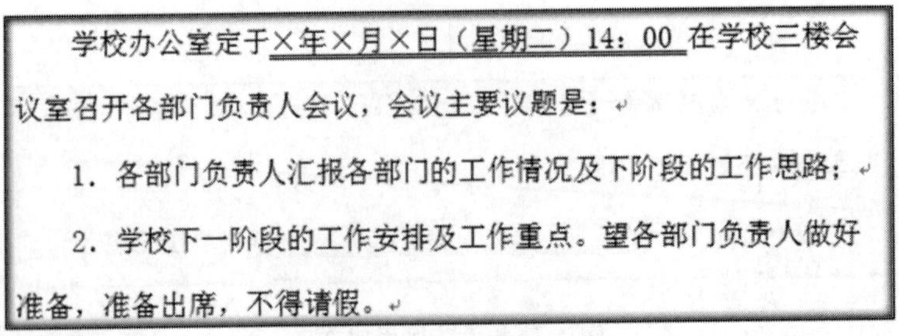

图 3.29　设置段落首行缩进

（4）设置“学校办公室”这一段为“右对齐”，在段落对话框中设置其右缩进“8个字符”，段前间距为“1 行”。设置“××××年×月×日”这一段为“右对齐”、右缩进“4 个字符”。设置完成后，会议通知的整体效果如图 3.30 所示。

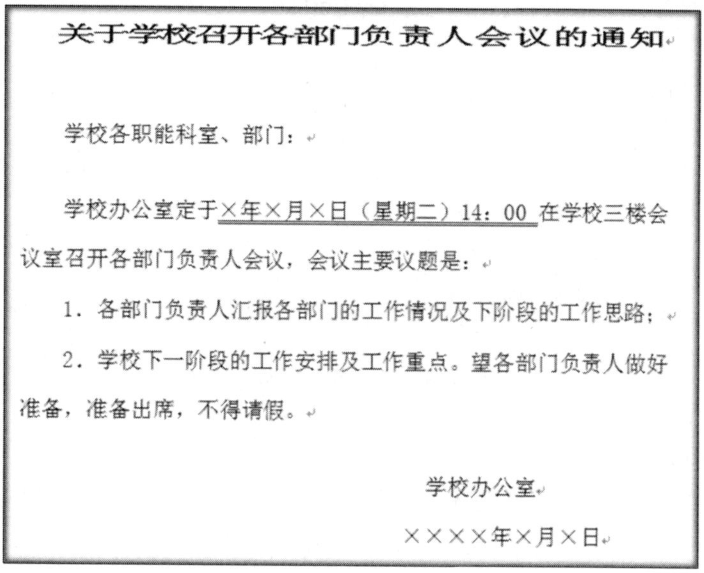

关于学校召开各部门负责人会议的通知

学校各职能科室、部门：

学校办公室定于×年×月×日（星期二）14：00 在学校三楼会议室召开各部门负责人会议，会议主要议题是：

1．各部门负责人汇报各部门的工作情况及下阶段的工作思路；

2．学校下一阶段的工作安排及工作重点。望各部门负责人做好准备，准备出席，不得请假。

学校办公室

××××年×月×日

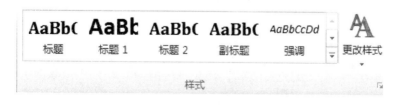

图 3.30　完成设置后的效果

操作 3　样式和格式刷的使用

“样式”就是格式，它是 Word 本身所固有的或是用户在使用过程中，自己设定并保存的一组可以重复使用的格式。格式刷，可以让我们将格式快速的应用到其他文本或段落中。

1. 快速样式库和“样式”任务窗格

Word 的样式具有很强的灵活性并提供了强大的格式化功能，如某一样式可以指定五号宋体、首行缩进、单倍行距以及两端对齐。

“快速样式库”位于“开始”选项卡的“样式”组中，如图 3.31 所示。

图 3.31　快速样式库

在“样式”组中，单击“样式”对话框启动器，系统会打开如图 3.32 所示的“样式”任务窗格，在“样式名”下拉列表中选择需要的样式，即可应用。

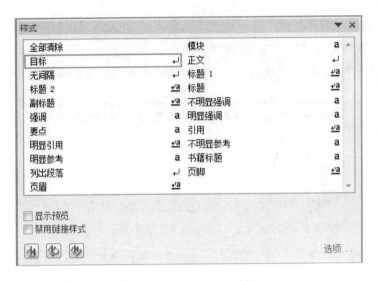

图 3.32 "样式"任务窗格

2. 应用样式

在 Word 中，系统会给定预先定义的样式，如标题 1、标题 2 等。当建立一个新文档时，要使用系统预先定义的样式，可用快速样式库来实现。方法如下：

（1）将光标定位于使用样式的插入点，如果要更改整个段落的样式，则将光标定位于段落的任何位置。

（2）选择"开始"选项卡中的"样式"组，在快速样式库中，选择所需要的样式。如果所需要的样式没有显示在快速样式库中，可以单击"样式"对话框启动器，打开"样式"任务窗格，从中选择。

3. 修改样式

对于已经设置好的样式，可以通过"修改样式"对话框对其进行修改。在"样式"组中找到自己定义的样式，单击鼠标右键，选项"修改"命令，如图 3.33 所示，系统会打开修改样式对话框，以便用户进行修改。

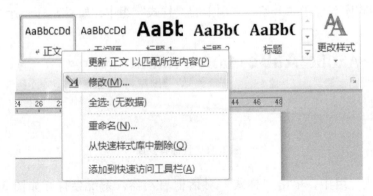

图 3.33 修改样式

4. 使用格式刷

使用格式刷可以将我们设置好的格式，快速的复制并应用到其他所需的文本或段落中。要想使用格式刷，应该先选择设置好的文本或段落，然后单击"开始"选项卡中的"剪贴板"组中的格式刷按钮 ✒️ 格式刷 。单击后，鼠标会变成小刷子的形状，拖到鼠标选择需要设置同样格式的段落或文本即可。

注意，格式刷使用一次后，即失去作用，如果想多次使用，可以在选择完格式后，双击格式刷按钮，当全部设置完毕后，再次单击格式刷按钮，鼠标即可恢复正常形状。

操作4　查找与替换的使用

Word 的查找功能不仅可以查找文档中的某一指定的文本，而且还可以查找特殊符号（如段落标记、制表符等）。

1. 查找常规文本

操作步骤如下：

（1）单击"开始"选项卡，"编辑"组中的查找按钮 🔍 查找 ▾ ，打开"查找和替换"对话框。

（2）单击"查找"选项卡，得到如图 3.34 所示的"查找和替换"对话框。在"查找内容"栏中键入要查找的文本，如键入"文本"一词。

图3.34　查找和替换对话框

（3）单击"查找下一处"按钮开始查找。当查到"文本"一词后，就将该文本移入到窗口工作区内，并反白显示所找的文本。

（4）如果此时单击"取消"按钮，那么关闭"查找和替换"对话框，插入点停留在当前查找到的文本处；如果还需要继续查找下一个的话，可以继续单击"查找下一处"直到整个文档查找完毕。

2. 高级查找

在图 3.35 所示的"查找和替换"对话框中，单击"更多"按钮，就会出现如图 3.36 所示的"查找和替换"对话框。

几个选项的功能如下：

计算机应用

图 3.35　高级功能的"查找和替换"

● 搜索：在搜索下拉列表框中有"全部"、"向上"和"向下"三个选项。"全部"选项表示从开始处向文档末尾查找，达到文档末尾后再从文档开头处查找到插入点；"向上"表示从插入点开始向文档开头处查找；"向下"表示从插入点向文档末尾处查找。

● "区分大小写"和"全字匹配"复选框主要用于查找英文单词。

● 使用通配符：选择此复选框可在要查找的文本中键入通配符实现模糊查找。

● 区分全/半角：选择此复选框，可区分全角或半角的英文字符和数字。

● 特殊格式：如果想查找特殊字符，可从"特殊格式"列表中选择。

● 格式：如果想查找文本的格式，或者带格式的文本，可以单击"格式"按钮右侧的下拉箭头，从中选择相应的格式，如图 3.36 所示。

● 更少：单击该按钮可以返回常规查找方式。

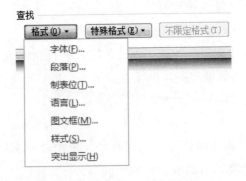

图 3.36　查找"格式"下拉按钮

3．替换文本

查找功能不仅可以用来查找文本，还是一种比较精确地定位方式，而且还可以和"替换"密切配合对文档中出现的错字/词进行更正。例如将"计算机"替换成"电脑"等。就可以利用"查找和替换"功能实现。替换的具体操作如下。

（1）单击"开始"按钮选项卡中"编辑"组中的"替换"按钮 ᵃᵇᶜ 替换 ，打开"查找和对换"对话框，并单击"替换"选项卡，得到如图 3.37 所示的"替换"选项卡窗口。

图 3.37 "替换"选项卡

（2）在"查找内容"列表框中键入要查找的内容，例如键入"计算机"。

（3）在"替换为"对换框中键入要替换的内容，例如键入"电脑"。

（4）单击"替换"按钮，可以替换一处更正。

（5）单击"全部替换"按钮，可以查找并替换所有匹配的内容。

知识回顾

1．设置字体需要单击选项卡中的"字体"列表框。

2．新建文档默认的字体是体，默认的字号是号。

3．字体对话框中有选项卡和选项卡。

4．段落缩进有左缩进和右缩进。

5．打开段落对话框的方法。

6．如果想多次使用格式应点击格式刷。

7. 将文章中的所有"中国"快速修改为"中华人民共和国"，应使用功能。

实操任务

按如下示例设计制作一个会议通知。

关于召开中国计算机学会

职业教育专业委员会第十届年会会议通知

各团体会员单位及各职业学校：

中国计算机学会职业教育委员会第十届年会将在六朝古都——江苏省南京市召开。

本届年会的主题是：**实训共享、校企双赢**

本届年会将紧紧围绕主题，探索职业学校实训空间多校共享、减少投资；引企入校、校企双赢，展现职业教育课程改革的成果。会议将安排与会代表到办学有特色、有质量，办学水平较高的国家级重点职业学校及知名软件企业参观学习。

会议时间：××年×月×～×日

会议地点：南京曙光国际大酒店

联系人：×××

电话：×××××××

E-mail：×××@163.com

会务费：每位代表人民币800元

住宿费：300元/天/房，费用自理

中国计算机学会职业教育委员会

××××年××月××日

具体要求：

（1）标题设置为"华文新魏"、"三号"、段落"居中"对齐。

（2）"各团体会员单位"一行，设置为"楷体"、"四号"，"段前"、"段后"间距0.5行。

（3）所有正文设置为"宋体"、"小四"、"首行缩进"2字符、"左右缩进"均为1字符、"行距"为"固定值"20磅。

（4）文章最后两段，设置为"华文细黑"，"四号"、"右对齐"。日期一行"右缩进"5个字符。

（5）利用查找和替换，将文章中的"实训共享"、"校企双赢"设置成"黑体"、"加粗"、加双下划线文字效果。

任务2 编辑会议通知文稿

操作1 文档页面设置

在创建文档时，Word默认创建A4纸型的文档，其版面几乎可以适用大部分需要。

对于别的型号的纸张，我们可以按照需要重新设置页边距、每页的行数和每行的字数。此外，还可以给文档加页眉和页脚、插入页码和分栏等。

1. 打开页面设置

（1）单击"页面布局"选项卡中的，"页面设置"组中的对话框启动器按钮。打开如图 3.38 所示对话框。

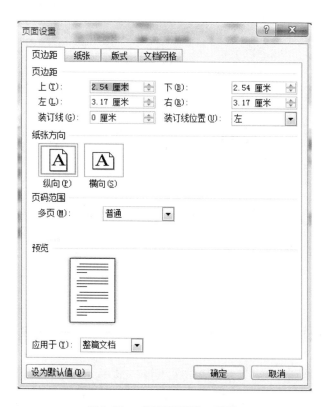

图 3.38　"页面设置"对话框

（2）如图 3.28 所示，在"页边距"选项卡中，可以设置上、下、左、右边距。如果需要一个装订边，那么可以在"装订线"文本框中填入边距的数值，并选择"装订线位置"。

（3）在"纸张"选项卡中，可以设置纸张大小和方向。单击"纸张大小"列表框下拉按钮，在标准纸张的列表中选择一项，也可选定"自定义大小"，并在"宽度"和"高度"框中分别填入纸张的大小。"纸张方向"组中，可以将纸张设置为"纵向"或"横向"。如图 3.39 所示。

（4）在"版式"选项卡中，可以设置页面和页脚在文档中的编排，可从"奇偶页不同"或"首页不同"两项中选定，还可设置文本的垂直对齐方式等。如图 3.40 所示。

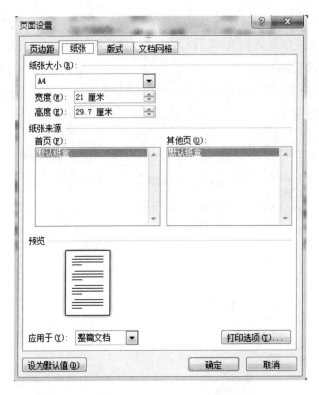

图 3.39　"页面设置"纸张选项卡

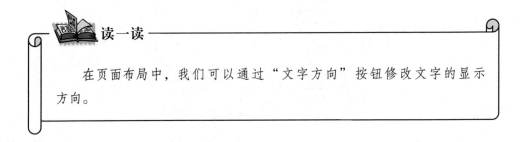

读一读

　　在页面布局中，我们可以通过"文字方向"按钮修改文字的显示方向。

　　（5）在"文档网格"选项卡中，可设置每一页的行数和每行的字符数，还可设置分栏数（如图 3.41 所示）。

　　（6）设置完成后，可查看预览中的效果，若满意，可单击"确定"按钮确认设置，否则单击"取消"按钮取消设置。

　　2. 插入分页符

　　Word 具有自动分页的功能，当键入文本或插入的图形满一页时，Word 会自动分页。当编辑排版后，Word 会根据情况自动调整分页的位置。有时为了将文档的某一部分单独形成一页，可以插入分页符进行人工分页。操作步骤如下：

　　（1）将插入点移动到新的一页的开始位置。

图3.40 "版式"选项卡

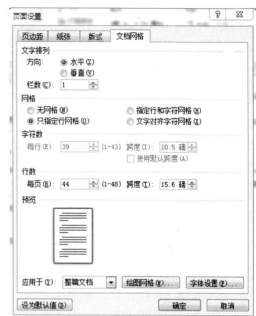

图3.41 "文档网格"选项卡

（2）按组合键"Ctrl + Enter"，或单击"插入"选项卡"页"组中的"分页按钮"。还可以单击"页面布局"选项卡"页面设置"组中的"分隔符"按钮，在打开的"分隔符"列表中单击"分页符"命令，如图3.42所示。

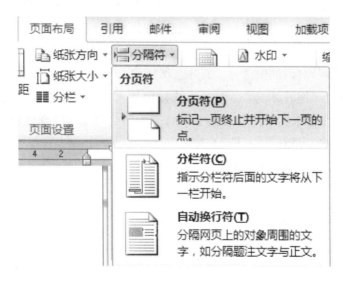

图3.42 "分隔符"→"分页符"命令

（3）在"草稿"视图方式中，人工分页符是一条水平虚线，如果想删除分页符，只要把插入点移到人工分页符的水平虚线中，按Delete键即可。

操作2 文档背景设置

1. 水印

"水印"是文档常用的背景形式之一。利用"页面布局"选项卡"页面背景"组中的"水印"按钮，可以给文档设置背景。例如，给文档设置诸如"绝密"、"严禁复制"或"样式"等字样的"水印"可起到一定提醒作用。设置水印的具体方法是：

（1）单击"页面布局"选项卡"页面背景"组中的"水印"按钮，在打开的"水印"列表框中选择所需的水印即可。若列表中的水印选项不能满足要求，则可单击"水印"列表框中的"自定义水印"命令，打开"水印"对话框（如图3.43所示）。

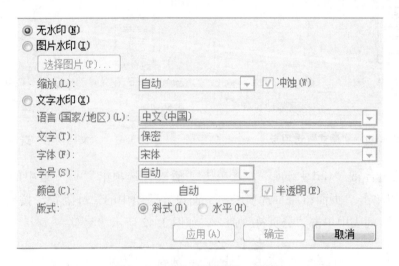

图3.43　"自定义水印"对话框

（2）在"水印"对话框中，有"图片水印"和"文字水印"两种水印形式。

（3）如果使用"图片水印"，则需要选择用作水印的图片；如果使用"文字水印"，则在"语言"文本框中选定水印文本的语种，在"文字"文本框中输入或选定水印文本，再分别选定字体、尺寸、颜色和输出形式。

（4）如果想取消水印，可打开"水印"列表框，单击"删除水印"命令即可。

2. 页面颜色

"页面颜色"是文档常用的背景形式之一。利用"页面布局"选项卡"页面背景"组中的"页面"按钮，可以给文档设置背景。单击"页面颜色"下拉按钮中的"填充效果"按钮，可以为页面添加"预设颜色"、"纹理"、"图案"等效果（如图3.44所示）。

3. 页面边框

页面边框也是页面背景的一种，利用"页面布局"选项卡"页面背景"组中的"页面边框"按钮，可以给文档设置边框。如图3.45所示，可以设置边框的"样式"、

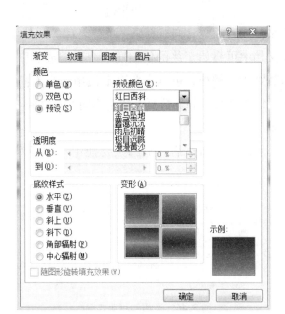

图 3.44 "页面颜色"→"填充效果"

"颜色"、"宽度"、"艺术型"等设置。

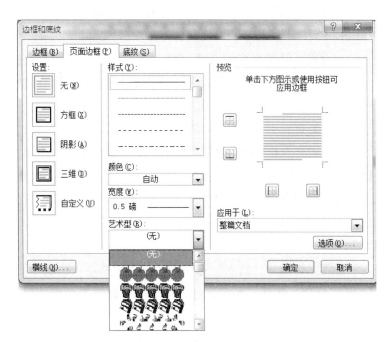

图 3.45 "页面边框"

操作3 页眉页脚设置

1. 页眉、页脚

页眉和页脚是指文档中每个页面顶部、底部和两侧页边距区域，通常用于显示文

档的附加信息，常用来插入时间、日期、页码、单位名称等。其中，页眉在页面顶部，页脚在页面底部。在文档中可自始至终的使用同一个页眉或页脚，也可在文档的不同部分使用不同的页眉和页脚。例如，可以在首页上使用与众不同的页眉或页脚或者不使用页眉和页脚。还可以在奇数页和偶数页上使用不同的页眉和页脚。

2. 页眉、页脚工具

在 Word 2010 中，创建和编辑页眉和页脚主要使用"页面和页脚工具"来完成，如图 3.46 所示。

图 3.46　页眉和页脚工具

页眉和页脚工具包含了多个设置组，各组的主要功能如下所示。

◇ "页面和页脚"组：主要用于创建和更改页面、页脚及页码。

◇ "插入"组：在页眉和页脚中插入文字、日期、剪贴画和图片等。

◇ "导航"组：主要实现页眉、页脚之间的切换。

◇ "选项"组：设置页眉和页脚的选项，如文档每一页上有相同的页眉、页脚；在文档第一页上有一个页眉、页脚，在所有其他页上另有一个页眉、页脚；奇数页上有一个页眉、页脚，偶数页上有另一个页眉、页脚等。

◇ "位置"组：设置页眉和页脚在页中的位置。

◇ "关闭"组：关闭页眉和页脚的设置，返回到文本编辑区。

页眉和页脚通常应用于如下两种情况：

◇ 在不分节的文档中使用页眉和页脚。

◇ 在含有多节的文档中使用页眉和页脚。

2. 插入页眉和页脚

单击"插入"标签，切换到"插入"选项卡，单击该选项卡中的"页眉和页脚"组中的"页眉"或"页脚"按钮，系统会打开页眉或页脚内置的库列表，如图 3.47 所示。

从列表中选择一种样式，页眉或页脚即被插入文档的每一页中，光标位于页眉中间，此时可以输入具体的文字，插入时间、剪贴画、图片等。同时在功能区会出现"页眉和页脚工具"的"设计"选项卡。

图 3.47 "页眉"库列表

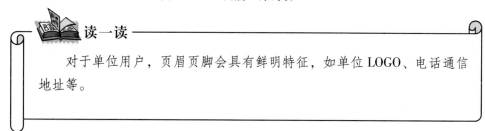

读一读

对于单位用户，页眉页脚会具有鲜明特征，如单位 LOGO、电话通信地址等。

单击"页眉和页脚"组中的"页码"按钮，在下拉列表中选择"页面顶端"，在系统打开的"级联页码格式"列表中选择合适的页码格式，如果 3 - 48 所示。

操作 4 首字下沉设置

1. 首字下沉设置

（1）把鼠标定位到需要首字下沉段落的任意位置。若要使段首的一个词下沉，则要选中这个词。

（2）选中"插入"选项卡，在文本分组中单击"首字下沉"按钮，弹出如图 3.49 所示的对话框。

（3）设定下沉行数和字体等，单击"确定"按钮。

2. 首字悬挂设置

（1）把鼠标定位到需要首字下沉段落的任意位置。若要使段首的一个词下沉，则

图 3.48　设置页码格式

要选中这个词。

（2）选中"插入"选项卡，在文本分组中单击"首字下沉"按钮，弹出如图 3.49 所示的对话框。

（3）选择"悬挂"选项，设置"字体"及"下沉行数"，如图 3.50 所示。单击"确定"按钮。

图 3.49　设置"首字下沉"

图 3.50　设置"首字悬挂"

操作5　文档分栏设置

1. 文档分栏

分栏使得版面显得更为生动、活泼、增强可读性。使用"页面布局"选项卡中"页眉设置"组中的"分栏"功能可以实现文档的分栏，具体操作如下：

（1）如果要对整个文档分栏，则将插入点移动到文本的任意处；如果要对部分段落分栏，则应先选定这些段落。

（2）单击"页面布局"选项卡中"页面设置"组中的"分栏"按钮，打开如图3.51所示"分栏"下拉菜单。在"分栏"菜单中，单击所需的格式分栏即可。

（3）若"分栏"下拉菜单中所提供的分栏格式不能满足要求，则可单击菜单中的"更多分栏"按钮，打开如图3.52所示的"分栏"对话框。

图3.51　"分栏"

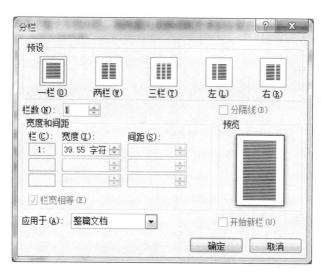

图3.52　"分栏"对话框

（4）选定预设栏中分栏格式，或在"栏数"文本框中键入分栏数，在"宽度和间距"栏中设置栏宽和间距。

（5）单击"栏宽相等"复选框，则各栏宽相等，否则可以逐栏设置宽度。

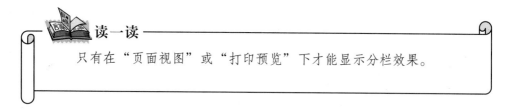

读一读

只有在"页面视图"或"打印预览"下才能显示分栏效果。

（6）单击"分隔线"复选框，可在各栏之间加一分隔线。

（7）应用范围有"整个文档"、"选定文本"等，视具体情况选定后单击"确定"

按钮。

2. 段落边框和底纹

为了突出文档中的某段文字，可以为段落增加边框和底纹，这样既能达到突出文字的效果，又可以美化文档和页面。设置段落边框的方法如下所示。

单击"页面布局"选项卡的"页面背景"组中的"页面边框"按钮，如图3.53所示，打开"边框和底纹"对话框，在对话款中单击"边框"按钮，如图3.54所示。

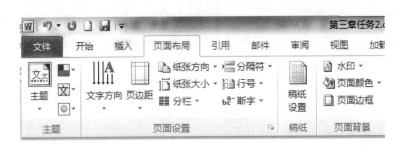

图 3.53　"页面边框" 按钮

图 3.54　"边框和底纹" 对话框

在左侧的"设置"项下选择一种边框模式。在"样式"列表中选择一种边框样式，表中有实线、虚线、双线、波浪线等24种样式可供选择。

单击"颜色"下拉框，从中选择段落框线的颜色，单击"宽度"下拉框，从中选择框线的宽度，从 0.25～6 磅有 9 种规格可供选择。

单击"应用于"下拉列表框，从中选择"段落"或者"文字"。两者的差别如图3.55 和图 3.56 所示。

设置段落底纹的方法如下：

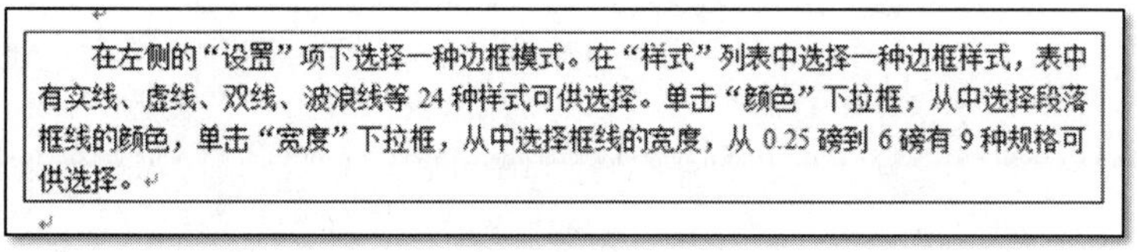

> 在左侧的"设置"项下选择一种边框模式。在"样式"列表中选择一种边框样式，表中有实线、虚线、双线、波浪线等24种样式可供选择。单击"颜色"下拉框，从中选择段落框线的颜色，单击"宽度"下拉框，从中选择框线的宽度，从0.25磅到6磅有9种规格可供选择。

图3.55 边框应用于段落

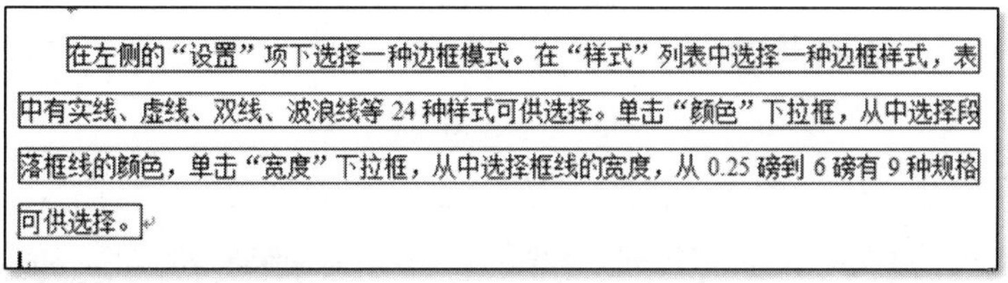

> 在左侧的"设置"项下选择一种边框模式。在"样式"列表中选择一种边框样式，表中有实线、虚线、双线、波浪线等24种样式可供选择。单击"颜色"下拉框，从中选择段落框线的颜色，单击"宽度"下拉框，从中选择框线的宽度，从0.25磅到6磅有9种规格可供选择。

图3.56 边框应用于文字

打开"边框和底纹"对话框，单击"底纹"标签，如图3.57所示，单击"填充"下拉框，选择一种填充段落底纹的颜色。

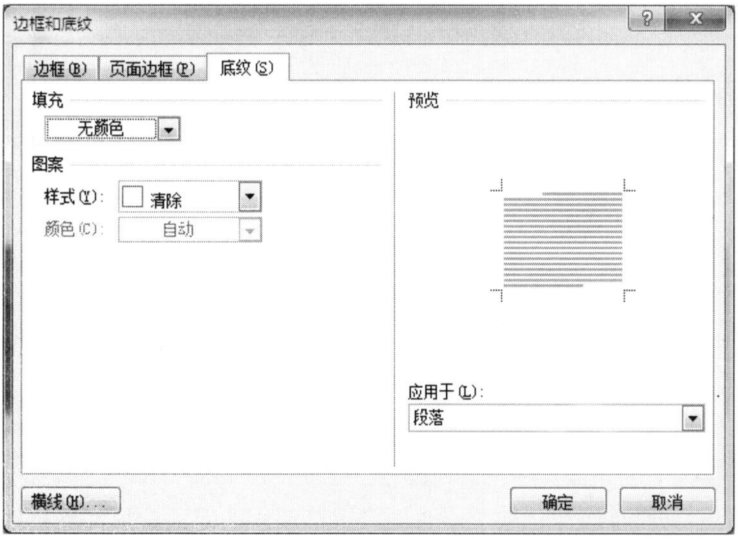

图3.57 底纹选项卡

单击"图案"下拉框，选择一种填充图案，单击"颜色"下拉框，选择一种作为填充图案使用的颜色。单击"应用于"下拉框，从中选择"段落"或"文字"。两者差别如图3.58和图3.59所示。

在左侧的"设置"项下选择一种边框模式。在"样式"列表中选择一种边框样式，表中有实线、虚线、双线、波浪线等 24 种样式可供选择。单击"颜色"下拉框，从中选择段落框线的颜色，单击"宽度"下拉框，从中选择框线的宽度，从 0.25 磅到 6 磅有 9 种规格可供选择。

图 3.58　设置段落底纹效果

在左侧的"设置"项下选择一种边框模式。在"样式"列表中选择一种边框样式，表中有实线、虚线、双线、波浪线等 24 种样式可供选择。单击"颜色"下拉框，从中选择段落框线的颜色，单击"宽度"下拉框，从中选择框线的宽度，从 0.25 磅到 6 磅有 9 种规格可供选择。

图 3.59　设置文字底纹效果

【课堂案例】

上一节对会议通知的文本进行了段落格式的设置，本节继续对会议通知的格式进行设置。具体要求如下：

- 设置会议通知为 A4 纸横向。
- 页眉距上边界 2.5 厘米，页脚距下边界 2 厘米。
- 为文档加"办公室"字样水印。
- 设置正文第一段首字下沉 3 行。
- 将正文分为 2 栏。

案例操作如下：

（1）单击"页眉布局"选项卡"页面设置"组中的对话框启动器按钮，打开"页眉设置"对话框，单击"页边距"选项卡，将纸张方向改为"横向"。如图 3.60 所示。

（2）单击"版式"选项卡，设置页眉距离为 2.5 厘米，页脚距离为 2 厘米。如图 3.61 所示。

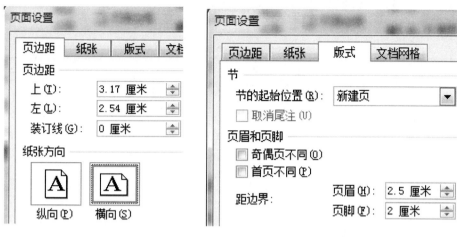

图 3.60 纸张方向设置   图 3.61 版式设置

（3）单击"页眉布局"选项卡，"页眉背景"组中的"水印"按钮，选择"自定义"水印，在"水印"对话框中，设置文字为"办公室"，单击"确定"按钮（效果如图 3.62 所示）。

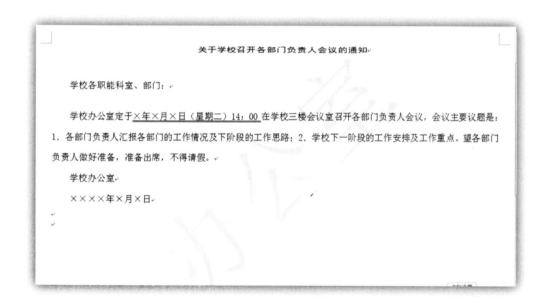

图 3.62 添加水印效果

（4）将光标放于正文第一段中，单击"插入"选项卡中，"文字"组中的"首字下沉"按钮，从列表中选择"首字下沉选项"，打开"首字下沉"对话框，选择"下沉"，下沉行数设置为 3，单击确定，效果如图 3.63 所示。

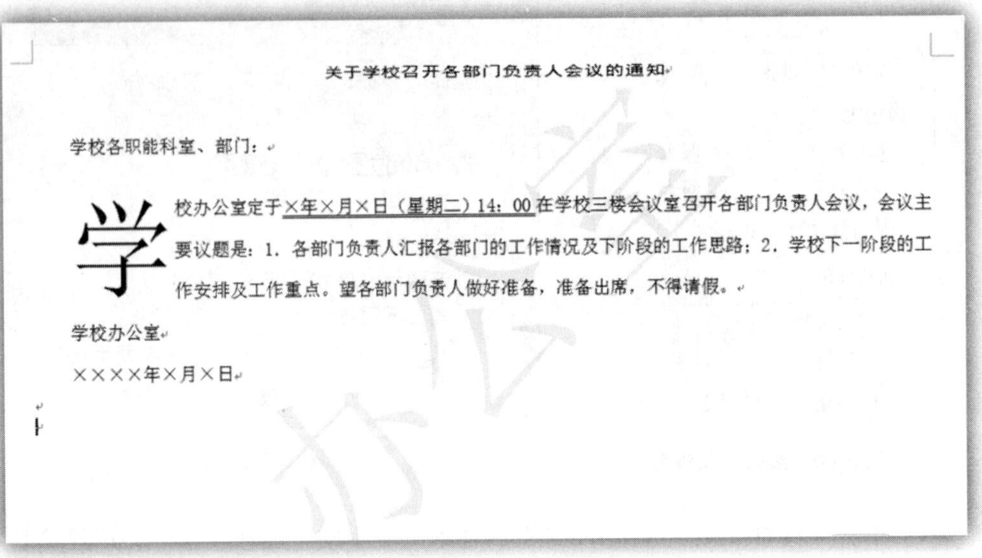

关于学校召开各部门负责人会议的通知

学校各职能科室、部门：

 校办公室定于×年×月×日（星期二）14：00 在学校三楼会议室召开各部门负责人会议，会议主要议题是：1．各部门负责人汇报各部门的工作情况及下阶段的工作思路；2．学校下一阶段的工作安排及工作重点。望各部门负责人做好准备，准备出席，不得请假。

学校办公室
××××年×月×日

图 3.63　设置首字下沉效果

知识回顾

1. 设置纸张为 A4 纸需要单击"页面设置"对话框中的选项卡。

2. 插入人工分页符的组合键是。

3. 设置水印效果应单击"页面背景"组中的按钮。

4. 为文章添加纹理效果背景应单击"页面颜色"下拉按钮中的按钮。

5. 为整个文章添加边框应单击"页面背景"组中的按钮。

6. 为文章添加页眉应单击选项卡中"页眉和页脚"组中的命令。

7. 设置首字下沉应使用"插入"选项卡"文本"组中的命令。

8. 为文章添加分栏效果应单击组中的"分栏"按钮。

实操任务

按如下示例设计制作一个会议通知。

具体要求如下：

（1）设置标题为"黑体"、"二号"、加粗居中。

（2）设置正文所有段落为"首行缩进"2 个字符。

（3）为第一段文字添加一个黑色边框。

（4）设置第二段文字"首字下沉"3 行，并将第二段文字分为 2 栏，栏间添加分割线。

（5）将最后一段文字添加灰色底纹。

谷歌眼镜

谷歌眼镜（Google Project Glass）是由谷歌公司于 2012 年 4 月发布的一款"拓展现实"眼镜，它具有和智能手机一样的功能，可以通过声音控制拍照、视频通话和辨明方向，以及上网冲浪、处理文字信息和电子邮件等。

谷歌眼镜就像是可佩带式智能手机，让用户可以通过语音指令，拍摄照片，发送信息，以及实施其他功能。如果用户对着谷歌眼镜的麦克风说"OK，Glass"，一个菜单即在用户右眼上方的屏幕上出现，显示多个图标拍照片、录像、使用谷歌地图或打电话。

这款设备在多个方面性能异常突出，用它可以轻松拍摄照片或视频，省去了从裤兜里掏出智能手机的麻烦。当信息出现在眼镜前方时，虽然让人有些分不清方向，但丝毫没有不适感。

谷歌公布的有关该产品的视频展示了 Project Glass 的潜在用途。在这段视频中，一位男性在纽约市的街道上散步，与朋友聊天，看地图查信息，还可以拍照。在视频的结尾处，该名男子还在日落时与一位女性朋友进行了视频聊天。所有的这一切都是通过 Project Glass 拓展现实眼镜进行的。

任务3　图文混排—制作宣传海报

操作1　插入图片

Word 文档中的图片主要有两种，即 Word 自带的剪贴画和用户插入的其他图片。用户可以根据需要在 Word 中插入种类繁多的图片格式。

 读一读

> Word 支持的图片格式包括：BMP、JPEG、GIF、PNG、TIF、PCX 等，最常见的是 JPEG 格式。

1. 插入图片

在 Word 文档中插入图片的方法如下所示。

（1）将光标定位在文档中要插入图片的位置，然后单击"插入"选项卡"插图"组中的"图片"按钮 。

（2）系统会打开"插入图片"对话框，在"查找范围"列表框中选择需要的图片，单击"插入"按钮，即可将图片插入到文档中，如图 3.64 所示。

图 3.64　"插入图片"对话框

2. 调整图片大小

在 Word 文档中插入的图片，会因为图片自身的大小而在文档中占据不同的空间，Word 还可以对插入的图片进行简单的编辑，可以对图片的尺寸进行调整。

选中需要设置的图片，在"图片工具"的"格式"选项卡的"大小"组中可以改变图片的大小。如图 3.65 所示。点击"高度"或"宽度"的向上和向下的三角，可以等比例调整图片。

单击"大小"组旁的对话框启动器，系统会打开"设置图片格式"对话框，在该对话框中选择"大小"选项卡，在此选项卡中可以对图片的大小进行精确的调整，如图 3.66 所示。

图 3.65　改变图片大小

图 3.66 "设置图片格式" 对话框

3. 插入剪贴画

剪贴画是一种特殊类型的图片, 通常由小二简单的图像组成, 使用它们可以给文档增加趣味性。Word 自带许多剪贴画, 用户可以根据文档内容的需要使用。

将光标插入点移动至要插入剪贴画的位置, 单击"插入"标签切换到"插入"选项卡, 单击该选项卡中的"剪贴画"按钮, 系统会打开"剪贴画"的任务窗格, 单击"搜索"按钮, 会在任务窗格中搜索出系统存储的剪贴画, 如图 3.67 所示。

将剪贴画插入到文档后, 其样式的设置与图片设置的方法相同, 我们可以参照图片的设置方法对剪贴画进行设置。

为了控制"剪贴画"的搜索范围, 可使用"搜索范围"下拉列表, 如果只搜索本地收藏集, 则取消"所以收藏集位置"旁的选择, 只启用图 3.67 剪贴画"我的收藏集"。也可以通过限定仅搜索某一类媒体来进一步控制搜索范围。

图 3.67 剪贴画

操作2　图片格式设置

1. 设置图片的环绕方式

默认情况下，插入到文档中的图片是作为字符插入的，其所在位置随着其他字符的改变而改变，用户不能自由移动图片。而通过为图片设置文字环绕方式，则可以自由移动图片的位置。文字与图片的环绕方式有四周型、紧密型、上下型、穿越型等，不同的环绕方式，图片与文本的排列情况会有不同的变化。

设置图片环绕方式的方法如下所示。

（1）选中需要设置文字环绕的图片。

（2）在打开的"图片"功能区"格式选项卡中，单击"排列"分组中的"自动换行"按钮，系统会出现如图 3.68 所示的文字环绕菜单，在该菜单中选择合适的文字环绕方式即可。

图 3.68　文字环绕菜单

2. 设置图片样式

Word 2010 中自带了 28 种图片的样式，如图 3.69 所示。用户可以将这些样式应用于图片，将这些样式与图片形状、图片边框和图片效果组合起来设置，可以给图片添加很多特殊的效果。

选中图片，在"格式"选项卡的"图片样式"组中单击"其他"按钮，从中选择一种图片样式，用户可以先将光标放在一种图片样式上，这时选中的图片就会显示出该样式的效果，用户可以根据观察到的效果情况选择合适的样式。如图 3.70 所示为图

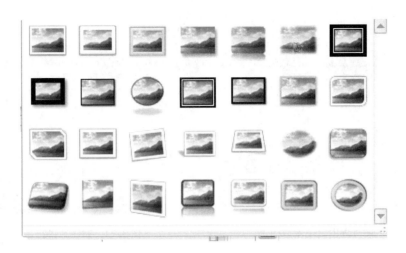

图 3.69　Word 自带的图片样式效果

片设置了"柔化边缘椭圆"效果的情况。

图 3.70　设置图片样式

3. 裁剪图片

在 Word 2010 中，用户可以通过两种方法对图片进行裁剪，具体设置如下：

（1）使用裁剪工具

选中需要裁剪的图片，单击"图片工具"中的"格式"标签，单击该选项卡"大小"组中的"裁剪"按钮，此时图片四周将出现裁剪标识，如图 3.71 所示，将光标移动到裁剪标识旁，鼠标会变成相应的裁剪形状，按下鼠标左键，移动鼠标可以对图片进行裁剪操作。如图 3.72 所示。

图 3.71 图片周围出现裁剪标识

图 3.72 对图片进行裁剪

（2）在"大小"对话框中设置裁剪图片

选中需要裁剪的图片，单击右键，选择"大小和位置"命令，或者单击"格式"选项卡"大小"组中的对话框启动器，打开"大小"对话框，在"裁剪"区域分别设置左、右、上、下的裁剪尺寸。

4. 旋转图片

旋转图片可以通过如下几种方式实现。

（1）使用旋转手柄旋转图片

如果对文档中图片的旋转角度没有精确的要求，用户可以使用旋转手柄旋转图片。首先选中图片，图片的上方将出现一个绿色的旋转手柄，将鼠标移动到旋转手柄上，按住鼠标左键沿圆周方向顺时针或逆时针旋转图片即可（如图 3.73 所示）。

图 3.73 使用手柄旋转图片

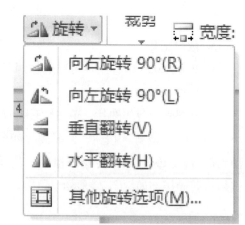

图 3.74 旋转菜单

（2）使用预算的旋转效果

在 Word 2010 中预设了四种图片的旋转效果，即向右旋转 90°，向左旋转 90°，垂直翻转和水平翻转。

选中需要旋转的图片，在"图片工具"功能区的"格式"选项卡中，单击"排列"分组中的"旋转"按钮（如图 3.74 所示），在打开的旋转菜单中选择即可。

（3）在"大小"对话框中设置旋转角度

选中需要旋转的图片。在"图片工具"功能区的"格式"选项卡中，单击"排列"分组中的"旋转"按钮，并在打开的旋转菜单中选中"其他旋转选项"命令。

在打开的"大小"对话框中切换到"大小"选项卡，在"尺寸和旋转"区域中调整"旋转"编辑框的位置（如图 3.75 所示）。

图 3.75　设置旋转角度

操作 3　插入艺术字

1. 插入艺术字

艺术字拥有不同的颜色和不同的字体，可以带阴影，可以倾斜、旋转和延伸，还可以变成特殊的形状。艺术字通常用于文档的标题以及个性化贺卡的制作。

在文档中将插入点放在需要插入艺术字的位置，在"插入"选项卡的"文本"组中单击"艺术字"按钮，系统会打开艺术字效果列表（如图 3.76 所示）。

在打开的艺术字列表中选择一种艺术字效果，系统会在文档中自动插入一个该效果的艺术字示例（如图 3.77 所示），单击修改成需要的文字即可。

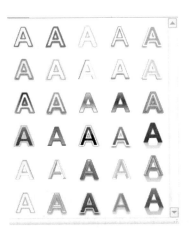

图 3.76　艺术字效果列表

图 3.77　输入艺术字

2. 艺术字样式

插入艺术字后，如果感觉效果不理想，还可以对这个样式进行修改与调整，调整的内容包括艺术字的填充颜色、渐变、文本轮廓、文本效果等。

（1）文本填充

主要用于修改艺术字的文本颜色，选中艺术字，单击"艺术字样式"选卡中的"文本填充"按钮，打开"文本填充"下拉列表，如图 3.78 所示，从中选择需要的颜色，颜色选择好后，还可以单击"渐变"按钮，从中选择一种渐变效果。

（2）文本轮廓

文本轮廓主要用于设置艺术字外围线条的效果，可以设置线条的颜色、粗细、虚线样式等（如图 3.79 所示）。设置方法同文本填充。

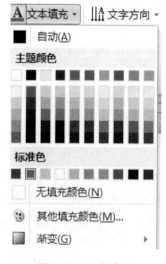

图 3.78　文本填充

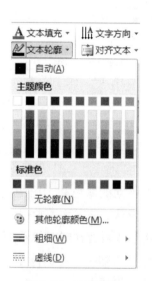

图 3.79　文本轮廓

 读一读

单击"艺术字样式"右侧的对话框启动器，还可以为艺术字添加很多其他的效果。

（3）文本效果

文本效果是对艺术字的二次修饰，主要体现在艺术字外形的变化上，这种字形的变化有的时候可以与文本内容相配合起到衬托的效果。图 3.80 显示了设置为"倒 V 型"效果的艺术字。

图 3.80　设置倒 V 型效果的艺术字

操作4　图形的绘制与插入

1. 插入自选图形

单击"插入"选项卡"插图"组中的"形状"按钮，系统会打开"形状"库列表，在该列表中列出了自选图形的六个大类，包括线条、基本形状、箭头总汇、流程图、标注、星与旗帜，如图 3.81 所示。

图 3.81　所有形状分类　　　图 3.82　为自选图形添加文本

将光标定位到要绘制自选图形的位置，然后在列表中选择相应的形状，此时鼠标指针就会变为十字形，从绘图起始点位置按下鼠标左键，拖动到结束位置释放鼠标左键即可绘制出一个图形。

2. 编辑自选图形

（1）在自选图形中添加文字

有些自选图形可以直接输入文本、如文本框、标注等，而大多数的自选图形绘制完成后，我们并不能看到文本的插入点，其实所有的自选图形（线条除外）都可以添加文本。

选中需要添加文本的自选图形，在图形上单击鼠标右键，从弹出的菜单中选择"添加文字"命令（如图3.82所示）。此时插入点将定位于自选图形内部，用户就可以输入所需要的文本内容。

（2）多个图形之间的组合

在文档中使用自选图形时，由于自选图形也是图形对象，要对多个自选图形进行整体操作存在一定的困难。在实际应用中，我们可以将多个自选图形进行组合，使多个对象成为一个整体来操作。

按下"Ctrl"键，依次单击文档中的多个图形，这时图像的外围会出现8个控制点（如图3.83所示）。

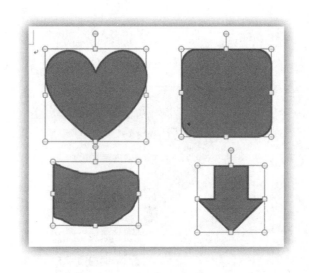

图3.83　选中文档中的多个图形

用鼠标右键单击选中的图形，在弹出的快捷菜单中选择"组合"—"组合"命令，即可将选中的图形组合为一个整体。如果需要对其中的某一图形进行调整，就要取消组合，选中需要取消组合的图形，单击鼠标右键，选择"组合"—"取消组合"即可。

（3）多个图形之间的组合

当文档中存在多个图形时，为了是这些图形更有条理，用户经常需要对这些图形进行对齐操作。按住"Ctrl"键，用鼠标依次选中文档中需要对齐的图形，在"格式"

选项卡的排列组中单击"对齐"按钮，从弹出的下拉菜单中选择需要的对齐方式即可（如图3.84所示）。

（4）自选图形的填充效果

选中自选图形，单击"绘图工具"栏"格式"选项卡中的"形状样式"组中的"形状填充"按钮，打开如图3.85所示的下拉列表。选中其中的"图片"选项，打开"选择图片"对话框，选择需要的图片，单击确定即可。

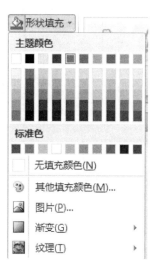

图3.84　对齐选项　　　　图3.85　填充效果选项

操作5　使用文本框

1. 插入文本框

Word中的文本框是一种可以移动、可以调整尺寸大小的图形对象，用户可以在文本框中放置文本、图片等，并且不受文档行的限制。

单击"插入"选项卡中的"文本组"中的"文本框"按钮，系统会打开一个下拉菜单，其中包括文本框内置的样式库，可以从中选择某种样式（如图3.86所示）。

如果系统提供的样式不符合要求，我们也可以选择"绘制文本框"命令来绘制文本框并在文本框中输入内容。

在要插入文本框的位置单击鼠标确定插入点，拖动鼠标画出大小合适的文本框后，释放鼠标，此时在文档中出现了绘制的文本框，同时在功能区中出现"文本框工具"的"格式"选项卡。

图 3.86　文本框样式库　　　　　　　　图 3.87　设置文本框格式

2. 设置文本框格式

选中文本框，右击选择"设置形状格式"命令，打开"设置形状格式"对话框（如图 3.87 所示），在"颜色线条"命令中可以设置填充效果、线条颜色、线条线型、线条粗细等。在"文本框"选项卡中，还可以设置文本与文本框的边距，以及文本的垂直对齐方式等。

3. 文本框的样式

（1）应用文本框的样式

选中文本框对象，单击"绘图工具"栏→"格式"选项卡→"形状样式"组的样式下拉列表，打开图 3.88 所示的文本框样式列表，从中选择一种文本框样式即可。

（2）渐变效果的形状填充

形状填充式在文本框内部填充不同的颜色，以达到突出的效果。选中文本框对象，单击"形状样式"组→"形状填充"按钮→"渐变"命令，打开如图 3.89 所示的渐变效果列表，单击需要的渐变效果即可。

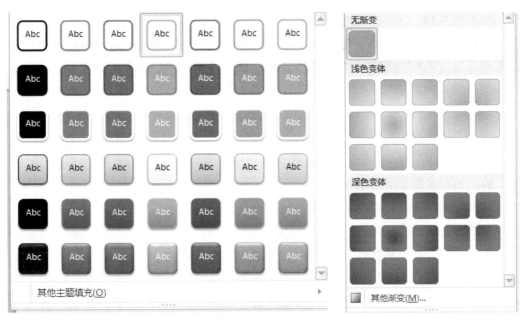

图3.88　文本框样式　　　　　　　　图3.89　渐变填充

操作6　文档打印

当文档编辑、排版完成后，就可以打印输出了。打印前，可以利用打印预览命令先查看一下排版是否理想。如果满意则打印，否则可继续修改排版。文档打印操作可以使用"文件"→"打印"命令。

1. 打印预览

单击"文件"→"打印"命令，在打开的"打印"窗口面板右侧就是打印预览的内容，如图3.90所示。

图3.90　打印窗口面板

2. 打印文档

通过"打印预览"查看满意后，就可以打印了。打印前，最后先保持文档，以免意外丢失。Word 提供了许多灵活的打印功能。可以打印一份多多份文档，也可以打印文档的某一页或几页。当然，在打印前，应该准备好并打开打印机。具体操作如下。

（1）打印一份文档

单击"打印"窗口面板上的"打印"按钮即可。

（2）打印多份文档副本

如果需要打印多份文档副本，则在"打印"窗口面板上的"份数"文本框中输入需要打印的文档份数，单击"打印"即可。

（3）打印一页或几页

如果仅打印文档中的一页或几页，则应单击"打印所有页"右侧的下拉列表按钮，在打开列表的"文档"选项组中，选定"打印当前页"，如果选定"自定义打印范围"，那么可以输入需要打印的文档页码或页码范围。

【课堂案例】

本节内容我们主要学习了如何在 Word 文档中插入图片、艺术字以及文本框等操作，接下来我们就一起来做一个爱护环境的宣传海报吧。整体效果如图 3.91 所示，具体要求如下：

- 设置海报为 A4 纸横向。
- 页眉距上边界 2.5 厘米，页脚距下边界 2 厘米。
- 将文章 4~6 段分为 2 栏。
- 将文章标题设置为艺术字。
- 在文章中插入 2 个自选图形，并使用图片进行填充。
- 为文章添加一个页面边框。

案例操作如下：

（1）单击"页眉布局"选项卡"页面设置"组中的对话框启动器按钮，打开"页眉设置"对话框，单击"纸张"选项卡，将纸张设定为 A4 纸。在"版式"选项卡中设置页眉、页脚的距离。

（2）输入文章内容。

（3）选中文章中的 4~6 段，单击"页眉布局"选项卡，"页眉背景"组中的"分栏"按钮，将文章分为 2 栏。

（4）选中标题，单击"插入"选项卡，"文本"组中的"艺术字"按钮，将标题设置为"宋体"、"32 磅"、加粗效果的艺术字。

（5）单击"插入"选择卡，"插图"组中的"形状"按钮，插入 2 个自选图形，选

图3.91 爱护环境宣传海报效果图

中自选图形，单击"形状填充"按钮下拉列表中的"图片"命令，选择相应的图片，右击自选图形，选择"其他布局选项"，在"文字"环绕选项卡中，选择"紧密型"。

知识回顾

1. 插入图片应选择选项卡。
2. 设置图片的环绕方式应选择"排列"组中的按钮。
3. 设置图片样式应选择选项卡。
4. 对图片进行裁剪应选择"大小"组中的按钮。
5. 在旋转下拉菜单中有向左旋转、向右旋转、水平翻转。
6. 插入自选图形应单击选项卡中"形状"命令。
7. 依次选择多个图形应按住键。
8. 打印文档应选择菜单中的"打印"按钮。

实操任务

按如下示例设计制作一个宣传海报。

具体要求如下：

（1）设置文档为 A4 纸横向。

（2）设置页面颜色为"碧海青天"。

（3）将标题设置为"宋体"、"36 磅""填充—红色，强调文字颜色 2"。

（4）输入文章，并将最后 4 段分为 2 栏，同时加"双线"、"0.5 磅"段落边框。

（5）插入一幅图片作为背景，设置"文字环绕"为"衬于文字下方"。

模块三：Word 2010 表格处理

【技能目标】

1. 掌握在 Word 2010 中建立表格和在表格中输入数据的操作方法

2. 掌握制作表格的操作步骤

【知识目标】

1. 认识表格并会在 Word 2010 中插入表格

2. 掌握各种课程表的制作方法

3. 掌握学生成绩单的制作方法

4. 掌握表格的编辑和修饰

5. 掌握表格内容的输入方法

【重点难点】
1. 表格的制作方法
2. 对表格的简单编辑和后期修饰

任务1 制作课程表

操作1 设计表格

表格是一种简明、扼要的表达方式。在生产、生活中，常常采用表格的形式来表达某一事物，如课程表、学生成绩表等。

议一议

奥运奖牌统计表、食品营养统计表、卫生值日表、列车时刻表等能不能以表格的形式呈现出来？如何设计？

所有学生都熟悉的课程表，能够让大家对每天上什么课一目了然。例如：

1203 班 2012—2013 年度第二学期课程表

时　间＼星　期		一	二	三	四	五
上午	1	数学	语文	数学	单证	语文
	2					
	3	语文	计算机	计算机	会计	会计
	4					
下午	5	单证	数学	会计	语文	素质
	6					
	7	计算机	英语	语文	数学	
	8					

操作2 绘制表格

一、用"插入"功能区"表格"组中的"插入表格"按钮创建表格

操作步骤如下：

1. 将光标移至要插入表格的位置。

2. 单击"插入"功能区"表格"组中的"插入表格"按钮，出现如图 3.92 所示的"插入表格"菜单。

3. 鼠标在表格框内向右下方向拖动，选定所需的行数 5 和列数 6，松开鼠标，表格自动插到当前的光标处。

二、用"插入"功能区"表格"组中下拉菜单中的"插入表格"功能创建表格

操作步骤如下：

1. 将光标移至要插入表格的位置。

2. 单击"插入"功能区"表格"组中的"表格"按钮，在打开的"插入表格"下拉菜单中，单击"插入表格"命令，打开如图 3.93 所示的"插入表格"对话框。

3. 在"行数"和"列数"框中分别输入所需表格的行数 5 和列数 6，"自动调整"操作中默认为单选项"固定列宽"。

图 3.92

图 3.93   图 3.94

4. 单击"确定"按钮，即可在插入点处插入一张表格。

三、用"插入"功能区"表格"组中下拉菜单中的"绘制表格"功能创建表格

1. 将光标移至要插入表格的位置。

2. 单击"插入"功能区"表格"组中的"表格"按钮，在打开的"插入表格"

174

下拉菜单中，单击"绘制表格"命令，如图3.94所示。

3. 鼠标指针呈现铅笔形状，在Word 2010文档中拖动鼠标左键绘制表格边框，然后在适当的位置绘制行和列，如图3.95所示。

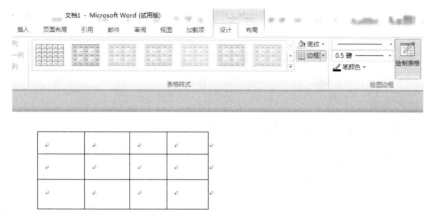

图 3.95

【课堂案例】

利用上面介绍的任意一种方法，绘制2012年伦敦奥运会奖牌榜。

排名	国家/地区	金牌	银牌	铜牌	总数
1	美国	46	29	29	104
2	中国	38	27	22	87
3	英国	29	17	19	65

案例操作如下：

操作3　输入内容

一、定位光标

表格中的每个小方格称为单元格，想往哪个单元格中输入内容，首先光标要定位在那个单元格中，定位光标的方法：

1. 鼠标单击。

2. 按 Tab 键，光标向右下方向移动。

3. 按"Shift + Tab"键，光标向左上方向移动。

二、录入内容

光标定位到需要输入内容的单元格中，依次输入上述课程表的内容。

操作4　编辑和修饰

一、选中或移动整个表格

将鼠标指向课程表，则左上角出现 ⊕ ，单击它，可以选中整个表格；拖动它，可以移动表格的位置（如图 3.96 所示）。

时间＼星期		一	二	三	四	五
上午	1	数学	语文	数学	单证	语文
	2					
	3	语文	计算机	计算机	会计	会计
	4					
下午	5	单证	数学	会计	语文	素质
	6					
	7	计算机	英语	语文	数学	
	8					

图 3.96

二、插入单元格、行或列

在选中的课程表上右击，在快捷菜单中选择"插入"，子菜单下有所需要的命令，如图 3.97 所示。

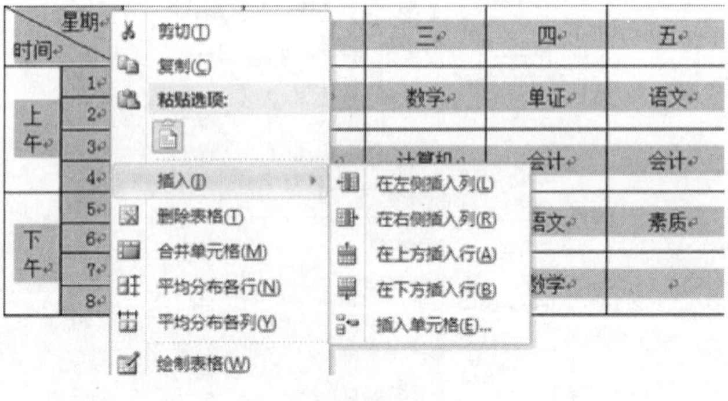

图 3.97

三、设置行高、列宽和表格在纸上居中

在快捷菜单中，选择"表格属性"，打开"表格属性"对话框，如图 3.98 和 3.99 所示，在"行"和"列"选项卡下设置行高和列宽，在"表格"选项卡下选"居中"设置表格在纸上居中（如图 3.100 所示）。

图 3.98

图 3.99

图 3.100

四、插入或删除行或列

在已有的表格中，有时需要增加一些空白行或空白列，也可能需要删除某些行或列。

1. 插入行

插入行的快捷方法：单击表格最右边的边框外，按回车键，在当前行的下面插入一行；或光标定位在最后一行最右一列单元格中，按 Tab 键追加一行。

2. 插入行或列

（1）选定单元格或行或列（选定与将要插入的行或列等同数量的行或列），或者执行。

（2）单击"表格工具"选项卡"布局"功能区"行和列"组中的相关按钮，选择：

① "在上方插入" / "在下方插入"按钮；在当前行（或选定行）的上面或下面插入与选定行个数等同数量的行。

② "在左侧插入" / "在右侧插入"按钮；在当前列（或选定列）的左侧或右侧插入与选定列个数等同数量的列。

3. 插入单元格

（1）选定若干单元格。

（2）单击"表格工具"选项卡"布局"功能区"行和列"组中的"表格中插入单元格"按钮 ，打开"插入单元格"对话框，选择下列操作之一：

① 活动单元格右移：在选定的单元格的左侧插入新的单元格，新插入的单元格个数与选定的单元格个数相同。

② 活动单元格下移：在选定的单元格的上方插入新的单元格，新插入的单元格个数与选定的单元格个数相同。

4. 删除行或列

如果想删除表格中的某些行或列，那么只要选定要删除的行或列，单击"表格工具"选项卡"布局"功能区"行和列"组中的"删除"按钮即可。

五、合并或拆分单元格

在简单表格的基础上，通过对单元格的合并或拆分可以构成比较复杂的表格。

1. 合并单元格

单元格的合并是指多个相邻的单元格合并成一个单元格。操作步骤如下：

（1）选定 2 个或 2 个以上相邻的单元格。

（2）单击"表格工具"选项卡"布局"功能区"合并"组中的"合并单元格"按钮，则选定的多个单元格合并为 1 个单元格。

2. 拆分单元格

单元格的拆分是指将单元格拆分成多行多列的多个单元格。操作步骤如下：

（1）选定要拆分的一个或多个单元格。

（2）单击"表格工具"选项卡"布局"功能区"合并"组中的"拆分单元格"按钮，打开"拆分单元格"对话框。

（3）在"拆分单元格"对话框键入要拆分的列数和行数。

（4）单击"确定"按钮，则选定的每一个单元格被拆分为指定的行数和列数。

六、表格的拆分

如果要拆分一个表格，那么先将插入点置于拆分后成为新表格的第一行的任意单元格中，然后单击"表格工具"选项卡"布局"功能区"合并"组中的"拆分表格"按钮，这样就在插入点所在行的上方插入一空白段，把表格拆分为两张表格。

如果要合并两个表格，那么只要删除两表格之间的换行符即可。

由上述方法可见，如果把插入点放在表格的第一行的任意列中，用"拆分表格"按钮可以在表格头部前面加一空白段。

七、表格标题行的重复

当一张表格超过一页时，通常希望在第二页的续表中也包括表格的标题行。Word提供了重复标题的功能，具体操作如下：

1. 选定第一页表格中的一行或多行标题行。

2. 单击"表格工具"选项卡"布局"功能区"数据"组中的"标题行重复"按钮。

这样，Word 会在因分页而拆开的续表中重复表格的标题行，在页面视图方式下可以查看重复的标题。用这种方法重复的标题，修改时也只要修改第一页表格的标题就可以了。

知识回顾

1. 在 Word 2010 中，要精确设置表格的行高和列宽，通过下列哪种方法进行？（ ）

A. 表格属性　　B. 表格绘制　　C. 表格大小　　D. 表格移动

2. 在选定了整个表格之后，若要删除整个表格中的内容，以下哪个操作是正确的？（ ）

A. 按 Delete 键

B. 按 BackSpace 键

C. 按 Esc 键

D. 单击"表格工具"选项卡"布局"功能区"行和列"组中的"删除"按钮下的"删除表格"命令

3. 在 Word 2010 中，选择了整个表格，单击"表格工具"选项卡"布局"功能区"行和列"组中的"删除"按钮下的"删除行"命令，则（   ）。

A. 整个表格被删除　　　　　　B. 表格中一行被删除

C. 表格中一列被删除　　　　　　D. 表格中没有被删除的内容

4. 在 Word 2010 表格操作中，计算求和的函数是（   ）。

A. Count　　　　B. Sum　　　　C. Total　　　　D. Average

5. 在 Word 2010 中，如果当前光标在表格中某行的最后一个单元格的外框线上，按 Enter 键后，(   )。

A. 光标所在行加宽
B. 光标所在列加宽
C. 在光标所在行下增加一行
D. 对表格不起作用

实操任务

制作课程表：

班级课程表

星　期 节　次		星期一	星期二	星期三	星期四	星期五
上午	1					
	2					
	3					
	4					
下午	5					
	6					
	7					

要求如下：

（1）和上述效果图完全一致。

（2）标题为华文彩云、三号字、表格内字体为宋体、小四。

（3）表头内"星期"对齐方式为右对齐，"节次"为左对齐，其他中部居中。

（4）设置"上午"和"下午"文字内容的文字方向为垂直。

（5）表格需要加粗的框线均为 2.25 磅，其他线为 1 磅。

任务2　制作学生成绩表

项　目 姓　名	班级	高数	日语	英语	总分
路小卓	0202	69	98	72	
于菲	0201	71	60	66	
张丽	0201	72	62	75	
储昂	0203	73	60	82	
梁宏雪	0202	75	83	82	
魏伟	0202	80	99	57	
孙慧君	0202	80	50	94	
任瑾	0202	87	61	65	
张晟	0201	90	60	73	
兰佩欣	0203	95	75	97	
陈雪	0203	96	93	93	

操作1 设置斜线表头

有三种方法可以设置成绩表中的斜线表头

1. 使用" ⊞ ▼ "中的" ◱ 斜下框线(W)"按钮为指定单元格添加斜线。

2. 单击" ▨ 绘制表格(D)"按钮，使用绘制表格工具手动添加斜线。

3. 单击"表格工具布局"选项卡中"表"选项组中的" ▦ 属性 "按钮，在表格属性对话框中单击"边框和底纹"按钮，打开"边框和底纹"对话框，设置如图3.101所示。

图 3.101

 **议一议**

如果想画两条斜线的表头，怎么办？

可以用"插入"功能区中的"形状"工具画直线，如果文字不好输入则可以用文本框添加后调整位置再组合应用。

操作2 表格的修改

一、修改表格边框

1. 选取表格，单击鼠标右键，在弹出的快捷菜单中选择"边框和底纹"命令，如图3.101所示。

2. 在弹出的"边框和底纹"对话框中，对需要修改的边框区域、样式、颜色以及边框宽度进行设置，设置边框区域为"全部"，样式为"单实线"，颜色为"绿色"，宽度为"1.0 磅"。

    3. 在对话框右侧进行预览，修改满意后，单击"确定"按钮。

    4. 完成后即可显示表格边框效果，如图 3.102 所示。

项 目 姓 名	班级	高数	日语	英语	总分
路小卓	0202	69	98	72	
于菲	0201	71	60	66	
张丽	0201	72	62	75	
储昂	0203	73	60	82	
梁宏雪	0202	75	83	82	
魏伟	0202	80	99	57	
孙慧君	0202	80	50	94	
任瑾	0202	87	61	65	
张晟	0201	90	60	73	
兰佩欣	0203	95	75	97	
陈雪	0203	96	93	93	

图 3.102

二、修改表格底纹

1. 选取表格，单击鼠标右键，在弹出的快捷菜单中选择"边框和底纹"命令。

2. 在弹出的"边框和底纹"对话框中，选择"底纹"选项卡。

3. 在"填充"下拉列表中，选择背景颜色，"样式"下拉列表中，选择底纹图案，在"颜色"下拉列表中，选择底纹颜色，如图 3.103 所示。

4. 单击"确定"按钮，即可显示表格底纹效果，如图 3.104 所示。

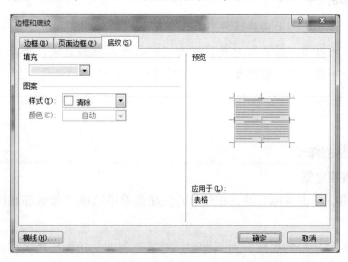

图 3.103

项　目 姓　名	班级	高数	日语	英语	总分
路小卓	0202	69	98	72	
于菲	0201	71	60	66	
张丽	0201	72	62	75	
储昂	0203	73	60	82	
梁宏雪	0202	75	83	82	
魏伟	0202	80	99	57	
孙慧君	0202	80	50	94	
任瑾	0202	87	61	65	
张晟	0201	90	60	73	
兰佩欣	0203	95	75	97	
陈雪	0203	96	93	93	

图 3.104

操作3　表格数据排序

1. 选定要排序的所有行。

2. 切换到功能区的"布局"页中，选择"数据"选项组中的"排序"命令。

3. 在"排序"对话框中设置相关内容，如主要关键字的选择、次要关键字的选择，升序或降序的选择等，如图 3.105 所示。

4. 单击"确定"按钮。

图 3.105

操作4　表格数据计算

1. 将光标定位到计算结果所要填写的单元格内。

2. 切换到功能区的"布局"页中，选择"数据"选项组中的"公式"命令。

3. 在"公式"对话框中，输入 = sum（left），如图 3.106 所示。

求和并排序后的表格为：

项　目 姓　名	班级	高数	日语	英语	总分
于菲	0201	71	60	66	398
张丽	0201	72	62	75	410
张晟	0201	90	60	73	424
任瑾	0202	87	61	65	415
孙慧君	0202	80	50	94	426
魏伟	0202	80	99	57	438
路小卓	0202	69	98	72	441
梁宏雪	0202	75	83	82	442
储昂	0203	73	60	82	418
兰佩欣	0203	95	75	97	470
陈雪	0203	96	93	93	485

图 3.106

知识回顾

1. 以下关于对 Word 2010 表格操作的表述中，不正确的是（　　）。

A. 可以选定不相邻的两行

B. 可以选定不相邻的两列

C. 可以选定不相邻的两个单元格

D. 只能选定相邻的两个单元格

2. 在 Word 2010 表格中，使光标右移一列的正确操作是（　　）。

A. 按 Enter 键　　　　　　　　B. 按 Tab 键

C. 按"Shift + Tab"键　　　　　D. 按右方向键

3. 在 Word 2010 中，选中表格中的一行后按 Delete 键，则（　　）。

A. 删除该行的表格线　　　　　B. 删除该行中所有的格式设置

C. 删除该行中各单元格的内容　D. 删除该行使表格中减少一行

4. 在 Word 2010 中，合并单元格的按钮是（　　　）。

A. ▦　　　　　B. ▬　　　　　C. ▭　　　　　D. ▦

5. 在 Word 2010 表格中可以输入的信息可以是（　　）。

A. 只限于文字形式　　　　　　B. 只限于数字形式

C. 可以是文字、数字和图形等　D. 只限于文字和数字形式

实操任务

青年歌手大奖赛得分统计表

歌手编号	1号评委	2号评委	3号评委	4号评委	5号评委	6号评委	总分	名次
1	9.00	8.80	8.90	8.40	8.20	8.90		
2	5.80	6.80	5.90	6.00	6.90	6.40		
3	8.00	7.50	7.30	7.40	7.90	8.00		
4	8.60	8.20	8.90	9.00	7.90	8.50		
5	8.20	8.10	8.80	8.90	8.40	8.50		
6	8.00	7.60	7.80	7.50	7.90	8.00		
7	9.00	9.20	8.50	8.70	8.90	9.10		
8	9.60	9.50	9.40	8.90	8.80	9.50		
9	9.20	9.00	8.70	8.30	9.00	9.10		
10	8.80	8.60	8.90	8.80	9.00	8.40		

【本章小结】

1. 了解 Word 窗口的组成，启动和退出。

2. 了解 Word 文档的创建、打开、保存、保护、打印、多文档的编辑。

3. 掌握 Word 文档的查找与替换。

4. 掌握 Word 文档的页面、页眉/页脚的设置方法。

5. 掌握 Word 文档中图形对象的插入和编辑。

6. 掌握 Word 文档中图形对象的插入和编辑。

7. 掌握 Word 表格的制作方法。

8. 掌握 Word 表格的编辑和修饰。

【综合实训】

对下面短文完成如下五项要求：

黄河将进行第7次调水调沙

新华网济南 6 月 17 日电　黄河本年度调水调沙将于 6 月 19 日进行，这将是自 2002 年以来黄河进行的第 7 次调水调沙。据山东省黄河河务部门介绍，本次调水调沙历时约 12 天，比去年延长 2 天。花园口站及以下各主要控制站最大流量约每秒 3900 立方米。此次调水调沙流量大、持续时间长、水流冲刷力强，对黄河防洪工程和滩区安

全都是一次考验。

　　山东调水调沙就是通过水库进行人为控制，以水沙相协调的关系，对下游河道进行冲刷，最终减少下游河道淤积。自2002年开始的调水调沙，使黄河下游过流能力由不足每秒2000立方米提高到每秒3500立方米以上。

黄河历次调水调沙泥沙入海量统计：

年份	泥沙入海量（万吨）
2002	6640
2003	13680
2004	7061
2005	13000
2006	5800
2007	3400

　　（1）将标题段（"黄河将进行第7次调水调沙"）文字设置为小二号蓝色黑体，并添加红色双波浪线。

　　（2）将正文各段落（"新华网济南……3500立方米以上。"）文字设置为五号宋体，行距设置为18磅；设置正文第一段（"新华网济南……第7次调水调沙。"）首字下沉2行（距正文0.2厘米），其余各段落首行缩进2字符。

　　（3）在页面底端（页脚）居中位置插入页码，并设置起始页码为"Ⅲ"。

　　（4）将文中后7行文字转换为一个7行2列的表格；设置表格居中，表格列宽为4厘米，行高0.6厘米，表格中所有文字水平居中。

　　（5）设置表格所有框线为1磅蓝色单实线；在表格最后添加一行，并在"年份"列键入"总计"，在"泥沙入海量（万吨）"列计算各年份的泥沙入海量总和。

【考证习题】

1. 打开考生文件夹中的Word 2010文档WT19.DOCX，按下列要求完成操作，并将结果保存为WD19.DOCX。

WT19.DOCX文档开始

　　体操动作复杂多变，完成时要求技巧、协调及高度的速率，另外为了保存优美的体形和动作的灵巧性，运动员的体重必须控制在一定范围内。因此体操运动员的饮食要精，脂肪不宜过多，体积小，发热量高，维生素B1、维生素C、磷、钙和蛋白质供给要充足。

　　马拉松属于有氧耐力运动，对循环、呼吸机能要求较高，所以要保证蛋白质、维生素和无机盐的摄入，尤其是铁的充分供应，如多吃些蛋黄、动物肝脏、绿叶菜等。

WT19. DOCX 文档结束

要求：

（1）字体设置为五号黑体、加粗、字间距加宽 2 磅，行距 18 磅

（2）将全文各段加项目符号 ●

2. 打开考生文件夹中的 Word 2010 文档 WT20. DOCX

按要求完成操作，并将结果保存为 WD20. DOCX。

WT20. DOCX 文档开始

名称	数量	单价（元）	合 计（元）
微机	80	5600	
服务器	2	27000	
交换机	3	5000	
终端桌	60	310	
工作椅	60	45	

WT20. DOCX 文档结束

要求：

（1）制作 6 行 4 列表格，列宽 2.5 厘米，行高 1 厘米，插入文件 WT20. DOCX 的内容。

（2）计算"合计"项，合计 = 数量 × 单价。

（3）设置表格边框为 0.5 磅、蓝色、单实线、底纹为黄色。

第四章

表格处理 Excel 2010

　　Excel 2010 是微软公司推出的办公软件 OFFICE 中的一个组件，它是目前最受欢迎的电子表格制作软件，可完成数据输入、统计、分析等多项工作，可生成精美直观的表格、图表，大大提高了工作效率，使用 Excel 可以对大量数据进行计算分析，为相关政策、决策、计划的制定，提供有效的参考。本章我们将学习 Excel 2010 的基础知识、基本操作，以及在现实生活中的应用等。

模块一：Excel 2010 电子表格的基本操作

【技能目标】

1. 会使用正确的地址标识单元格或单元格区域。

2. 能够在工作表中输入各种类型的数据，如文本、数字、日期和时间等。

3. 会利用自动填充输入数据，提高数据输入效率。

4. 能够对单元格内容进行移动、复制、查找、替换和清除等操作。

5. 能够对工作表进行插入、复制、重命名等操作。

【知识目标】

1. 掌握启动与退出 Excel 2010 的方法，熟悉 Excel 2010 工作界面。

2. 了解工作簿、工作表和单元格的概念。

3. 掌握工作簿文档的新建、保存、关闭与打开方法。

4. 了解 Excel 中数据的类型，如数值型、文本型、日期型等。

5. 掌握选择单元格以及编辑单元格数据的各种方法。

【重点难点】

1. 不同数据类型数据的输入，使用自动填充输入数据。

2. 为工作表中的单元格区域设置输入限制条件。

任务1 认识 Excel 2010

操作1 启动和退出 Excel 2010

作为 2010 初学者，用户首先应该学会启动与退出 Excel 2010 的方法。

一、启动 Excel 2010

常用的 Excel 2010 的启动方法有以下几种：

1. "开始"菜单

使用"开始"菜单启动 Excel 2010 的具体步骤如下：

（1）单击"开始"按钮，然后在弹出的"开始"菜单中选择"所有程序"菜单项（见图4.1）。

（2）在弹出的快捷菜单中选择"Microsoft Office 2010"下的"Microsoft Excel 2010"菜单项（见图4.2）。

（3）此时即可启动 Excel 2010。

图 4.1   图 4.2

2. 用桌面快捷图标

创建并使用桌面快捷图标启动 Excel 2010 的具体步骤如下：

（1）单击"开始"按钮，在"所有程序"下"Microsoft Office 2010"下的"Microsoft Excel 2010"菜单项上单击鼠标右键，在弹出的快捷菜单中选择"发送到"下的"桌面快捷方式"菜单项（见图4.3）。

（2）此时，桌面上创建了一个"Microsoft Excel 2010"的快捷图标，双击该图标，即可启动 Excel 2010（见图4.4）。

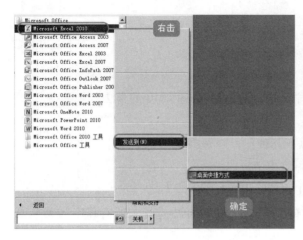

图 4.3   图 4.4

3. 使用鼠标右键

使用鼠标右键打开工作表的具体步骤如下：

（1）在工作表上单击鼠标右键，在弹出的快捷菜单中选择"打开"菜单项，系统在打开该文件的同时，启动 Excel 2010（见图 4.5）。

（2）此时，在桌面上创建了一个 Excel 文件"新建 Microsoft Excel 工作表.xlsx"。

图 4.5

二、退出 Excel 2010

退出 Excel 2010 程序的方法也有很多种，用户可以根据实际情况选择合适的退出方法。

1. 使用"关闭"按钮

使用"关闭"按钮 ☒ 关闭 Excel 2010 程序是最常用的一种关闭方法。直接单击电子表格窗口标题栏右侧的"关闭"按钮即可（见图 4.6）。

图4.6

2. 使用快捷菜单

在标题栏空白处单击鼠标右键，然后在弹出的快捷菜单中选择"关闭"菜单项即可关闭 Excel 2010 程序（见图4.7）。

图4.7

3. 使用"文件"选项卡

单击菜单栏中"文件"选项卡，然后在弹出的下拉菜单中选择"退出"菜单即可退出 Excel 2010（见图4.8）。

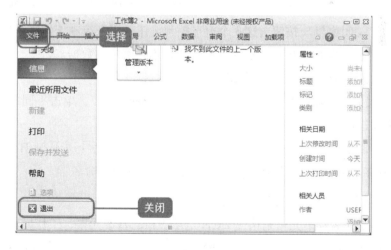

图4.8

操作2 认识 EXCEL 2010 工作界面

◇ 快速访问工具栏：用户使用频率较高的工具，如"保存"、"撤销"、"恢复"。单击"快速访问工具栏"右侧的倒三角按钮，可展开该列表中的包括显示和隐藏的工

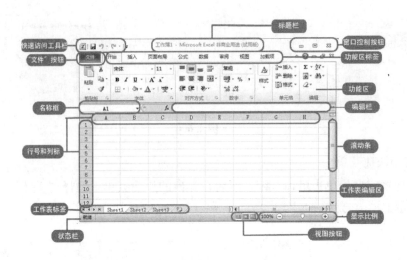

图 4.9

具按钮。

◇ 功能区：主要由选项卡、级和命令按钮等组成。

通常情况下，Excel 2010 工作界面中显示"开始"、"插入"、"页面布局"、"公式"、"数据"、"审阅"以及"视图"等 7 个选项卡。用户可以切换到相应的选项卡中，然后单击相应组中的命令按钮完成所需要的操作。

功能区的右上角还包含"功能区最小化"按钮 、"Microsoft Excel 帮助"按钮 和 3 个"窗口控制按钮" ，即"窗口最小化"按钮、"还原窗口"按钮和"关闭窗口"按钮，这 3 个窗口控制按钮是用来控制工作区窗口的。

◇ 编辑栏：主要用于显示、输入和修改活动单元格中的数据。

◇ 工作表编辑区：用于显示或编辑工作表的数据。

◇ 工作表标签：默认名称为 Sheet1、Sheet2、Sheet3……，单击不同的工作表标签可在工作表间进行切换。

◇ 行号和列标：分别位于编辑区的左侧和上侧，行号用阿拉伯数字"1、2、3、……"命名，列标用 26 个英文字母以及英文字母的组合命名。

操作 3　认识工作簿、工作表和单元格

工作簿、工作表和单元格是构成 Excel 电子表格的基本元素，工作簿就像是我们日常生活中的账本，而账本中的每一页账表就是工作表，账表中的一格就是单元格。

◇ 工作簿：是用来保存表格数据的文件，新建工作簿在默认情况下命名为"工作簿 1"在标题栏文件名处显示，之后新建的工作簿将以"工作簿 2"、"工作簿 3"依次命名，扩展名是 . xlsx（见图 4.10）。

◇ 工作表：工作簿的组成单位，每张工作表以工作表标签的形式显示在工作表编

图 4.10

辑区底部。默认情况下，一个工作簿包含 3 个工作表，分别以"Sheet1"、"Sheet2"、"Sheet3"命名，用户可根据需要添加或删除工作表（如图 4.11）。

图 4.11

◇ 单元格：工作簿的最小组成单位，所有的数据都存储在单元格中。工作表编辑区中每一个长方形的小格就是一个单元格，每一个单元格都可用其所在的行号和列标标识，即"列标＋行号"，如第 A 列第 1 行的单元格的名称记做"A1"（见图 4.12）。

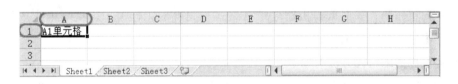

图 4.12

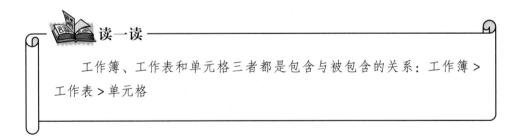

读一读

工作簿、工作表和单元格三者都是包含与被包含的关系：工作簿 >
工作表 > 单元格

知识回顾

1. Excel 2010 生成的文件扩展名是（   ）。

A．.xls　　　　　B．.xlsx　　　　　C．.doc　　　　　D．.ppt

2. 第 C 列第 5 行的单元格名称是（   ）。

A．5C　　　　　B．C5　　　　　C．5＋C　　　　　D．C＋5

3. 默认情况下，一个工作簿包含（　　）个工作表。

A. 1个　　　　　　B. 2个　　　　　　C. 3个　　　　　　D. 4个

4. 现想为某公司财务建立工资表，并对工资进行分析、计算和统计，你会选择办公软件 Office 中的（　　）组件。

A. word　　　　　B. excel　　　　　C. ppt　　　　　　D. access

5. 选中某个单元格后，利用（　　）可以显示、修改或输入单元格中的数据。

A. 编辑栏　　　　B. 名称框　　　　C. 任务窗格　　　　D. 状态栏

实操任务

1. 请启动 Excel 2010，并将此文件保存在本地磁盘 E 中，取名"练习1"，关闭退出 Excel 2010。

2. 打开"练习1"，并在"sheet1"工作表中找到"B2"单元格，试着输入数字"123"，保存并退出。

任务2　工作簿与工作表的基本操作

操作1　新建工作簿

在使用 Excel 2010 制作电子表格前，首先要新建一个工作簿。启动 Excel 2010 后，系统会自动新建一个名为"工作簿1"的空白工作簿以供使用，也可以根据需要新建其他类型的工作簿，如根据模板新建带有格式和内容的工作簿，以提高工作效率。在后面的学习中我们将分别介绍。

新建工作簿的常用方法有以下几种：

1. 通常情况下，每次启动 Excel 2010 后，系统会默认新建一个名称为"工作簿1"的空白工作簿，其默认扩展名为".xlsx"。

2. 单击"文件"选项卡，在弹出的下拉菜单中选择"新建"菜单项，在"可用模板"列表框中选择"空白工作簿"选项，然后单击"创建"按钮，也可以新建一个空白工作簿（如图4.13）。

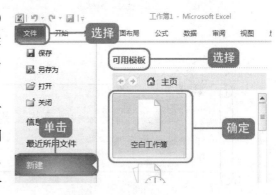

图 4.13

3. 使用"快速访问工具栏"

使用"快速访问工具栏"新建工作簿的具体步骤如下：

（1）单击"自定义快速访问工具栏"按钮，在弹出的下拉菜单中选择"新建"菜单项（如图4.14）。

（2）此时，在"快速访问工具栏"中增加了一个"新建"按钮，单击"新建"按钮，即可新建一个空白工作簿（如图4.15）。

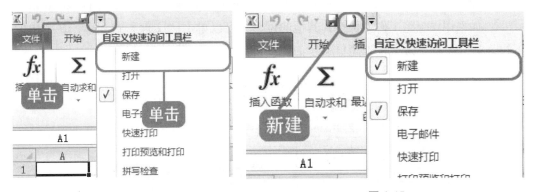

图4.14　　　　　　　　　　　　　　　图4.15

4. "Ctrl＋N"组合键可快速新建空白工作簿。

操作2　保存工作簿

对工作簿进行编辑后，为方便日后查阅，需要将其保存在计算机中。

一、保存新建的工作簿

保存新建的工作簿有以下几种方法：

1. 单击"快速访问工具栏"上的"保存"按钮（如图4.16）。

图4.16

2. 按"Ctrl＋S"组合键。

3. 单击"文件"选项卡，在打开的界面中选择"保存"（如图4.17）。

图4.17

计 算 机 应 用

二、保存已有的工作簿

1. 如果用户想将工作簿保存在原来的位置，直接单击"快速访问工具栏"中的"保存"按钮即可。

2. 如果用户想将工作簿保存到其他的位置，可以单击"文件"选项卡，在弹出的下拉菜单中选择"另存为"菜单项（如图4.18）。

图4.18

3. 弹出"另存为"对话框，从中设置工作簿的保存位置和保存名称。

4. 设置完毕，单击"保存"按钮即可。

三、自动保存

1. 单击"文件"选项卡，在弹出的下拉菜单中选择"选项"菜单项，打开"Excel 选项"对话框（如图4.19）。

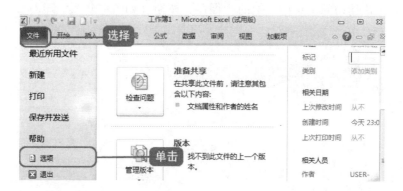

图4.19

2. 在右侧列表的"保存工作簿"组合框中设置"将文件保存为此格式"下拉列表中选择"Excel 工作簿（.xlsx）"选项，然后选中"保存自动恢复信息时间间隔"复选框，并在其右侧的微调框中设置每次进行自动保存的时间间隔，如"10 分钟"（如图4.20）。

3. 设置完毕，单击"确定"按钮。

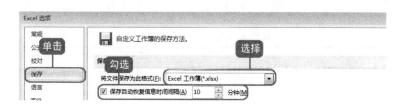

图 4. 20

操作3 打开和关闭工作簿

若要对计算机中已有的工作簿进行修改或编辑，必须先将其打开，然后才能进行其他操作，操作完成后也需要将工作簿保存并关闭。下面打开保存在 D 盘的"高新技术有限公司会议签到表"文档，然后关闭该工作簿。

1. 启动 Excel 2010，在"文件"选项卡中选择"打开"菜单命令（如图 4. 21）。

图 4. 21

2. 在"打开"对话框里的"查找范围"下拉列表中选择"本地磁盘（D:）"（如图 4. 22）。

图 4. 22

3. 在中间的列表框中双击并打开"高新技术有限公司会议签到表"文件（如图 4. 23）。

4. 执行以下任意一种操作，都可以关闭打开的工作簿。

（1）单击工作簿窗口右上角的"关闭窗口"按钮。

	A	B	C	D	E	F	G	H
1	高新技术有限责任公司会议签到表							
2	序号	姓名	性别	民族	单位	办公电话	移动电话	备注
3	1							
4	2							
5	3							
6	4							
7	5							
8	6							
9	7							
10	8							
11	9							
12	10							

图 4.23

（2）在"文件"选项卡中选择"关闭"菜单项（如图 4.24）。

（3）按"Alt + F4"组合键。

图 4.24

 **读一读**

　　在关闭未保存的工作簿时，系统将弹出"是否进行保存"提示对话框，如果要保存可单击"是"按钮，不保存单击"否"按钮，不关闭工作簿单击"取消"按钮。

操作 4　选择、新建与重命名工作表

一、选择工作表

　　要对工作表进行编辑工作，必须先选择它，然后再进行相应操作，常用选择方法如下：

1. 选择单张工作表：打开包含该工作表的工作簿，然后单击要进行操作的工作表标签即可。

2. 选取相邻的多张工作表：单击要选择的第一张工作表标签，然后按"Shift"键并单击最后一张要选择的工作表标签，选中的工作表标签都变为白色（如图4.25）。

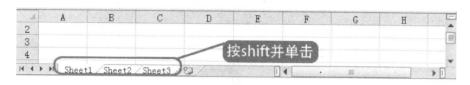

图4.25

3. 选取不相邻的多张工作表：要选取不相邻的多张工作表，只需先单击要选择的第一张工作表标签，然后按住"Ctrl"键再单击所需的工作表标签即可（如图4.26）。

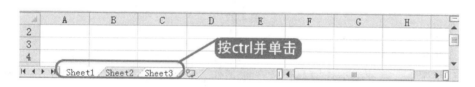

图4.26

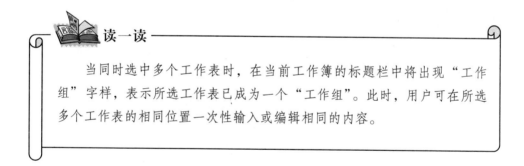

读一读

当同时选中多个工作表时，在当前工作簿的标题栏中将出现"工作组"字样，表示所选工作表已成为一个"工作组"。此时，用户可在所选多个工作表的相同位置一次性输入或编辑相同的内容。

4. 选择全部工作表：在任意一张工作表的标签上单击鼠标右键，在弹出的快捷菜单中选择"选定全部工作表"选项即可（如图4.27）。

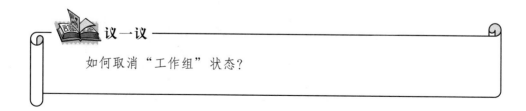

议一议

如何取消"工作组"状态？

图 4.27

二、新建工作表

默认情况下，新建的工作簿只包含 3 张工作表，可根据实际需要在工作簿中插入工作表，常用的方法有以下几种：

1. 利用按钮：要在现有工作表的末尾插入工作表，可直接单击工作表标签右侧的"插入工作表"按钮（如图 4.28）。

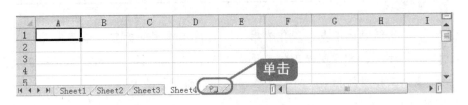

图 4.28

2. 利用"插入"列表：单击要在其左侧插入工作表的工作表标签，然后单击"开始"选项卡上"单元格"组中"插入"按钮右侧的小三角按钮，在展开的列表中选择"插入工作表"选项，即可在所选工作表的左侧插入一个新的工作表（如图 4.29）。

图 4.29

三、重命名工作表

默认情况下，工作表名称是以"Sheet1"、"Sheet2"、"Sheet3"……的方式显示的，为方便管理、记忆和查找，我们可以为工作表另起一个能反映其内容的名字。

要重命名工作表，可用鼠标双击要命名的工作表标签，或在工作表标签上右单击，在弹出的快捷菜单中选择"重命名"选项，此时该工作表标签呈高亮显示，处于可编辑状态，输入工作表名称，然后单击除该标签以外工作表的任意处或按"Enter"键即可重命名工作表（如图4.30）。

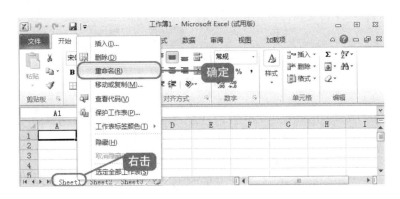

图4.30

操作5　复制、移动、删除工作表

一、复制与移动工作表

在 Excel 中，可以将工作表移动或复制到同一工作簿的其他位置或其他工作簿中。

1. 同一工作簿中移动和复制工作表

在同一个工作簿中，直接拖动工作表标签至所需位置即可实现工作表的移动；若在拖动工作表标签的过程中按住"Ctrl"键，则表示复制工作表。

2. 不同工作簿间的移动和复制工作表

要在不同工作簿间移动或复制工作表，可执行以下操作。

（1）打开要进行移动或复制的源工作簿和目标工作簿，单击要进行移动或复制操作的工作表标签，然后单击"开始"选项卡"单元格"组中"格式"按钮，在展开的列表中选择"移动或复制工作表"项，打开"移动或复制工作表"对话框（如图4.31）。

图 4.31

（2）在"将选定工作表移至工作簿"下拉列表中选择目标工作簿；在"下列选定工作表之前"列表中选择要将工作表复制或移动到目标工作簿的位置；若要复制工作表，需选中"建立副本"复选框。最后单击"确定"按钮，即可实现不同工作簿间工作表的移动或复制（如图 4.32）。

二、删除工作表

单击要删除的工作表标签，单击"开始"选项卡"单元格"组中的"删除"按钮，在展开的列表中选择"删除工作表"，（如图 4.33）或右击要删除的工作表标签，在弹出的快捷菜单中选择"删除"项，然后在打开的提示对话框中单击"删除"按钮（如图 4.34）。

图 4.32

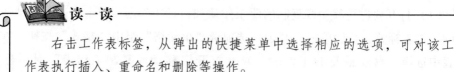

读一读

右击工作表标签，从弹出的快捷菜单中选择相应的选项，可对该工作表执行插入、重命名和删除等操作。

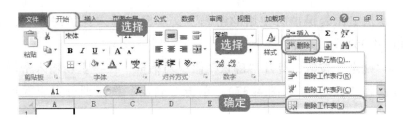

图 4.33

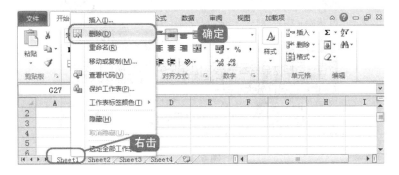

图 4.34

操作6 保护、隐藏和显示工作表

一、保护工作表

1. 在"Sheet1"工作表标签上单击鼠标右键，在弹出的快捷菜单中选择"保护工作表"菜单项，打开"保护工作表"对话框（如图 4.35）。

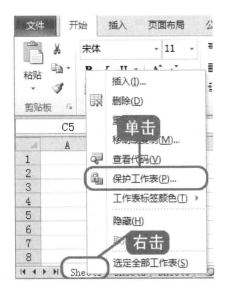

图 4.35

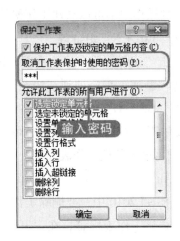

图 4.36

2. 在"取消工作表保护时使用的密码"文本框中输入保护时密码，这里输入"123"（如图 4.36）。

3. 单击"确定"按钮，打开"确认密码"对话框，在"重新输入密码"文本框中输入设置密码"123"（如图 4.37），单击"确定"按钮即可完成保护工作表的设置。

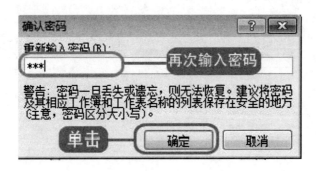

图 4.37

二、保护工作簿

1. 在"审阅"选项卡的"更改"分组中点击"保护工作簿"。

2. 在弹出的"保护结构和窗口"对话框中输入密码，然后单击"确定"。

三、隐藏和显示工作表

1. 选择要隐藏的工作表标签"Sheet1"，单击鼠标右键，点击"隐藏"按钮。

2. 选择任意工作表标签，单击鼠标右键，点击"取消隐藏"按钮，则恢复显示出被隐藏的工作表。

知识回顾

1. 下列操作中不可以新建工作簿的是（　　）。

A. 按"Ctrl + N"组合键

B. 单击"文件"选项卡，在打开的界面中选择"新建"项

C. 将"新建"项添加到"快速访问工具栏"中，然后单击该按钮

D. 按"Ctrl + O"组合键

2. 要将不相邻的工作表成组，可以先单击第一个要成组的工作表标签，然后按住（　　）键再单击其他工作表标签。

A. "Alt"　　　　B. "Shift"　　　　C. "Ctrl"　　　　D. "Enter"

3. 在 Excel 2010 中，要删除工作表，应（　　）。

A. 单击该工作表标签，在"开始"选项卡"单元格"组中的"删除"列表中选择"删除工作表"项

B. 单击该工作表标签，在"编辑"组中的"清除"列表中选择"全部清除"项

C. 单击该工作表标签，在"单元格"组中的"删除"列表中选择"删除工作表"项

D. 右击该工作表标签，在弹出的快捷菜单中选择"删除"项

实操任务

1. 新建一个空白工作簿，在此工作簿中新建工作表"sheet4"，并将工作表"sheet4"移动到"sheet1"左侧。

2. 将工作表"sheet4"重命名为"1月份"，并依次将"sheet1"、"sheet2"、"sheet3"重命名为"2月份"、"3月份"和"4月份"。

3. 关闭"工作簿1"，并将其以文件名"2014年员工工资表"保存在"我的电脑"的"本地磁盘E"中。

4. 打开"我的电脑"的"本地磁盘E"中的"2014年员工工资表"，复制"1月份"到"4月份"右侧，并将其重命名为"5月份"。

5. 将此工作簿另存到"本地磁盘F"中，关闭工作簿。

任务3　数据的输入与编辑

了解了 Excel 2010 的基础知识后，下面介绍在表格中输入各种数据的方法及单元格的简单编辑。

操作1　数据的输入

【课堂案例】

利用 Excel 2010 制作公司人员基本情况统计表（如图 4.38）。通过练习掌握在表格中输入数据的方法，如文本、数字、日期和特殊数字的输入。

编号	姓名	性别	年龄	身份证号	籍贯	参加工作时间	部门
				公司人员基本情况统计表			
1	李春燕	女	26	130602198805271211	河北	2012年8月	客服
2	王翔	男	29	130602198509121010	河北	2007年11月	客服
3	黄靖	男	34	140201198010010522	山西	2007年11月	人事
4	马永泰	男	30	430101198407211342	湖南	2008年2月	销售
5	周玉明	男	29	440105198506099202	广东	2008年2月	客服
6	郭欣敏	女	26	370101198805232559	山东	2012年8月	人事
7	刘晓燕	女	27	370101198711051237	山东	2012年10月	销售
8	丁一夫	男	31	430101198303185734	湖南	2007年11月	销售
9	马红丽	女	32	370101198201242213	山东	2007年11月	销售
10	李晓梅	女	27	130602198705196231	河北	2007年11月	销售

图 4.38

205

【案例操作】

一、输入文本数据

1. 启动 Excel 2010，系统将自动新建工作簿，并命名为"工作簿1"。

2. 单击 A1 单元格，输入表格标题"公司人员基本情况统计表"，按"Enter"键确认输入内容（如图4.39）。

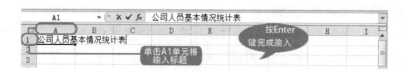

图4.39

3. 在 A2 至 H2 单元格中分别输入各列标题，然后依次在各列标题的下方单元格中输入相应的文本数据（如图4.40）。

	A	B	C	D	E	F	G	H
1	公司人员基本情况统计表							
2	编号	姓名	性别	年龄	身份证号	籍贯	参加工作时间	部门
3		李春燕	女			河北		客服
4		王翔	男			河北		客服
5		黄靖	男			山西		人事
6		马永泰	男			湖南		销售
7		周玉明	男			广东		客服
8		郭欣敏	女			山东		人事
9		刘晓燕	女			山东		销售
10		丁一夫	男			湖南		销售
11		马红丽	女			山东		销售
12		李晓梅	女			河北		销售

图4.40

二、输入数字数据

1. 选择 D3 单元格，将文本插入点定位在数据输入框中，输入数字"26"（图4.41）。

	A	B	C	D	E	F	G	H
1	公司人员基本情况统计表							
2	编号	姓名	性别	年龄	身份证号	籍贯	参加工作时间	部门
3		李春燕	女	26		河北		客服
4		王翔	男			河北		客服
5		黄靖	男			山西		人事
6		马永泰	男			湖南		销售
7		周玉明	男			广东		客服
8		郭欣敏	女			山东		人事
9		刘晓燕	女			山东		销售
10		丁一夫	男			湖南		销售
11		马红丽	女			山东		销售
12		李晓梅	女			河北		销售

图4.41

2. 按"Enter"键确认输入内容，利用相同的方法在表格中输入其他数字数据（如

图 4.42)。

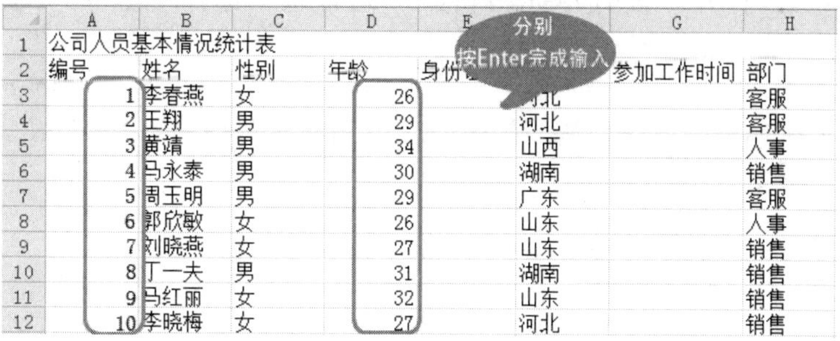

图 4.42

三、输入特殊数字数据

有的时候数字具备大小含义，比如工资 3000 与工资 2000，这时的数字具备大小含义，是数值型数据，如工资 3000 > 2000。有的时候数字不具备大小含义，只是一串编号，比如两个人的身份证号没有大小之分，只起到区分作用，类似的还有学号、商品编号等，这时就需要将数字设置成文本类型；当数字代表日期时，就需要将数字设置成日期类型。具体操作如下。

读一读

输入的文本型数据会沿单元格左侧对齐；输入的数值型数据自动沿单元格右侧对齐。Excel 是将日期和时间视为数字处理的，它能够识别出大部分用普通表示方法输入的日期和时间格式。

1. 将鼠标移动到 E 列上方，当鼠标为"  "形状时，单击鼠标选中"身份证号"所在的列（如图 4.43 ）。

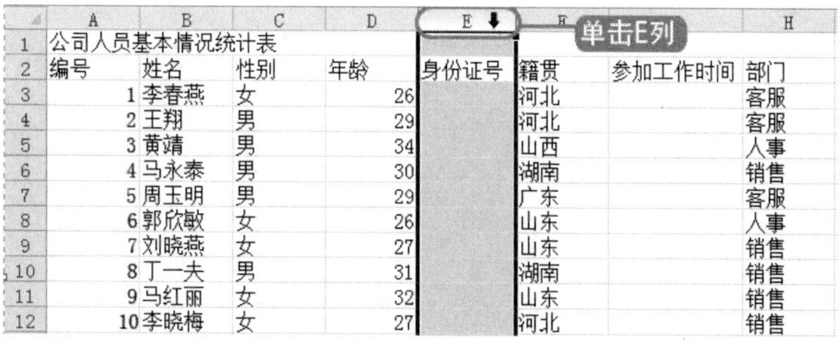

图 4.43

2. 在所选择区域单击鼠标右键，在弹出的下拉菜单中选择"设置单元格格式"选项（如图 4.44），打开"设置单元格格式"对话框，选择"数字"选项卡（如图 4.45）。

图 4.44

3. 在"分类"列表框中选择"文本"选项（如图 4.46）。

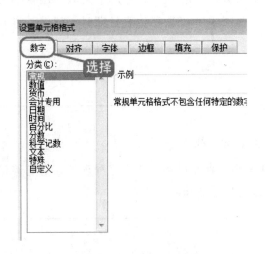

图 4.45

图 4.46

4. 单击"确定"按钮，返回工作表，在其中输入员工身份证号即可（如图 4.47）。

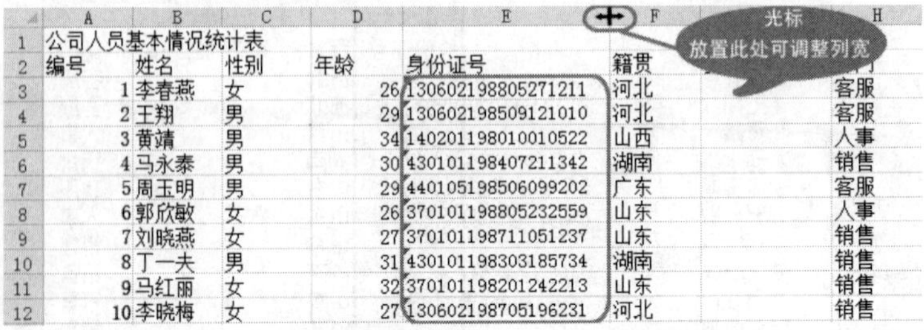

图 4.47

5. 选择"参加工作时间"所在 G 列，单击鼠标右键，在"单元格"功能组中单击"格式"按钮，在弹出的下拉菜单中选择"设置单元格格式"对话框，选择"数字"选项卡。

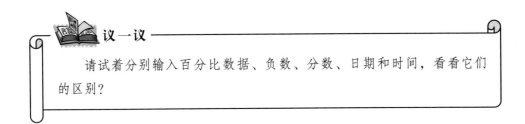

议一议

请试着分别输入百分比数据、负数、分数、日期和时间，看看它们的区别？

6. 在"分类"列表框中选择"日期"选项，在右侧的"类型"列表框中选择一种日期类型，这里选择"2001 年 3 月"（如图 4.48）。

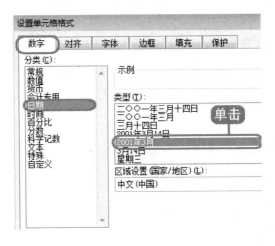

图 4.48

7. 单击"确定"按钮，返回 Excel 电子表格，输入"2012 – 8"，单元格中即显示为"2012 年 8 月"样式，用相同的方法依次输入其他日期（如图 4.49）。

图 4.49

8. 按"文件"选项卡，在打开的界面中选择"保存"，将文件保存为"公司人员基本情况统计表"文件（如图 4.50）。

图 4.50

四、自动填充

在 Excel 2010 中输入数据时，有时需要输入一些相同或有规律的数据，如性别、编号等，这时就可使用 Excel 2010 中提供的自动填充功能，以提高工作效率。

1. 通过填充柄填充数据

（1）首先在 C4 单元格中输入"男"，确认输入后将光标移至 C4 单元格边框右下角，当光标变成"╋"形状时，按住鼠标左键不放，并拖动至 C7 单元格，释放鼠标即可在所选单元格区域中填充相同的数据（如图 4.51）。

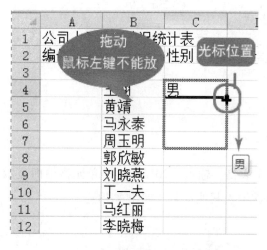

图 4.51   **图 4.52**

（2）分别在 A3、A4 两个单元格中输入"1""2"，然后按下"Shift"键，选择这两个单元格，将光标移至第二个单元格边框右下角，当光标变为"╋"形状时，向下拖动即可填充有规律的数据（如图 4.52）。

（3）首先在 A3 单元格输入"1"，确认输入后将光标移至 A3 单元格边框右下角（如图 4.53），当光标变成"╋"形状时，按住鼠标左键不放，并拖动至 A12 单元格，释放鼠标后在填充区域的右下角会出现一个"自动填充选项"按钮，单击该按钮，可在展开的列表中选择其他填充方式，这里选择"填充序列"（如图4.54）。

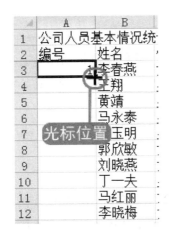
图 4.53

图 4.54

2. 通过"序列"对话框填充数据

这种方法一般用于快速填充等差、等比和日期等特殊的数据。

单击 A3 单元格，输入数据"1"并选中该单元格，在"开始"选项卡"编辑"选项组中，单击"填充"按钮（如图4.55），选择"系列"选项，打开"序列"对话框，选中"列"和"等差序列"单选项，在"步长值"里输入"1"，"终止值"输入"10"（如图4.56），单击"确定"按钮，即可在表格中填充等差序列的数据。

图 4.55

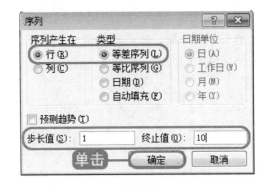
图 4.56

 **读一读**

使用"序列"对话框进行填充时，可只选择起始单元格，此时必须在"序列"对话框中设置终止值，否则将无法生成填充序列。

操作2　复制、移动、插入和删除单元格

一、复制或移动单元格内容

1. 使用快捷键

（1）继续在"公司人员基本情况统计表"工作簿中进行操作。选中要复制或移动的单元格或单元格区域，然后按"Ctrl + C"（或"Ctrl + X"）组合键，将所选单元格中的数据复制（或剪切）到剪贴板中。

（2）选中目标单元格，按快捷键"Ctrl + V"，即可复制（或移动）单元格内容到指定区域。

2. 使用鼠标拖动

（1）继续在打开的工作簿中操作。选中要移动的单元格或单元格区域，然后将鼠标指针移至单元格区域边缘，此时鼠标指针变成十字箭头形状，按下鼠标左键，此时鼠标指针呈 形状（如图4.57）。

公司人员基本情况统计表

编号	姓名	性别	年龄	身份证号	籍贯	参加工作时间	部门
1	李春燕	女	26	130602198805271211	河北	2012年8月	客服
2	王翔	男	29	130602198509121010	河北	2007年11月	客服
3	黄靖	男	34	140201198010010522	山西	2007年11月	人事
4	马永泰	男	30	430101198407211342	湖南	2008年2月	销售
5	周玉明	男	29	440105198506099202	广东	2008年2月	客服
6	郭欣敏	女	26	370101198805232559	山东	2012年8月	人事
7	刘晓燕	女	27	370101198711051237	山东	2012年10月	销售
8	丁一夫	男	31	430101198303185734	湖南	2007年11月	销售
9	马红丽	女	32	370101198201242213	山东	2007年11月	销售
10	李晓梅	女	27	130602198705196231	河北	2007年11月	销售

图4.57

（2）按住鼠标左键，拖动鼠标指针到目标位置后，释放鼠标左键，即可移动单元格或单元格区域中的内容（如图4.58）。

公司人员基本情况统计表

编号	姓名	性别	年龄	身份证号	籍贯	参加工作时间	部门
2	王翔	男	29	130602198509121010	河北	2007年11月	客服
3	黄靖	男	34	140201198010010522	山西	2007年11月	人事
4	马永泰	男	30	430101198407211342	湖南	2008年2月	销售
5	周玉明	男	29	440105198506099202	广东	2008年2月	客服
6	郭欣敏	女	26	370101198805232559	山东	2012年8月	人事
7	刘晓燕	女	27	370101198711051237	山东	2012年10月	销售
8	丁一夫	男	31	430101198303185734	湖南	2007年11月	销售
9	马红丽	女	32	370101198201242213	山东	2007年11月	销售
10	李晓梅	女	27	130602198705196231	河北	2007年11月	销售
1	李春燕	女	26	130602198805271211	河北	2012年8月	客服

左键拖动

图4.58

（3）如果在拖动鼠标的同时按下"Ctrl"键，鼠标指针会变为 形状，将鼠标指针拖动到目标位置并释放鼠标后，可复制单元格或单元格区域中的内容（如图4.59）。

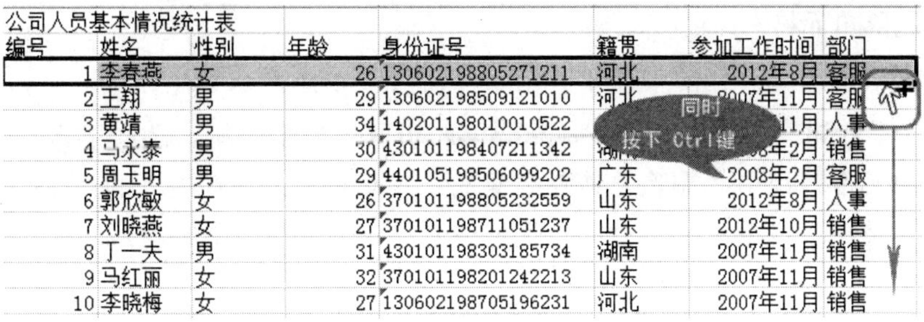

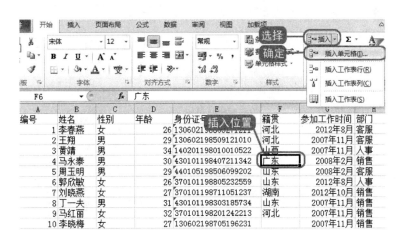

图 4.59

二、插入单元格

有时需要在指定位置添加内容，就需要插入单元格。

1. 继续在"公司人员基本情况统计表"工作簿中操作。比如说员工"马永泰"的
"籍贯"信息漏掉了，现要将其补进去，选择要插入单元格的位置，然后使用"开始"
选项卡上"单元格"组"插入"列表中的"插入单元格"项（如图4.60）。

图 4.60

2. 在打开的"插入"对话框中选择原单元格的移动方向，例如选择"活动单元格
下移"单选项，单击"确定"按钮后，即可插入单元格（如图4.61）。

图 4.61

三、删除单元格

1. 继续在打开的工作簿中操作。比如"籍贯"信息录入错了，多一个，经核对发现多了一个"河北"，那么选中要删除的单元格或单元格区域，然后单击"开始"选项卡上"单元格"组中"删除"按钮右侧的小三角按钮，再在展开的列表中选择"删除单元格"选项（如图4.62）。

议一议

插入或删除单元格时，插入或删除的单元格会使左侧、右侧、上方及下方的单元格如何变化？怎样插入、删除行或列？

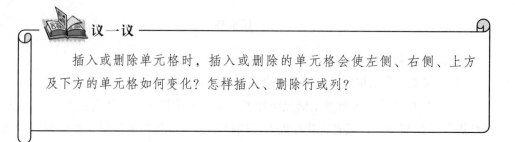

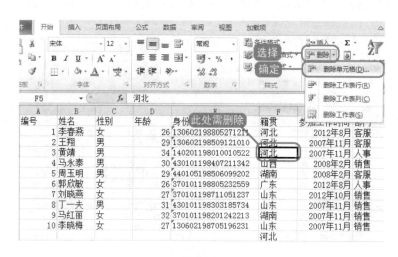

图4.62

2. 在打开的"删除"对话框中可选择由哪个方向的单元格补充空出来的位置，例如选择"下方单元格上移"单选项，单击"确定"按钮。（如图4.63）

图4.63

知识回顾

1. 数据学号"0605001—0605030",属于（　　）类型的数据？

A. 数值型　　　　　　B. 文本型　　　　　　C. 日期型　　　　　　D. 货币型

2. 下面数据哪一个不是文本型的？（　　）

A. 身份证号"152123196602100024"　　B. 数学成绩"78"

C. 姓名"王红"　　　　　　　　　　　　D. 商品编号"20141806001"

3. 复制单元格内容，可依次使用（　　）快捷键。

A. "Ctrl + C" → "Ctrl + X"　　　　　　B. "Ctrl + X" → "Ctrl + V"

C. "Ctrl + C" → "Ctrl + V"　　　　　　D. "Ctrl + V" → "Ctrl + C"

4. 使用鼠标拖动的方法进行单元格内容复制时，需结合按下（　　）键，鼠标指针会变为　形状。

A. Ctrl 键　　　　　　B. Shift 键　　　　　　C. Alt 键　　　　　　D. Enter 键

5. 在 Excel 中，要删除工作表，应（　　）。

A. 单击该工作表标签，在"编辑"组中的"清除"列表中选择"全部清除"项

B. 单击该工作表标签，在"开始"选项卡"单元格"组中的"删除"列表中选择"删除工作表"项

C. 单击该工作表标签，在"单元格"组中的"删除"列表中选择"删除工作表行"项

D. 右击该工作表标签，在弹出的快捷菜单中选择"删除"项

实操任务

新建"职员登记表"工作簿，保存在"本地磁盘 D"中，并完成以下操作：

1. 在"Sheet 1"中录入样表中的数据。

	A	B	C	D	E	F	G	H
1	员工编号	姓名	部门	性别	年龄	出生日期	籍贯	工龄
2	y01	刘成威	研发部	男	24	1990/1/10	广东	2
3	c24	黄义	测试部	男	23	1991/2/23	山东	1
4	w24	程功	文案部	女	32	1982/3/4	上海	2
5	s21	李先光	市场部	男	22	1992/3/21	广东	2
6	s04	苏晓梅	市场部	男	34	1980/2/13	广东	3
7	y22	黄锦秀	研发部	女	24	1990/1/19	上海	1
8	x12	兰枝	销售部	女	33	1981/3/4	广东	5
9	c13	肖月	测试部	女	35	1979/1/12	山西	6
10	x09	马晓红	销售部	女	22	1992/3/12	上海	1
11	w12	邢佳丽	文案部	女	20	1994/10/3	广东	1
12	s11	王伟	市场部	男	22	1992/9/8	河北	1
13	w10	张红霞	文案部	女	24	1990/1/23	北京	1
14	c08	王小明	测试部	男	31	1983/3/20	四川	3
15	s03	崔利伟	市场部	男	23	1991/2/23	广东	1
16	x17	李晓波	销售部	女	20	1994/4/13	山东	1
17	g05	赵文凤	广告部	女	24	1990/1/10	广东	1
18	w06	刘占军	文案部	男	29	1985/11/21		3

2. 在"员工编号"一列之前插入一列，并输入"序号"及 01→17 的数字；

3. 插入单元格，补充漏掉的"李先光"的籍贯"北京"；

4. 将出生日期这一列数据类型设置成日期型，并显示成"1991 年 1 月 12 日"的样式。

模块二：编辑和美化电子表格

【技能目标】

1. 能够根据需要为单元格内容设置字符格式、对齐方式和数字格式；

2. 能够根据需要为单元格添加边框和底纹，从而美化工作表。

3. 能够使用条件格式标识工作表中的重要数据，以便更好地比较和分析数据。

4. 能够在实践中综合应用以上方法美化工作表，制作出符合应用需要的电子表格。

5. 能够通过对工作表进行拆分和冻结操作，以查看大型工作表中的数据。

6. 能够使用自动套用表格样式美化表格的方法。

【知识目标】

1. 熟练掌握编辑表格数据的方法。

2. 掌握删除和冻结表格方法。

3. 掌握自动套用表格格式的方法。

4. 熟练掌握在电子表格中插入图片和艺术字的方法。

【重点难点】

1. 重点把握设置各种单元格格式。

2. 会使用条件格式突出显示表格中符合条件的数据。

3. 理解并会使用单元格样式及套用表格格式。

任务1　制作某公司员工销售业绩排名表

在单元格中输入数据后，我们可以根据需要对单元格数据的字体、字号和对齐方式等格式进行设置。

操作1　设置单元格格式

【课堂案例】

利用 Excel 2010 制作某公司员工销售业绩排名表（如图 4.64）。通过练习掌握对表格中的数据进行格式设置，从而美化工作表。

【案例操作】

1. 新建工作簿，并将工作簿保存为"员工一季度销售业绩排名表"。

员工一季度销售业绩排名表

制表人：赵杰

工号	姓名	性别	出生日期	工龄	销售区域	销售业绩	目前业绩排名
YG01	刘成威	男	1976/5/21	14	华东区	¥53,782.00	
YG02	黄义	男	1978/8/12	12	华南区	¥37,998.00	
YG03	程功	男	1982/2/10	8	西北区	¥42,126.00	
YG04	李先光	男	1978/11/6	12	西北区	¥57,021.00	
YG05	苏晓梅	女	1981/1/26	8	华东区	¥44,869.00	
YG06	黄锦秀	女	1983/9/15	5	华南区	¥39,728.00	
YG07	兰枝	女	1983/11/1	5	西南区	¥51,428.00	
YG08	肖月	女	1979/9/17	12	西南区	¥38,659.00	
YG09	马晓红	女	1980/3/18	11	西北区	¥50,185.00	
YG10	邢佳丽	女	1980/10/14	11	华东区	¥46,418.00	

图 4.64

读一读

默认情况下，在单元格中输入数据时，字体为宋体，字号为 11，颜色为黑色。

2. 将 A1：H1 单元格区域合并并居中（如图 4.65），然后单击"开始"选项卡上"字体"组中的相应按钮（各按钮如图 4.66），分别设置字体为方正黑体简体，字号为 16，字体颜色为深蓝。

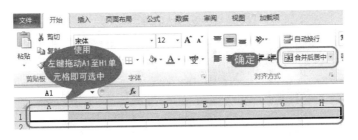

图 4.65

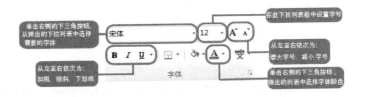

图 4.66

3. 输入表标题"员工一季度销售业绩排名表"。

4. 将 A2：H2 单元格区域合并并居中，输入"制表人：赵杰"（如图 4.67）。

图 4.67

5. 鼠标选中该合并单元格，单击"开始"选项卡上"对齐方式"组中的"文本右对齐"（如图 4.68）。

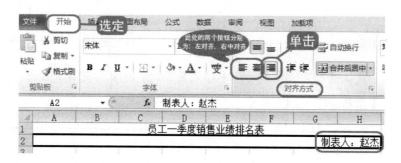

图 4.68

6. 从 A3 单元格开始依次输入数据（如图 4.69）。

	A	B	C	D	E	F	G	H
1				员工一季度销售业绩排名表				
2								制表人：赵杰
3	工号	姓名	性别	出生日期	工龄	销售区域	销售业绩	目前业绩排名
4	YG01	刘成威	男	1976/5/21	14	华东区	53782	
5	YG02	黄义	男	1978/8/12	12	华南区	37998	
6	YG03	程功	男	1982/2/10	8	西北区	42126	
7	YG04	李先光	男	1978/11/6	12	西北区	57021	
8	YG05	苏晓梅	女	1981/1/26	8	华东区	44869	
9	YG06	黄锦秀	女	1983/9/15	5	华南区	39728	
10	YG07	兰枝	女	1983/11/1	5	西南区	51428	
11	YG08	肖月	女	1979/9/17	12	西南区	38659	
12	YG09	马晓红	女	1980/3/18	11	西北区	50185	
13	YG10	邢佳丽	女	1980/10/14	11	华东区	46418	

图 4.69

7. 选择 D 列，单击"开始"选项卡上"数字"组右下角的对话框启动按钮，打开"设置单元格格式"对话框的"日期"选项卡进行设置（如图 4.70）。

8. 选择 G 列，按"Ctrl + 1"组合键，打开"设置单元格格式"对话框的"货币"选项卡进行设置（如图 4.71）。

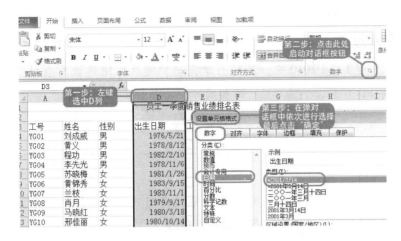

图 4.70

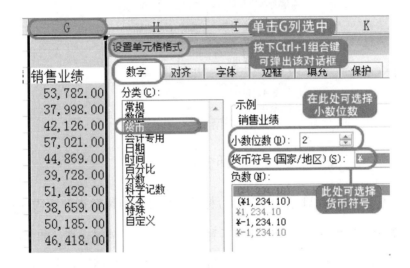

图 4.71

9. 单击 A3 单元格，按住"Shift"的同时，鼠标单击 H13 单元格，将表格内所有数据选中（如图 4.72）。

图 4.72

读一读

在 Excel 2010 中，若想为单元格中的数据快速设置会计数字格式、百分比样式、千位分隔、增加或减少小数位数，可直接单击"开始"选项卡上"数字"组中相应的按钮

10. 按"Ctrl + 1"组合键，打开"设置单元格格式"对话框的"对齐"选项卡，选择"水平对齐"居中，"垂直对齐"居中，单击"确定"（如图 4.73）。

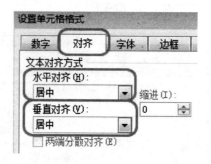

图 4.73

11. 将鼠标指针指向 A1 行与 A2 行行标的交界处，当鼠标指针变为 ➕ 形状时，按住鼠标左键并上下拖动，到合适位置后释放鼠标，即可调整行高。如果将鼠标指针指向所要调整列宽的列标交界处，当鼠标指针变为 ➕ 形状时，按住鼠标左键并左右拖动，到合适位置后释放鼠标，即可调整列宽（如图 4.74）。

	A		D	E	F	G	H
1		鼠标指针要指向行与行的交界处	员工一季度销售业绩排名表				
2							制表人：赵杰
3	高度: 18.00 (24 像素)		性别	出生日期	工龄	销售区域	销售业绩	目前业绩排名
4	YG01	刘成威	男	1976/5/21	14	华东区	¥ 53,782.00	
5	YG02	黄义	男	1978/8/12	12	华南区	¥ 37,998.00	
6	YG03	程功	男	1982/2/10	8	西北区	¥ 42,126.00	
7	YG04	李先光	男	1978/11/6	12	西北区	¥ 57,021.00	
8	YG05	苏晓梅	女	1981/1/26	8	华东区	¥ 44,869.00	
9	YG06	黄锦秀	女	1983/9/15	5	华南区	¥ 39,728.00	
10	YG07	兰枝	女	1983/11/1	5	西南区	¥ 51,428.00	
11	YG08	肖月	女	1979/9/17	12	西南区	¥ 38,659.00	
12	YG09	马晓红	女	1980/3/18	11	西北区	¥ 50,185.00	
13	YG10	邢佳丽	女	1980/10/14	11	华东区	¥ 46,418.00	

图 4.74

12. 选中 A3:A13 行的行标，单击"开始"选项卡上"单元格"组中的"格式"

按钮，在展开的列表中选择"行高"，打开"行高"对话框，输入行高值，然后单击"确定"按钮。同样，调整列宽，在"格式"按钮列表中选择"列宽"，打开"列宽"对话框，输入列宽值即可（如图4.75）。

13. 选中 A3：H13，打开"设置单元格格式"对话框的"边框"和"填充"选项卡可以对该表格添加边框和底纹（如图4.76）。

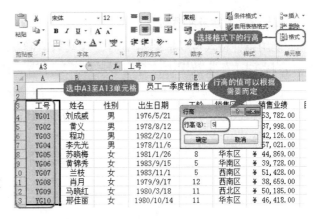

图 4.75

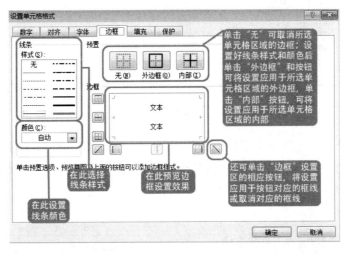

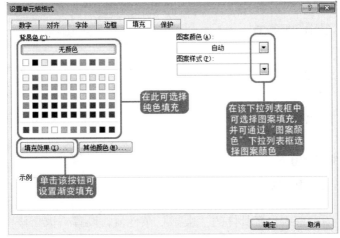

图 4.76

计算机应用

操作2　设置条件格式

使用条件格式可以根据指定的公式或数值确定搜索条件，可实现将预设格式自动应用到选定工作表范围中符合搜索条件的单元格。具体操作如下：

1. 打开工作簿文件"员工一季度销售业绩排名表"，选中要添加条件格式的单元格或单元格区域，这里选中 E4:E13 单元格区域（如图 4.77）。

	A	B	C	D	E	F	G	H
1				员工一季度销售业绩排名表				
2								制表人：赵杰
3	工号	姓名	性别	出生日期	工龄	销售区域	销售业绩	目前业绩排名
4	YG01	刘成威	男	1976/5/21	14	华东区	¥53,782.00	
5	YG02	黄义	男	1978/8/12	12	华南区	¥37,998.00	
6	YG03	程功	男	1982/2/10	8	西北区	¥42,126.00	
7	YG04	李先光	男	1978/11/6	12	西北区	¥57,021.00	
8	YG05	苏晓梅	女	1981/1/26	8	华东区	¥44,869.00	
9	YG06	黄锦秀	女	1983/9/15	5	华南区	¥39,728.00	
10	YG07	兰枝	女	1983/11/1	5	西南区	¥51,428.00	
11	YG08	肖月	女	1979/9/17	12	西南区	¥38,659.00	
12	YG09	马晓红	女	1980/3/18	11	西北区	¥50,185.00	
13	YG10	邢佳丽	女	1980/10/16	11	华东区	¥46,418.00	

图 4.77

2. 单击"开始"选项卡上"样式"组中的"条件格式"按钮，在展开的列表中列出了5种条件规则（如图 4.78），选择某个规则，这里我们选择"突出显示单元格规则"，然后在其子列表中选择某个条件，这里我们选择"大于"（如图 4.79）。

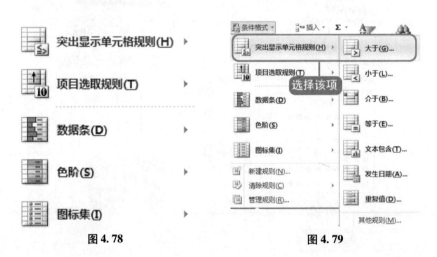

图 4.78　　　　图 4.79

3. 在打开的对话框中设置具体的"大于"条件值，设置"大于该值时的单元格显示的格式"值为8，"设置为""黄填充色深黄色文本"，单击"确定"按钮，即可对所选单元格区域添加条件格式（如图 4.80）。

222

图 4.80

4. 要删除条件格式，可先选中应用了条件格式的单元格或单元格区域，然后在"条件格式"列表中单击"清除规则"项，在展开的列表中选择"清除所选单元格的规则"项（如图 4.81）。

图 4.81

读一读

　　我们还可对已应用了条件格式的单元格进行编辑、修改，方法是在"条件格式"列表中选择"管理规则"项，打开"条件格式规则管理器"对话框，在"显示其格式规则"下拉列表中选择"当前工作表"项即可。

操作 3　使用样式

在 Excel 中使用样式可减少重复的格式设置，大大提高工作效率。

一、使用单元格样式

1. 打开工作簿文件"员工一季度销售业绩排名表"，选中单元格区域 A1：H13，在"开始"选项卡上的"样式"组中单击"单元格样式"，在"主题单元格样式"下选择"强调文字颜色 3"选项（如图 4.82）。

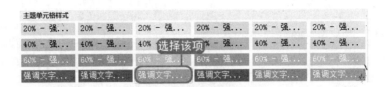

图4.82

2. 此时可以看到选中单元格区域的字体和底纹效果都发生了变化（如图4.83）。

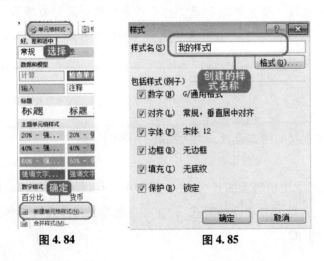

图4.83

二、新建单元格样式

自定义样式在创建它的工作簿中有效，具体操作如下：

1. 选择包含"新"样式的单元格，单击"开始"选项卡上的"样式"组中的"单元格样式"从其下拉列表中选择"新建单元格样式"选项（如图4.84）。

2. 打开"样式"对话框，在"样式名"文本框中输入要创建的样式名，例如输入"我的样式"（如图4.85）。

图4.84   图4.85   图4.86

3. 单击"确定"按钮，则选定单元格的样式将在"样式"对话框中显示出来（如图4.86）。

三、修改单元格样式

如果对单元格的某部分样式不满意，例如字体、边框或者底纹效果等，用户可以根据实际需求修改单元格样式。

1. 在弹出的"单元格样式"的下拉列表中选择要修改的样式名，单击鼠标右键，然后在弹出的快捷菜单中选择"修改"菜单项（如图4.87）。

2. 随即弹出"样式"对话框，然后单击"格式" 格式(O)... 按钮，弹出"设置单元格格式"对话框，设置需要的格式（如图4.88）。

图4.87

图4.88

3. 单击"确定"按钮，返回"样式"对话框，此时"样式包括"组中就会显示出更改后的内容（如图4.89）。

图4.89

四、复制和删除单元格样式

1. 打开工作簿文件"员工一季度销售业绩排名表"，在弹出的"单元格样式"的下拉列表的"样式1"选项上单击鼠标右键，然后在弹出的快捷菜单中选择"复制"

选项（如图 4.90）。

2. 在"样式"对话框中的"样式名"文本框中自动地显示出了系统默认的样式名称，然后在"样式包括"组中设置要复制的样式格式，这里撤选"字体"和"填充"两个复选框，即不复制这两项格式（如图 4.91）。

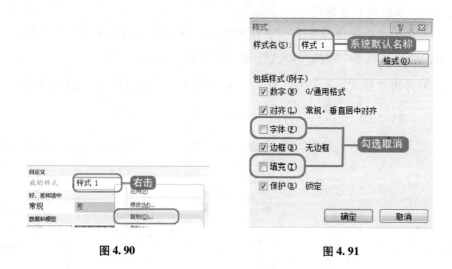

图 4.90　　　　　　　　　　图 4.91

3. 单击"确定"按钮，此时再打开"单元格样式"下拉列表，就会显示出用户复制的样式名称，这时显示"样式 12"（如图 4.92）。

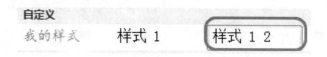

图 4.92

4. 删除样式。在"单元格样式"的下拉列表的"自定义"选项组中的"标题样式"选项上单击鼠标右键，然后在弹出的快捷菜单中选择"删除"菜单项（如图 4.93）。

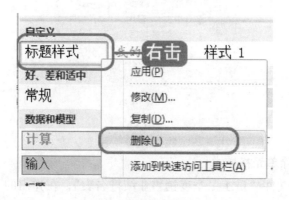

图 4.93

226

5. 此时既可将"标题样式"从"单元格样式"下拉列表中删除。

6. 选中单元格区域 B3∶H13，在"单元格样式"下拉列表中选择前面复制的样式"样式12"选项，此时既可将选中的单元格区域设置为相应的效果（如图4.94）。

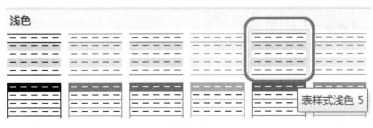

员工一季度销售业绩排名表							
制表人：赵杰							
工号	姓名	性别	出生日期	工龄	销售区域	销售业绩	目前业绩排名
YG01	刘成威	男	27901	14	华东区	53782	
YG02	黄义	男	28714	12	华南区	37998	
YG03	程功	男	29992	8	西北区	42126	
YG04	李先光	男	28800	12	西北区	57021	
YG05	苏晓梅	女	29612	8	华东区	44869	
YG06	黄锦秀	女	30574	5	华南区	39728	
YG07	兰枝	女	30621	5	西南区	51428	
YG08	肖月	女	29115	12	西南区	38659	
YG09	马晓红	女	29298	11	西北区	50185	
YG10	邢佳丽	女	29508	11	华东区	46418	

图 4.94

五、套用表格格式

1. 将光标定位在无数据的任意单元格中，此操作可以选定区域来设置表格格式。切换到"开始"选项卡，在"样式"组中单击  套用表格格式 按钮，然后在弹出的下拉列表中选择合适的选项，例如选择"表样式浅色5"选项（如图4.95）。

浅色

表样式浅色 5

图 4.95

2. 在"套用表格式"对话框，用户需要在此设置套用表格式的单元格区域，选中"表包含标题"复选框，单击"折叠"按钮 ▣ 。

读一读

　　套用表格样式之后在列标题的右侧就会有一个下三角按钮，单击此按钮，在弹出的下拉列表中可以对数据信息进行排序和筛选等设置。

3. 随即将"套用表格式"对话框折叠起来，选中单元格区域 A3：H13，单击"展开"按钮 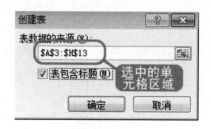，随即展开的对话框变成了"创建表"对话框，并显示出了用户选中的单元格区域（如图 4.96）。

图 4.96

4. 单击"确定"按钮返回工作表，此时选中的单格区域就会套用用户选中的表格样式，同时系统会自动地出现一个"设计"选项卡，用于设置表格格式设置（如图 4.97）。

图 4.97

六、新建表样式

用户可以根据实际需求新建表样式，并将创建的表样式应用于表格中，具体步骤如下。

1. 将光标定位在有数据的任意单元格中，切换到"开始"选项卡上的"样式"组中单击"套用表格格式"按钮 套用表格格式 ，然后在弹出的下拉列表中选择"新建表样式"选项。

2. 在"新建表快速样式"对话框，在"名称"文本框中会自动地显示出系统默认的表样式名称，在"表元素"列表框中选中"整个表"选项，然后单击"格式"格式(F) 按钮（如图 4.98）。

3. 在"设置单元格格式"对话框，设置想要的格式（如图 4.99）。

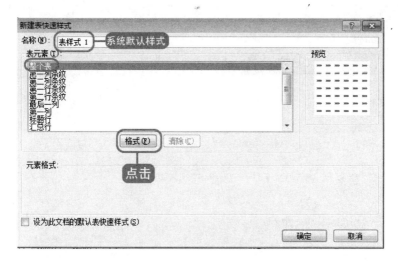

图 4.98

图 4.99

4. 单击"确定"按钮，返回"新建表快速样式"对话框，此时在对话框右侧就会显示出用户创建的表样式效果（如图 4.100）。

5. 再单击"确定"按钮，返回工作表，按照前面介绍的方法打开"套用表格格式"下拉列表，在"自定义"组中选择"表格式 1"选项（如图 4.101）。

图 4.100

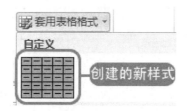

图 4.101

6. 此时系统自动将创建的表样式应用到整个工作表中（如图 4.102）。

员工一季度销售业绩排名表							
							制表人：赵杰
工号	姓名	性别	出生日期	工龄	销售区域	销售业绩	目前业绩排名
YG01	刘成威	男	1976/5/21	14	华东区	¥53,782.00	
YG02	黄义	男	1978/8/12	12	华南区	¥37,998.00	
YG03	程功	男	1982/2/10	8	西北区	¥42,126.00	
YG04	李先光	男	1978/11/6	12	西北区	¥57,021.00	
YG05	苏晓梅	女	1981/1/26	8	华东区	¥44,869.00	
YG06	黄锦秀	女	1983/9/15	5	华南区	¥39,728.00	
YG07	兰梅	女	1983/11/1	5	西南区	¥51,428.00	
YG08	肖月	女	1979/9/17	12	西南区	¥38,653.00	
YG09	马晓红	女	1980/3/18	11	西北区	¥50,185.00	
YG10	邢佳丽	女	1980/10/14	11	华东区	¥46,418.00	

图 4.102

七、修改表样式

用户可以根据实际情况修改自己创建的表样式，但是不能修改系统自带的表样式。
如果用户想修改系统自带的表样式，可以首先复制此表样式，然后修改复制之后的表样式即可。

知识回顾

1. 默认情况下，在单元格中输入数据时，字体为"宋体"、字号为（　　）、颜色为黑色。

A. 10　　　　　　　B. 11　　　　　　　C. 12　　　　　　　D. 13

2. 要为表格同时添加内、外边框，并设置边框样式、颜色等，可以利用（　　）对话框。

A. 条件格式　　　　　　　　　　B. 选择性粘贴

C. 插入图片　　　　　　　　　　D. 设置单元格格式

3. 在 Excel 2010 中，"18"号字体比"8"号字体（　　）。

A. 小　　　　　　　　　　　　　B. 大

C. 有时大，有时小　　　　　　　D. 一样大

4. 在 Excel 2010 中，设置单元格 A1 的数字格式为整数，当输入"33.51"时，显示为（　　）。

A. 33.51　　　　　B. 33　　　　　　C. 34　　　　　　D. ERROR

5. 在 Excel 2010 中关于列宽的描述，错误的说法是（　　）。

A. 可以调整列宽

B. 可以用多种方法改变列宽

C. 同一列中不同单元格的宽度可以不一样

D. 不同列的列宽可以不一样

实操任务

新建"硬件部"工作簿，保存在 D 盘"Excel 实例"文件夹中，并完成以下设置。在 sheet1 中按样表录入数据。

类别	第一季	第二季	第三季	第四季	总计
			硬件部2013年销售额		
便携机	￥ 515,500	￥ 129,000	￥ 78,000	￥ 210,000	￥ 932,500
工控机	￥ 68,000	￥ 82,000	￥ 110,000	￥ 85,000	￥ 345,000
粉碎机	￥ 75,000	￥ 26,000	￥ 68,000	￥ 93,000	￥ 262,000
服务器	￥ 151,500	￥ 180,000	￥ 98,000	￥ 64,000	￥ 493,500
微机	￥ 83,000	￥ 90,400	￥ 65,000	￥ 56,000	￥ 294,400
热熔机	￥ 100,700	￥ 129,000	￥ 140,000	￥ 250,500	￥ 620,200
封装机	￥ 53,000	￥ 46,000	￥ 49,000	￥ 130,000	￥ 278,000
合计	￥ 1,046,700	￥ 682,400	￥ 608,000	￥ 888,500	￥ 3,225,600

1. 设置工作表行、列：在标题行下插入一行；将所有行高为20；将"合计"一行移到"便携机"一行之前，设置"合计"一行字体颜色为深红。

2. 设置单元格格式：标题字体为隶书，字号为20，加粗，跨列居中，字体颜色为蓝色，单元格底纹为黄色。表格中的数据单元格区域设置为会计专用格式，应用货币符号，所有单元格内容设置居中。

3. 设置表格表框线：表格外边框设置一种粗线型，内部边框设置黑色单线型。

4. 使用样式：列标题行应用单元格样式"强调文字颜色1"，行标题行应用单元格样式"60% – 强调文字颜色2"。

5. 使用条件格式：设置条件格式条件为年销售总额大于300000的，设置自定义格式为红色文字，黄色底纹。

任务2　编辑某公司员工销售业绩排名表

操作1　编辑表格数据

一、修改、移动、复制数据

1. 打开"员工一季度销售业务排名表"文件，选择需要修改数据的单元格。

2. 将光标定位在"数据编辑栏"中，或者将插入点定位到需添加数据的位置，输入正确的数据，这里把E4单元格的内容由原来的14修改为10，按"Enter"键完成修改。

> **读一读**
>
> 　　选择单元格后按"Ctrl + X"组合键，然后移动光标到目标单元格后，按"Ctrl + V"组合键可移动数据；若需要复制数据"Ctrl + C"组合键，选择目标单元格后再按"Ctrl + V"组合键即可。

3. 双击C11单元格，在单元格中定位插入点并将数据修改为"男"，按"Enter"键即可快速完成修改。

4. 选择G8单元格，选择"开始"功能选项卡，在"剪贴板"功能组中单击"剪切"按钮　，然后选择G9单元格，单击"剪贴板"功能组中的"粘贴"按钮　，即可移动数据。

5. 选择G7单元格，选择"开始"选项卡，在"剪贴板"功能组中单击"复制"按钮　，选择G8单元格，单击"剪贴板"功能组中的"粘贴"按钮，即可复制数据。

6. 选择 G8 单元格，将光标置于所选单元格边框上，当光标由空心十字形状 ✛ 变为十字箭头形状 ✚ 时，拖动鼠标至 G10 单元格释放，在弹出的提示对话框中单击"确定"按钮，即可复制单元格数据。

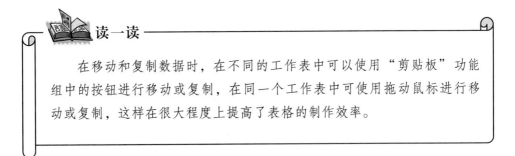

读一读

在移动和复制数据时，在不同的工作表中可以使用"剪贴板"功能组中的按钮进行移动或复制，在同一个工作表中可使用拖动鼠标进行移动或复制，这样在很大程度上提高了表格的制作效率。

7. 选择 G6 单元格，将鼠标指针置于所选单元格的边框上，当光标由空心十字形状 ✛ 变为十字箭头形状 ✚ 时，按住"Ctrl"键，此时光标将变为小十字形状 ✚⁺，拖动鼠标至 G8 单元格后释放，即可替换目标单元格的数据。

二、查找和替换数据

1. 在"开始"选项卡的"编辑"功能组中单击"查找和选择"按钮 🔍，在弹出的下拉菜单中选择"查找"选项。

2. 在"查找和替换"对话框的"查找内容"下拉列表框中输入"西南区"，单击"查找全部"按钮。

3. 选择"替换"选项卡，在"替换为"下拉列表框中输入"华北区"（如图 4.103)，单击"全部替换"按钮。

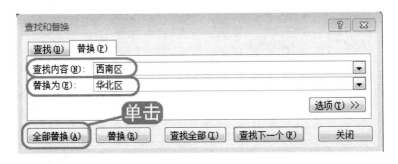

图 4.103

替换完成后，弹出信息提示框，单击"确定"按钮确认，完成查找、替换（如图 4.104)。

	A	B	C	D	E	F	G	H
1				员工一季度销售业绩排名表				
2							制表人：赵杰	
3	工号	姓名	性别	出生日期	工龄	销售区域	销售业绩	目前业绩排名
4	YG01	刘成威	男	1976/5/21	14	华东区	￥53,782.00	
5	YG02	黄义	男	1978/8/12	12	华南区	￥37,998.00	
6	YG03	程功	男	1982/2/10	8	西北区	￥42,126.00	
7	YG04	李先光	男	1978/11/6	12	西北区	￥57,021.00	
8	YG05	苏晓梅	女	1981/1/26	8	华东区	￥44,869.00	
9	YG06	黄锦秀	女	1983/9/15	5	华南区	￥39,728.00	
10	YG07	兰枝	女	1983/11/1	5	华北区	￥51,428.00	
11	YG08	肖月	女	1979/9/17	12	华北区	￥38,659.00	
12	YG09	马晓红	女	1980/3/18	11	西北区	￥50,185.00	
13	YG10	邢佳丽	女	1980/10/14	11	华东区	￥46,418.00	

图 4.104

4. 在"查找和替换"对话框单击"关闭"按钮。

◇"范围"下拉列表框：用于选择查找的范围，如选择"工作表"则表示在当前工作表中查找。

◇"区分大小写"复选项：选中该复选项，可以区分表格中数据的英文大小写状态。

◇"区分全/半角"复选项：选中该复选项，可以区分中文输入法的全角和半角。

◇"查找范围"下拉列表框：可以设置查找范围为公式、值或批注。

三、清除单元格

清除单元格是指删除所选单元格的内容、格式或批注，但单元格仍然存在。选中要清除内容的单元格区域，单击"开始"选项卡上"编辑"组中的"清除"按钮，在展开的列表中选择"全部清除"选项（如图 4.105），可清除单元格中的全部内容。

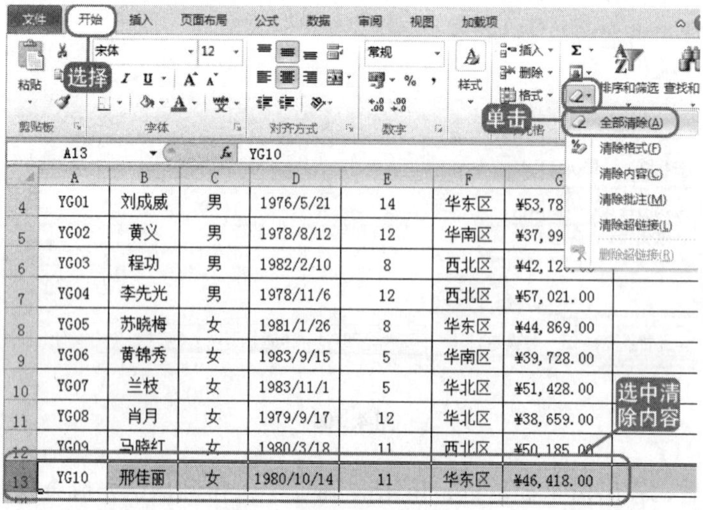

图 4.105

操作2 拆分和冻结工作表

在对大型表格进行编辑时，由于屏幕能查看的范围有限而无法做到数据的上下、左右对照，此时可利用 Excel 提供的拆分功能，对表格进行"横向"或"纵向"分割，以便同时观察或编辑表格的不同部分。

读一读

通过拆分工作表窗格可以同时查看分隔较远的工作表数据。利用拆分框可将工作表分为上下或左右两部分，以便上下或左右对照工作表数据结构，也可同时使用水平和垂直拆分框将工作表一分为四，从而利于数据的查看、编辑和比较。

此外，在查看大型报表时，往往因为行、列数太多，而使得数据内容与行列标题无法对照。此时，虽可通过拆分窗格来查看，但还是常常出错。而使用"冻结窗格"命令则可解决此问题，从而大大提高了工作效率。

一、拆分工作表窗格

1. 打开"员工一季度销售业务排名表"文件，将鼠标指针移到窗口右上角的垂直拆分框上，此时鼠标指针变为拆分形状 ⬍ （如图 4.106）。

	A	B	C	D	E	F	G	H	I
1				员工一季度销售业绩排名表					
2							制表人：赵杰		
3	工号	姓名	性别	出生日期	工龄	销售区域	销售业绩	目前业绩排名	
4	YG01	刘成威	男	1976/5/21	14	华东区	¥53,782.00		
5	YG02	黄义	男	1978/8/12	12	华南区	¥37,998.00		
6	YG03	程功	男	1982/2/10	8	西北区	¥42,126.00		
7	YG04	李先光	男	1978/11/6	12	西北区	¥57,021.00		
8	YG05	苏晓梅	女	1981/1/26	8	华东区	¥44,869.00		
9	YG06	黄锦秀	女	1983/9/15	5	华南区	¥39,728.00		
10	YG07	兰枝	女	1983/11/1	5	西南区	¥51,428.00		
11	YG08	肖月	女	1979/9/17	12	西南区	¥38,659.00		
12	YG09	马晓红	女	1980/3/18	11	西北区	¥50,185.00		
13	YG10	邢佳丽	女	1980/10/14	11	华东区	¥46,418.00		

光标移至此处

图 4.106

2. 按住鼠标左键向下拖动，至适当的位置松开鼠标左键，将窗格一分为二，从而可同时上下查看工作表数据。

3. 将鼠标指针移到窗口右下角的水平拆分框上，此时鼠标指针变为拆分形状 ⬌

（如图4.107），按住鼠标左键并向左拖动，至适当的位置松开鼠标左键，可将窗格左右拆分。上下和左右拆分窗格的效果如图4.108。

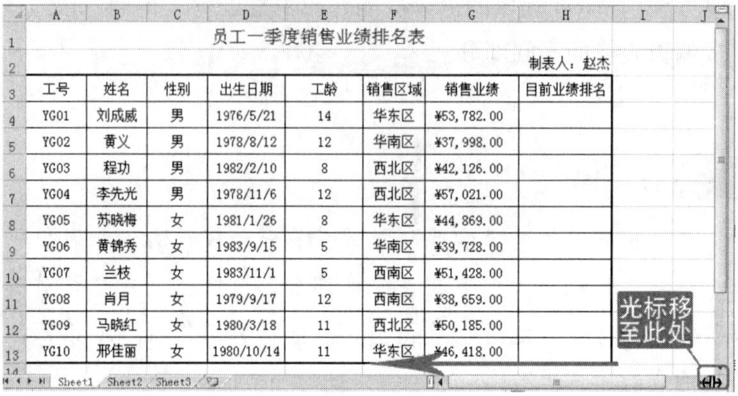

图 4.107

图 4.108

二、取消拆分

可双击拆分条或单击"视图"选项卡上"窗口"组中的"拆分"按钮 ▭。

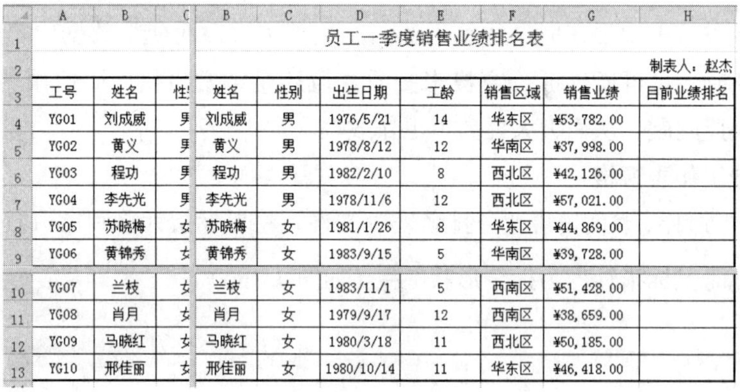

三、冻结工作表窗格

1. 继续打开"员工一季度销售业务排名表"文件，单击工作表中的任意单元格，然后单击"视图"选项卡上"窗口"组中的"冻结窗格"按钮 ▦，在展开的列表中选择"冻结首行"项（如图4.109）。

2. 被冻结的窗口部分以黑线区分，当拖动垂直滚动条向下查看时，首行始终显示（如图4.110）。

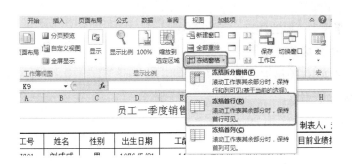

图 4.109

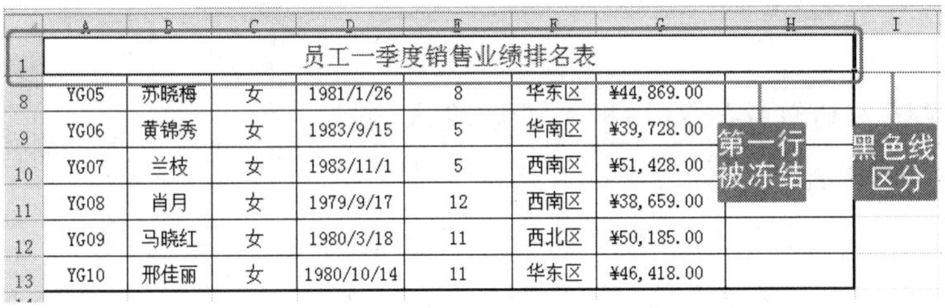

	A	B	C	D	E	F	G	H	I
1				员工一季度销售业绩排名表					
8	YG05	苏晓梅	女	1981/1/26	8	华东区	¥44,869.00		
9	YG06	黄锦秀	女	1983/9/15	5	华南区	¥39,728.00	第一行	黑色线
10	YG07	兰枝	女	1983/11/1	5	西南区	¥51,428.00	被冻结	区分
11	YG08	肖月	女	1979/9/17	12	西南区	¥38,659.00		
12	YG09	马晓红	女	1980/3/18	11	西北区	¥50,185.00		
13	YG10	邢佳丽	女	1980/10/14	11	华东区	¥46,418.00		

图 4.110

3. 若单击任意单元格后在"冻结窗格"列表中选择"冻结首列"项，被冻结的窗口部分也以黑线区分，当拖动水平滚动条向右查看时，首列始终显示。

4. 若单击工作表中的某个单元格，如"E7"，然后在"冻结窗格"列表中选择"冻结拆分窗格"项，则可在选定单元格的上方和左侧出现冻结窗格线（如图 4.111），此时上下或左右滚动工作表时，所选单元格左侧和上方的数据如终可见。

	A	B	C	D	E	F	G	H	I
1				员工一季度销售业绩排名表					
2					冻结窗格线			制表人：赵杰	
3	工号	姓名	性别	出生日期	工龄	销售区域	销售业绩	目前业绩排名	
4	YG01	刘成威	男	1976/5/21	14	华东区	¥53,782.00		
5	YG02	黄义	男	1978/8/12	12	华南区	¥37,998.00		
6	YG03	程功	男	1982/2/10	8	西北区	¥42,126.00		
7	YG04	李先光	男	1978/11/6	12	西北区	¥57,021.00		
8	YG05	苏晓梅	女	1981/1/26	8	华东区	¥44,869.00	冻结窗格线	
9	YG06	黄锦秀	女	1983/9/15	5	华南区	¥39,728.00		
10	YG07	兰枝	女	1983/11/1	5	西南区	¥51,428.00		
11	YG08	肖月	女	1979/9/17	12	西南区	¥38,659.00		
12	YG09	马晓红	女	1980/3/18	11	西北区	¥50,185.00		
13	YG10	邢佳丽	女	1980/10/14	11	华东区	¥46,418.00		
14									

图 4.111

5. 要取消窗格冻结，可单击工作表中的任意单元格，然后在"冻结窗格"列表中选择"取消冻结窗格"项即可。

操作3　工作表中链接的建立

一、工作表中链接的建立

在制作 Excel 2010 表格时，我们常常会添加一些链接，让表格内容更丰富。

1. 打开"员工一季度销售业绩排名表"工作表文件。

2. 选中需要添加链接的单元格 B4，右单击，在下拉菜单中单击"超链接"选项  超链接(H)…（如图 4.112）。

3. 打开"插入超链接"对话框，可以输入网站地址，也可以选择本地的文件等，本节选择"本文档中的位置"，在"请选择文档中的位置"中"单元格引用"选择"YG01"，点击"确定"按钮，完成单元格 B4 的工作表链接（如图 4.113）。

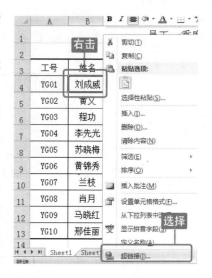

图 4.112

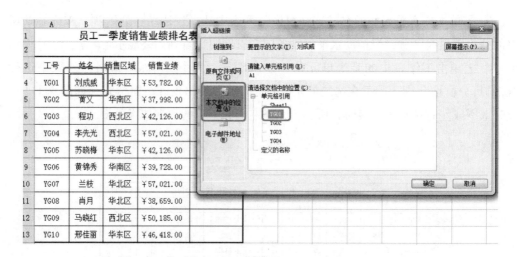

图 4.113

4. 按照 2、3 步的方法依次完成 B5 ~ B13 单元格的工作表链接。

二、工作表中链接的批量删除

批量取消 Excel 单元格中超链接的方法非常多，但 Excel 2010 以前的版本都没有提供直接的方法，在 Excel 2010 中直接使用功能区或右键菜单中的命令就可以了。

选择所有包含超链接的单元格。无需按 Ctrl 键逐一选择，只要所选区域包含有超链接的单元格即可。要取消工作表中的所有超链接，按"Ctrl + A"组合键或单击工作表左上角行标和列标交叉处的全选按钮选择整个工作表。在功能区中选择"开始"选项卡，在"编辑"组中，单击"清除"按钮，在下拉列表中选择"清除超链接"即可取消超链接。但该命令未清除单元格格式，如果要同时取消超链接和清除单元格格式，则选择"删除超链接"命令（图4.114）。

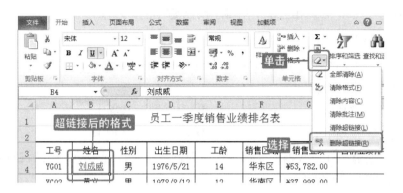

图 4.114

也可以右击所选区域，然后在快捷菜单中选择"删除超链接"命令删除超链接（如图4.115）。

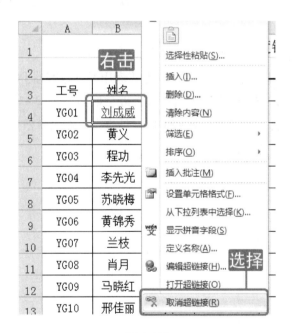

图 4.115

知识回顾

1. 如果想把 C3 单元格中的数据"王二宝"改成"王玉宝"，下列操作错误的是（　　）。

A. 单击选中 C3 单元格，输入"王玉宝"

B. 双击定位光标在"王"左面，输入"王玉宝"

C. 双击定位光标在"二"右面，按 Backspace 键删除"二"，输入"玉"

D. 双击定位光标在"二"左面，按 Delete 键删除"二"，输入"玉"

2. "剪切"按钮  相当于下列哪个快捷键（　　）。

A. "Ctrl + X"　　　B. "Ctrl + V"　　　C. "Ctrl + C"　　　D. "Ctrl + 1"

3. 如果想对 Excel 2010 的工作窗口进行拆分，需要选择（　　）选项卡的"窗口"组中的"拆分"按钮。

A. "开始"选项卡　　　　　　　B. "视图"选项卡

C. "插入"选项卡　　　　　　　D. "数据"选项卡

4. 某工作表有 100 行数据，现想实现在浏览数据时首行不动，随意浏览任意一行数据，可执行以下哪个操作？（　　）

A. 冻结　　　　　B. 拆分　　　　　C. 查找　　　　　D. 替换

5. 如果想将某工作表中所有的"呼市"改成"呼和浩特市"，可以执行以下哪个操作？（　　）。

A. 冻结　　　　　B. 拆分　　　　　C. 查找　　　　　D. 查找并替换

实操任务

打开"产品出库明细"表格文件，完成下列操作：

1. 将"家用燃气报警器 C01 型"更改为"家用燃气报警器 D01"。

2. 将出库时间"2013 – 9 – 1"的进行查找并替换为"2012 – 9 – 1"。

3. 将表格从第 7 行（1 ~ 7 行，8 ~ 23 行）处进行工作表窗格拆分。

4. 对表格进行首行冻结。

	A	B	C	D	E
1	产品出库明细				
2	产品编号	产品名称	出库日期	出库数量	单位
3	C-0401	家用燃气报警器C01型	2013/9/1	5	部
4	C-0402	家用燃气报警器C02型	2013/9/1	10	部
5	C-0403	家用防盗报警器	2013/9/1	5	部
6	C-0404	家用电器护理专家	2013/9/1	20	瓶
7	C-0405	家庭理财软件	2013/9/1	15	套
8	C-0406	家用儿童教育学习机	2013/9/1	10	部
9	C-0407	家用温度适度监控器	2013/9/1	15	部
10	C-0408	家用冰箱除菌仪	2013/9/17	10	部
11	C-0409	家用磁化热能型理疗仪	2013/9/17	10	部
12	C-0410	家用多功能按摩椅	2013/9/17	10	套
13	C-0401	家用燃气报警器C1型	2013/9/17	20	部
14	C-0407	家用温度适度监控器	2013/9/17	15	部
15	C-0402	家用燃气报警器C02型	2013/9/17	20	部
16	C-0408	家用冰箱除菌仪	2013/9/17	20	部
17	C-0409	家用磁化热能型理疗仪	2013/9/17	20	部
18	C-0406	家用儿童教育学习机	2013/9/17	15	部
19	C-0404	家用电器护理专家	2013/9/17	15	瓶
20	C-0405	家庭理财软件	2013/9/17	15	套
21	C-0403	家用防盗报警器	2013/11/1	5	部
22	C-0410	家用多功能按摩椅	2013/11/1	5	套
23	C-0403	家用防盗报警器	2013/11/1	5	部
24					

任务3　完善某公司员工销售业绩排名表

操作1　格式化工作表

1. 打开"员工一季度销售业绩排名表"工作表文件。

2. 选择"员工一季度销售业绩排名表"所在的单元格，单击"字体"工具栏右下角的 按钮，打开"设置单元格格式"对话框，选择"字体"选项卡。

3. 在"字体"、"字型"、"字号"列表框中分别选择"华文宋体"、"常规"和"16"选项，在"颜色"下拉列表框中选择"深蓝色"（如图 4.116）。

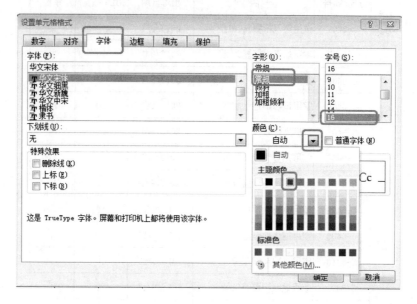

图 4.116

4. 设置完成后，单击"确定"按钮。即可在表格中看到应用字体格式后的效果。

5. 选择"开始"选项卡，在"对齐方式"功能组中单击"居中对齐"按钮 ，设置数据居中对齐。

6. 选择"制表人：赵杰"所在的单元格，选择"开始"选项卡，在"对齐方式"功能组中单击"右对齐"按钮 ，设置数据右对齐。

7. 选择 A3:H13 单元格区域，单击"对齐方式"工具栏右下角的 按钮，打开"单元格格式"对话框，选择"对齐"选项卡。

8. 在"水平对齐"、"垂直对齐"列表框中分别选择"居中"，设置数据居中对齐。

9. 选择"边框"选项卡，在"样式"列表框中选择一个较粗的线条样式，然后在"颜色"下拉列表框中选择"蓝色"，最后单击"外边框"按钮（如图 4.117）。

10. 选择一种细线条样式，设置其颜色为"浅蓝色"，再单击"内部"按钮（如图 4.118）。

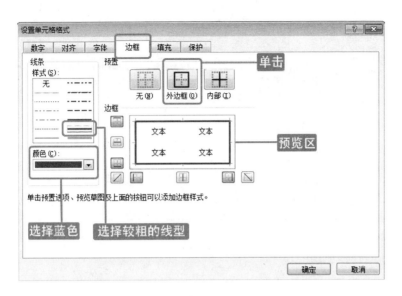

图 4.117

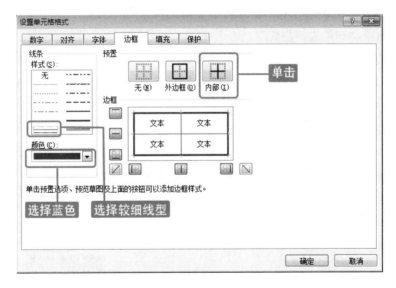

图 4.118

11. 在"填充"选项卡中单击"填充效果"按钮 填充效果(I)... ，打开"填充效果"对话框，在"颜色1"下拉列表中选择"白色，背景1"，在"颜色2"下拉列表中选择"橙色"，在"底纹样式"设置区中选中"中心辐射"单选钮，然后单击两次"确定"按钮（如图4.119）。

操作2 自动套用格式

Excel 2010 的套用格式功能可以根据预设的格式，将制作的报表格式化，产生美观的报表，从而节省使用者将报表格式化的许多时间，同时使表格符合数据库表单的

工号	姓名	性别	出生日期	工龄	销售区域	销售业绩	目前业绩排名
\multicolumn{8}{c}{员工一季度销售业绩排名表}							
							制表人：赵杰
YG01	刘成威	男	1976/5/21	14	华东区	¥53,782.00	
YG02	黄义	男	1978/8/12	12	华南区	¥37,998.00	
YG03	程功	男	1982/2/10	8	西北区	¥42,126.00	
YG04	李先光	男	1978/11/6	12	西北区	¥57,021.00	
YG05	苏晓梅	女	1981/1/26	8	华东区	¥44,869.00	
YG06	黄锦秀	女	1983/9/15	5	华南区	¥39,728.00	
YG07	兰枝	女	1983/11/1	5	西南区	¥51,428.00	
YG08	肖月	女	1979/9/17	12	西南区	¥38,659.00	
YG09	马晓红	女	1980/3/18	11	西北区	¥50,185.00	
YG10	邢佳丽	女	1980/10/14	11	华东区	¥46,418.00	

图 4.119

要求。

1. 选择 A3:H13 单元格区域。

2. 把鼠标定位在数据区域中的任何一个单元格，在"开始"选项卡中的"样式"功能组中，选择"套用表格格式"。

3. 选择自己所需要的表格样式（如图 4.120）。

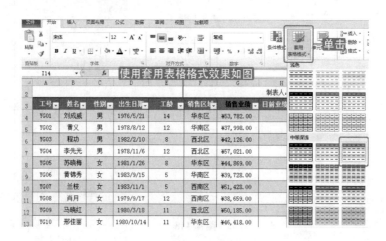

图 4.120

4. Excel 2010 自动选中了表格范围，单击"确定"应用表样式。

操作 3　插入艺术字、图片

一、插入艺术字

1. 打开"员工一季度销售业绩排名表"工作表文件。

2. 单击任意单元格，在"插入"选项卡的"文本"功能组中单击"艺术字"按钮，在弹出的下拉列表框中选择第三行第二种艺术字效果，在表格中将弹出（如图

4.121）的"艺术字编辑"文本框。

图 4.121

 读一读

在 Excel 2010 中，艺术字是当作一种图形对象而不是文本对象来处理的。用户可以通过"格式"面板来设置艺术字的填充颜色、阴影和三维效果等。

3. 在其中输入"用心专业，客户至上"文本，选中文本并选择"开始"选项卡，在"字体"功能组中设置字体为"楷体"，字号为"16"。

4. 将光标移动到文本框上，拖动艺术字到适当位置。插入艺术字的效果（如图4.122）。

	A	B	C	D	E	F	G	H
1		员工一季度销售业绩排名表					用心专业 客户至上	
2								制表人：赵杰
3	工号	姓名	性别	出生日期	工龄	销售区域	销售业绩	目前业绩排名
4	YG01	刘成威	男	1976/5/21	14	华东区	¥53,782.00	
5	YG02	黄义	男	1978/8/12	12	华南区	¥37,998.00	
6	YG03	程功	男	1982/2/10	8	西北区	¥42,126.00	
7	YG04	李先光	男	1978/11/6	12	西北区	¥57,021.00	
8	YG05	苏晓梅	女	1981/1/26	8	华东区	¥44,869.00	
9	YG06	黄锦秀	女	1983/9/15	5	华南区	¥39,728.00	
10	YG07	兰枝	女	1983/11/1	5	西南区	¥51,428.00	
11	YG08	肖月	女	1979/9/17	12	西南区	¥38,659.00	
12	YG09	马晓红	女	1980/3/18	11	西北区	¥50,185.00	
13	YG10	邢佳丽	女	1980/10/14	11	华东区	¥46,418.00	

图 4.122

二、插入图片

1. 选择 A1:H1 单元格区域，在"插入"选项卡的"插图"功能组中单击"图片"按钮。

2. 在"插入图片"对话框中找到本地的图片文件，双击需要插入的图片（如图4.123）。

图 4. 123

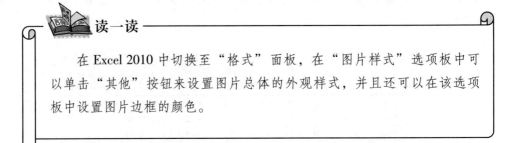

读一读

　　在 Excel 2010 中切换至"格式"面板，在"图片样式"选项板中可以单击"其他"按钮来设置图片总体的外观样式，并且还可以在该选项板中设置图片边框的颜色。

3. 图片插入完成后，拖动图片的 4 个角点，调整图片到合适大小。

4. 在"格式"选项卡的"调整"功能组中单击"更正"按钮，在弹出的列表框中设置相应的亮度和对比度。

5. 图片插入完成后就获得图 4.124 中的结果。

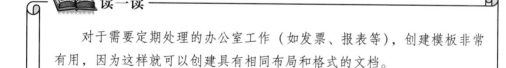

	工号	姓名	性别	出生日期	工龄	销售区域	销售业绩	目前业绩排名
				员工一季度销售业绩排名表			周心专业 客户至上	
								制表人：赵杰
	YG01	刘成威	男	1976/5/21	14	华东区	¥53,782.00	
	YG02	黄义	男	1978/8/12	12	华南区	¥37,998.00	
	YG03	程功	男	1982/2/10	8	西北区	¥42,126.00	
	YG04	李先光	男	1978/11/6	12	西北区	¥57,021.00	
	YG05	苏晓梅	女	1981/1/26	8	华东区	¥44,869.00	
	YG06	黄锦秀	女	1983/9/15	5	华南区	¥39,728.00	
	YG07	兰枝	女	1983/11/1	5	西南区	¥51,428.00	
	YG08	肖月	女	1979/9/17	12	西南区	¥38,659.00	
	YG09	马晓红	女	1980/3/18	11	西北区	¥50,185.00	
	YG10	邢佳丽	女	1980/10/14	11	华东区	¥46,418.00	

图 4.124

操作4　模板的使用

一、工作表另存为模板

使用模板创建的工作表的保存方法与普通工作表相同。下面将"员工一季度销售业绩排名表"工作表文件保存为模板。

1. 在"文件"选项卡中，单击"另存为"，打开"另存为"对话框。

2. 单击"保存类型"框并选择"Excel 模板"。

3. 在"文件名"框中输入模板名称"员工季度销售业绩排名表"，然后单击"保存"按钮，以将所创建的工作表另存为模板。

读一读

对于需要定期处理的办公室工作（如发票、报表等），创建模板非常有用，因为这样就可以创建具有相同布局和格式的文档。

二、使用模板创建工作表

1. 首先打开 Excel 2010，在"文件"菜单选项中选择"新建"选项，在右侧可以看到很多表格模板，其中"样本模板"是本机上的模板，单击选择所需要模板进行创建（如图 4.125）。

2. 单击"样本模板"后，在出现的模板中选择好某个模板后可以点击界面右下角的"创建"按钮（如图 4.126）。

图 4.125

图 4.126

3. 如果在互联网连接状态，可以选择 Office.com 中的模板（如图 4.127）。

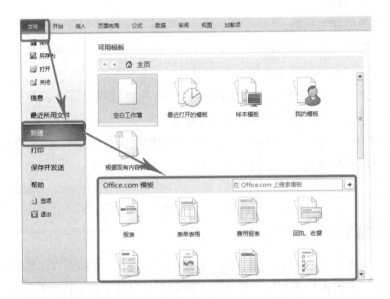

图 4.127

4. 选择好某个模板后可以点击界面右下角的"下载"按钮（如图 4.128）。

图 4.128

5. 模板下载完成后就可以看到下图中的表格样式（如图 4. 129）。

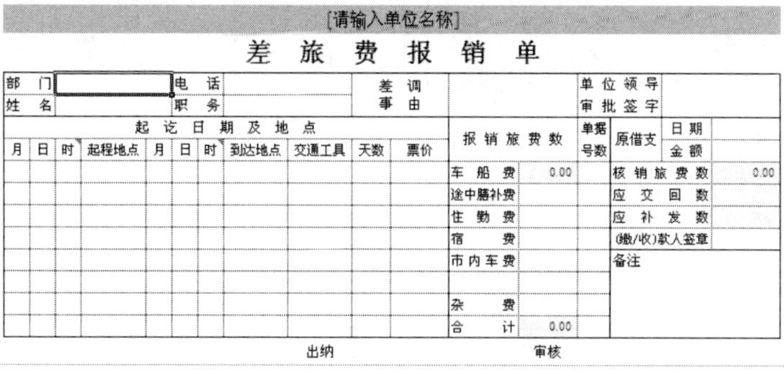
[请输入单位名称]
差 旅 费 报 销 单
部 门 | 电 话 | 差 调 事 由 | 单 位 领 导 审 批 签 字
姓 名 | 职 务
起 讫 日 期 及 地 点 | 报 销 旅 费 数 | 单据号数 | 原借支 | 日 期 | 金 额
月 | 日 | 时 | 起程地点 | 月 | 日 | 时 | 到达地点 | 交通工具 | 天数 | 票价
车 船 费 0.00 | 核 销 旅 费 数 0.00
途中膳补费 | 应 交 回 数
住 勤 费 | 应 补 发 数
宿 费 | (缴/收)款人签章
市 内 车 费 | 备注
杂 费
合 计 0.00
出纳 审核

图 4. 129

知识回顾

1. 要为表格同时添加内、外边框，并设置边框样式、颜色等，可以利用（　　）对话框。

A. 插入图片　　B. 条件格式

C. 选择性粘贴　　D. 设置单元格格式

2. 在 Excel 2010 中，在打印学生成绩单时，若要对不及格的成绩用醒目的方式表示（如用红色表示等），利用（　　）命令最为方便。

A. 查找　　B. 条件格式　　C. 数据筛选　　D. 定位

3. 在 Excel 中，在当前单元格中输入文本型数据时，默认的对齐方式是（　　）。

A. 左对齐　　B. 居中　　C. 右对齐　　D. 随机

4. 在 Excel 中，使字体变粗的快捷键是（　　）。

A. “Ctrl + B”　　B. “Shift”　　C. “Alt + B”　　D. “End + B”

5. “华文宋体”、“常规” 和“16” 分别属于文字的什么属性？（　　）。

A. “字体”、“字号” 和“字型”　　B. “字号”、“字型” 和“字体”

C. “字型”、“字体” 和“字号”　　D. “字体”、“字型” 和“字号”

实操任务

按以下样表练习表格制作，并进行美化。

1. “自然简历”“主要简历” 行 1 厘米，加“淡橙色” 的底纹。

2. 文字调整宽度为 13 厘米，其他行高 1 厘米。

3. 全部单元格内容水平、垂直居中。

4. 粘照片处添加一张图片。

5. 为表格设置相应的边框线。外框线为橙色粗线，内框组为黑色细线。

6. 将“自然简历” 保存为模板样式。

职工简历表							
自　　然　　简　　历							
姓名	现用名		性别		出生年月		粘照片处
	曾用名		籍贯		民族		
	文化程度		政治面貌		健康情况		
	宗教信仰		职务		技术职称		
	家庭住址						
	联系电话		住宅电话				
主　　要　　简　　历							
何年何月至何年何月			在何单位任何职务			证明人	

模块三：计算和管理电子表格数据

【技能目标】

1. 能够在实践中应用公式与函数对工作表数据进行各种计算和处理。

2. 能够在公式中正确引用单元格。

3. 会使用数据清单管理表格中的数据。

4. 能够对工作表中的数据进行排序和筛选操作。

5. 能够根据需要对工作表中的数据分类汇总进行处理。

6. 能够根据要分析和比较的数据的特点创建不同类型的图表。

7. 能够根据需要创建数据透视表，以便从不同的角度汇总、比较和查看数据。

8. 会设置打印页面、会设置表头和分页符。

9. 会使用打印预览和能够打印出工作表。

【知识目标】

1. 理解函数和公式的使用方法。

2. 掌握根据实际需要对数据的分析方法，如分类汇总、数据透视表等。

3. 掌握创建图表及设置图表布局和格式，以及美化图表的方法。

4. 掌握将电子表格打印出来的基本知识。

【重点难点】

1. 重点把握公式及常用函数的使用。

2. 难点是根据需要对数据进行正确的分类汇总及建立数据透视表。

任务1 计算员工考核成绩单

Excel 2010强大的计算功能主要依赖于公式和函数，利用公式和函数可以对表格中的数据进行各种计算和处理操作，从而提高我们在制作复杂表格时的工作效率及计算准确率。

操作1 公式的输入

公式是对工作表中的数据进行计算的表达式。利用公式可对同一工作表的各单元格、同一工作簿中不同工作表的单元格，以及不同工作簿的工作表中单元格的数值进行加、减、乘、除、乘方等各种运算。

读一读

要输入公式必须先输入"=", 然后在其后输入表达式，否则 Excel 会将输入的内容作为文本型数据处理。

一、创建公式

要创建公式，可以直接在单元格中输入，也可以在编辑栏中输入，输入方法与输入普通数据相似。

1. 新建工作簿，保存为"员工考核成绩单"（如图4.130），输入原始数据。

	姓名	一月份销售量	二月份销售量	三月份销售量	四月份销售量	五月份销售量	六月份销售量	上半年总销售	销售总额
	员工考核成绩单								
3	李春燕	50	60	45	78	80	46		
4	王翔	76	60	80	56	65	67		
5	黄靖	46	67	78	56	56	98		
6	马永泰	78	89	98	76	78	45		
7	周玉明	56	45	56	78	87	76		
8	郭欣敏	90	89	45	45	34	45		
9	刘晓燕	76	67	90	65	78	76		
10	丁一夫	56	54	56	90	56	57		
11	合计								
12	平均销售量								

图4.130

2. 单击单元格H3，然后输入等号"=", 接着输入"B3＋C3＋D3＋E3＋F3＋G3"（如图4.131），按"Enter"键得到计算结果。（如图4.132）

图4.131

员工考核成绩单

姓名	一月份销售量	二月份销售量	三月份销售量	四月份销售量	五月份销售量	六月份销售量	上半年总销售	销售总额
李春燕	50	60	45	78	80	46	359	

图 4.132

> 也可在输入等号后单击要引用的单元格，然后输入运算符，再单击要引用的单元格（引用的单元格周围会出现不同颜色的边框线，它与单元格地址的颜色一致，便于用户查看）。

二、移动与复制公式

移动和复制公式的操作与移动、复制单元格内容的操作方法是一样的。所不同的是，移动公式时，公式内的单元格引用不会更改，而复制公式时，单元格引用会根据所用引用类型而变化，即系统会自动改变公式中引用的单元格地址。下面是使用填充柄复制公式的方法。

1. 将鼠标指针移到要复制公式的单元 H3 右下角的小黑点即填充柄处，此时鼠标指针由空心 ✚ 变成实心的十字形 ✚（如图 4.133）。

员工考核成绩单

姓名	一月份销售量	二月份销售量	三月份销售量	四月份销售量	五月份销售量	六月份销售量	上半年总销售	销售总额
李春燕	50	60	45	78	80	46	359	
王翔	76	60	80	56	65	67		

图 4.133

2. 按住鼠标左键不放向下拖动，至目标单元格后释放鼠标，即可复制公式（结果如图 4.134）。从计算结果可知，公式中引用的单元格地址发生了改变。

员工考核成绩单

姓名	一月份销售量	二月份销售量	三月份销售量	四月份销售量	五月份销售量	六月份销售量	上半年总销售	销售总额
李春燕	50	60	45	78	80	46	359	
王翔	76	60	80	56	65	67	404	
黄靖	46	67	78	56	56	98	401	
马永泰	78	89	98	76	78	45	464	
周玉明	56	45	56	78	87	76	398	
郭欣敏	90	89	45	45	34	45	348	
刘晓燕	76	67	90	65	78	76	452	
丁一夫	56	54	56	90	56	57	369	
合计								
平均销售量								

图 4.134

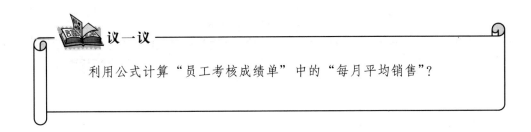

议一议

利用公式计算"员工考核成绩单"中的"每月平均销售"?

三、修改或删除公式

要修改公式，可单击含有公式的单元格，然后在编辑栏中进行修改，或双击单元格后直接在单元格中进行修改，修改完毕按"Enter"键确认。

删除公式是指将单元格中应用的公式删除，而保留公式的运算结果，操作如下。

1. 选中含有公式的单元格或单元格区域，单击"剪贴板"组中的"复制"按钮（如图4.135）。

图 4.135

2. 再单击"剪贴板"组中的"粘贴"按钮下方的三角按钮，在展开的列表中选择"值"项（如图4.136），即可将选中单元格或单元格中的公式删除而保留运算结果（如图4.137）。

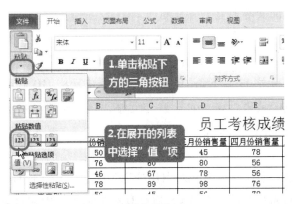

图 4.136

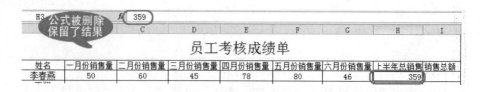

图 4.137

操作2　单元格的引用

单元格引用就是使用单元格的地址，标识单元格或单元格区域。通过引用可以在公式或函数中使用单元格中的数据，并且当单元格中的数据发生改变时，无需重新计算。

◇ 引用同一工作表中的数据，可以在公式中输入或者选择代表单元格或单元格区域位置的标识，例如"D2"或"D2:I5"。

◇ 引用同一个工作簿的不同工作表中的数据，引用的方法就是在单元格引用的前面加上工作表的名称和感叹号"！"，例如"Sheet2！D2:I5"。

◇ 引用其他工作簿的数据，一般情况下要打开为公式提供数据的工作簿，引用时依次输入用方括号"［］"括起来的工作簿名称、工作表名称、感叹号"！"和公式要计算的单元格或单元格区域，例如"［工作簿.xlsx］Sheet2！D2:I5"。

Excel 2010 提供了三种引用类型，用户可以根据实际情况选择引用的类型。

1. 相对引用

相对引用指的是单元格的相对地址，其引用形式为直接用列标和行号表示单元格，例如 B5，或使用冒号连接表示单元格区域，如 B5:D7。如果公式所在单元格的位置改变，引用也随之改变。默认情况下，公式使用相对引用，如前面讲解的复制公式就是如此。

2. 绝对引用

绝对引用是指引用单元格的精确地址，与包含公式的单元格位置无关，其引用形式为在列标和行号的前面都加上"＄"符号。

（1）打开"员工考核成绩单"工作簿，在单元格 I3 输入含有绝对引用的公式"＝＄C＄15＊H3"（如图 4.138），然后按 Enter 键得到计算结果。

（2）向下拖动单元格 I3 右下角的填充柄至目标单元格 I10 后释放鼠标，即可复制公式计算出其他彩电的销售总额。单击 I7 单元格，从编辑栏中可看到，绝对引用的单元格地址保持不变（如图 4.139）。

3. 混合引用

引用中既包含绝对引用又包含相对引用的称为混合引用。例如，＄D5 表示对 D 绝对引用和对第 5 行的相对引用，而 D＄5 是对 D 列的相对引用和对第 5 行的绝对引用。

图 4.138

图 4.139

议一议

编辑公式时，输入单元格地址后，按"F4"键可在绝对引用、相对引用和混合引用之间切换。

操作3 函数的使用

一、函数的分类

Excel 提供了大量的函数，表4.1列出了常用的函数类型和使用范例。

表 4.1 常用的函数类型和使用范例

函数类型	函数名称	使用范例
常用	SUM（求和）、AVERAGE（求平均值）、MAX（求最大值）、MIN（求最小值）、COUNT（计数）等	= AVERAGE（D2：D7） 表示求 D2：D7 单元格区域中数字的平均值

续 表

函数类型	函数名称	使用范例
财务	DB（资产的折扣值）、IRR（现金流的内部报酬率）、PMT（分期偿还额）等	＝PMT（B4，B5，B6） 表示在输入利率、周期和规则作为变量时，计算周期支付值
日期与时间	DATA（日期）、HOUR（小时数）、SECOND（秒数）、TIME（时间）等	＝DATA（C2，D2，E2） 表示返回C2、D2、E2所代表的日期的序列号
数学与三角	ABS（求绝对值）、SIN（求正弦值）、ACOSH（反双曲余弦值）、INT（求整数）、LOG（求对数）、RAND（产生随机数）等	＝ABS（E4） 表示得到E4单元格中数值的绝对值，即不带负号的绝对值
统计	AVERAGE（求平均值）、AVEDEV（绝对误差的平均值）、COVAR（求协方差）、BINOMDIST（一元二项式分布概率）	＝COVAR（A2：A6，B2：B6） 表示求A2：A6和B2：B6单元格区域数据的协方差
查找与引用	ADDRESS（单元格地址）、AREAS（区域个数）、COLUMN（返回列标）、LOOKUP（从向量或数组中查找值）、ROW（返回行号）等	＝ROW（C10） 表示返回引用单元格所在行的行号
逻辑	AND（与）、OR（或）、FALSE（假）、TRUE（真）、IF（如果）、NOT（非）	＝IF（A3＞＝B5，A3＊2、A3/B5） 表示使用条件测试A3是否大于等于B5，条件结果要么为真，要么为假

二、函数的使用方法

使用函数时，应首先确定已在单元格中输入了"＝"号，即已进入公式编辑状态。接下来可输入函数名称，再紧跟着一对括号，括号内为一个或多个参数，参数之间要用逗号来分隔。用户可以在单元格中手工输入函数，也可以使用函数向导输入函数。

1. 手工输入函数

手工输入一般用于参数比较单一、简单的函数，即用户能记住函数的名称、参数等。

（1）打开"员工考核成绩单"工作簿，单击要输入函数的单元格H11，然后输入"＝SUM（H3：H10）（如图4.140）。

（2）单击编辑栏的"输入"按钮 ✔ 或按Enter键，得到计算结果（如图4.141）。

2. 使用函数向导输入函数

如果不能确定函数的拼写或参数，可以使用函数向导输入函数。

（1）单击要输入函数的单元格H12，然后单击编辑栏中的"插入函数"按钮 f_x ，打开"插入函数"对话框，在"或选择类别"下拉列表中选择"常用函数"类，然后

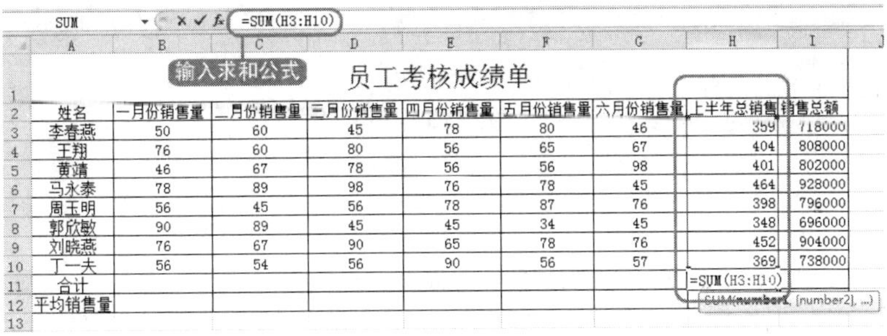

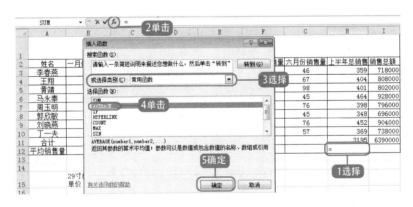

图 4.140

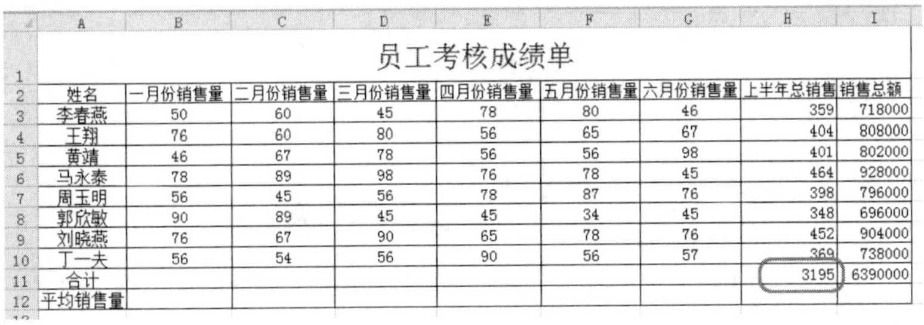

姓名	一月份销售量	二月份销售量	三月份销售量	四月份销售量	五月份销售量	六月份销售量	上半年总销售	销售总额
李春燕	50	60	45	78	80	46	359	718000
王翔	76	60	80	56	65	67	404	808000
黄靖	46	67	78	56	56	98	401	802000
马永泰	78	89	98	76	78	45	464	928000
周玉明	56	45	56	78	87	76	398	796000
郭欣敏	90	89	45	45	34	45	348	696000
刘晓燕	76	67	90	65	78	76	452	904000
丁一夫	56	54	56	90	56	57	369	738000
合计							3195	6390000
平均销售量								

图 4.141

在"选择函数"列表中选择"AVERAGE"函数（如图4.142）。

图 4.142

（2）单击"确定"按钮，打开"函数参数"对话框，单击 Number1 编辑框右侧的压缩对话框按钮 🔲（如图4.143）。

（3）在工作表中选择要求平均销售量的单元格区域 H3：H10（如图4.144），然后单击展开对话框按钮 🔲，返回"函数参数"对话框。

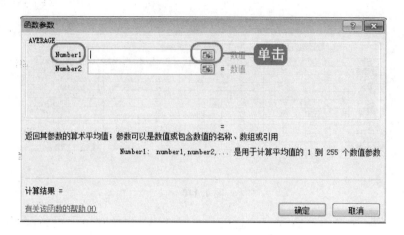

图 4.143

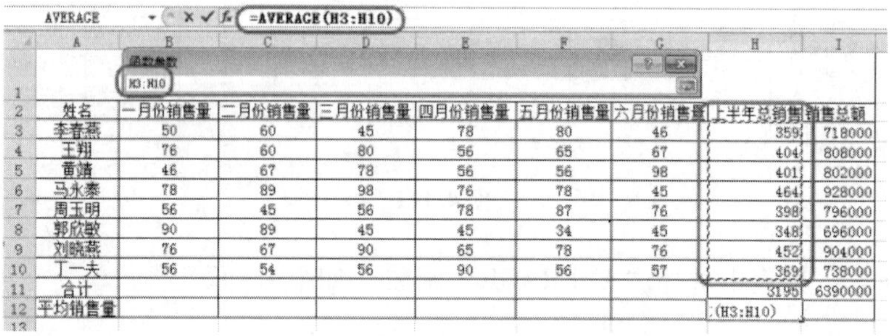

图 4.144

（4）单击"函数参数"对话框中的"确定"按钮得到结果（如图 4.145）。

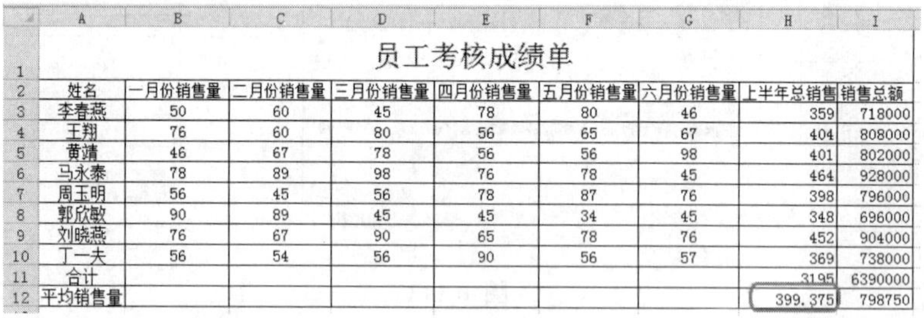

图 4.145

知识回顾

1. 在 Excel 2010 中，A1:B4 代表单元格（　　）。

A. A1，B4

B. A1，B1，B2，B3，B4

C. A1，A2，A3，A4，B4

D. A1，A2，A3，A4，B1，B2，B3，B4

2. 下列单元格地址中，属于绝对地址的是（　　）。

A. D5 B. $D5 C. D$5 D. D5

3. 用相对地址引用的单元格在公式复制中目标公式会（ ）。

A. 行地址变化 B. 列地址变化 C. 变化 D. 不变

4. 在 Excel 2010 工作表单元格中，下列表达式输入错误的是（ ）。

A. ＝$A2：A$3 B. ＝A2；A3

C. ＝SUM(Sheet2!A1) D. ＝10

5. Excel 2010 函数中各参数间的分隔符号一般用（ ）。

A. 逗号 B. 空格 C. 冒号 D. 分号

6. 下列（ ）函数可以用来求平均值？

A. SUM B. AVERAGE C. MAX D. MIN

实操任务

新建"函数练习"工作簿，保存在 D 盘"Excel 实例"文件夹中，在"sheet1"中按样表录入数据，计算"预计高位"和"预计低位"（即最大值和最小值），结果分别放在相应的单元格中。

纽约汇市开盘预测(3/25/14)						
顺序	价位	英镑	马克	日元	瑞郎	加元
第一阻力位	阻力位	1.486	1.671	104.25	1.425	1.376
第二阻力位	阻力位	1.492	1.676	104.6	1.429	1.382
第三阻力位	阻力位	1.496	1.683	105.05	1.433	1.384
第一支撑位	支撑位	1.473	1.664	103.85	1.412	1.371
第二支撑位	支撑位	1.468	1.659	103.15	1.408	1.368
第三支撑位	支撑位	1.465	1.655	102.5	1.404	1.365
预计高位						
预计低位						

任务2 分析产品各季度销售数量

在 Excel 2010 中可以把数据组织成数据清单，这样便于对数据进行各种处理。本任务中要掌握通过数据清单实现对数据的查找、排序、筛选和分类汇总。

操作1 数据清单的建立

一、数据清单的概念

数据清单是满足下列条件的一个连续的单元格区域：

1. 第一行必须为字段名（列标题）。

2. 每行形成一条记录。

3. 该区域中不能有空行。

4. 同一列（即同一字段中）各单元格有相同的数据类型。

清单中的每行叫做一条记录；每列叫做一个字段。

二、数据清单的建立

在对数据清单进行管理时，一般把数据清单看成是一个数据库。在 Excel 2010 中，数据清单的行相当于数据库中的记录，行标题相当于记录表，也可以从不同的角度去观察和分析数据。

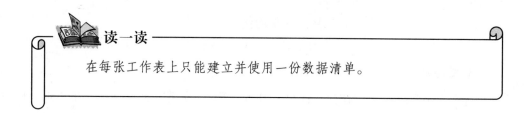

读一读

在每张工作表上只能建立并使用一份数据清单。

建立数据清单可使用两种方法，一种是直接在工作表中输入字段名和数据，输入时可以编辑修改；另一种方法是使用"记录单"对话框建立数据清单。

Excel 2010 中的"记录单"命令在功能区找不到，需要执行以下操作：单击右上角 Office 按钮→"Excel 选项"，也可以直接右键点击"快速访问工具栏"会出现"自定义快速访问工具栏"，打开"Excel 选项"对话框，单击左侧"自定义"，"从下列位置选择命令"→"所有命令"，这里按拼音列出了所有命令，找到"记录单..."，点"添加≫"，"确定"；"记录单" 图 就出现在"快速访问工具栏"上了（如图 4.146）。组合键"Alt + D + O"也可以实现将"记录单"命令添加到"快速访问工具栏"。

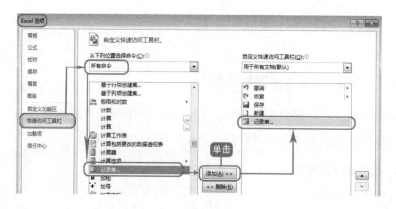

图 4.146

利用"记录单"对话框建立数据清单的操作步骤：

1. 选定要建立数据清单的工作表。

2. 在数据清单的第一行，输入数据清单标题行内容。如班级、姓名等。

3. 将光标定位到标题行或下一行中的任意单元格中。单击"快速访问工具栏"中的"记录单"  命令，由于数据清单中没有数据，系统会给出一个提示框，单击"确定"按钮，弹出"记录单"对话框（如图4.147）。

图 4.147

4. 在"记录单"中显示有各字段名称和相应的字段内容文本框，在文本框中输入第一个记录各字段内容，输入过程中可按 Tab 键、"Shift + Tab"键在各字段之间移动光标或用鼠标单击需要编辑的字段。单击"新建"按钮或者单击滚动条下方按钮，第一个记录数据将添加到数据清单中，同时记录单各文本框内容为空。

5. 用同样的方法输入其他记录数据，在输入数据的过程中，如果要取消正在输入的数据，可单击记录单中的"还原"按钮或者按 Del 键。

6. 全部数据输入完成后，单击记录单中的"关闭"按钮。

操作2 排序和筛选数据

一、排序数据

为了方便查看表格中的数据，用户可以按照一定的顺序对工作表中的数据进行重新排序。

1. 简单排序

简单排序是指对数据表中的单列数据按照 Excel 默认的升序或降序的方式排列。单击要进行排序的列中的任一单元格，再单击"数据"选项卡上"排序和筛选"组中"升序" 按钮或"降序"按钮 ，所选列即按升序或降序方式进行排序。

在 Excel 中，不同数据类型的默认排序方式如下。

◇ 升序排序

数字：按从最小的负数到最大的正数进行排序。

日期：按从最早的日期到最晚的日期进行排序。

文本：按照特殊字符、数字（0……9）、小写英文字母（a……z）、大写英文字母（A……Z）、汉字（以拼音排序）排序。

逻辑值：FALSE 排在 TRUE 之前。

错误值：所有错误值（如#NUM！和#REF！）的优先级相同。

空白单元格：总是放在最后。

◇ 降序排序

与升序排序的顺序相反。

2. 多关键字排序

多关键字排序就是对工作表中的数据按两个或两个以上的关键字进行排序。在此排序方式下，为了获得最佳结果，要排序的单元格区域应包含列标题。

对多个关键字进行排序时，在主要关键字完全相同的情况下，会根据指定的次要关键字进行排序；在次要关键字完全相同的情况下，会根据指定的下一个次要关键字进行排序，依次类推。

（1）打开工作簿"员工考核成绩单"，单击任意非空单元格，然后单击"数据"选项卡上"排序和筛选"组中的"排序"按钮 。

读一读

选中"排序"对话框的"数据包含标题"复选框，表示选定区域的第一行作为标题，不参加排序，始终放在原来的行位置；取消该复选框，表示将选定区域第一行作为普通数据看待，参与排序。

（2）在打开的"排序"对话框中设置"主要关键字"条件为"销售总额"，然后单击"添加条件"按钮，添加一个次要条件，设置"次要关键字"条件为"上半年总销售量"（如图 4.148），设置完毕，单击"确定"按钮即可（如图 4.149）。

二、筛选数据

在对工作表数据进行处理时，有时需要从工作表中找出满足一定条件的数据，这时可以用 Excel 的数据筛选功能显示符合条件的数据，而将不符合条件的数据隐藏起来。要进行筛选操作，数据表中必须有列标签。

图 4.148

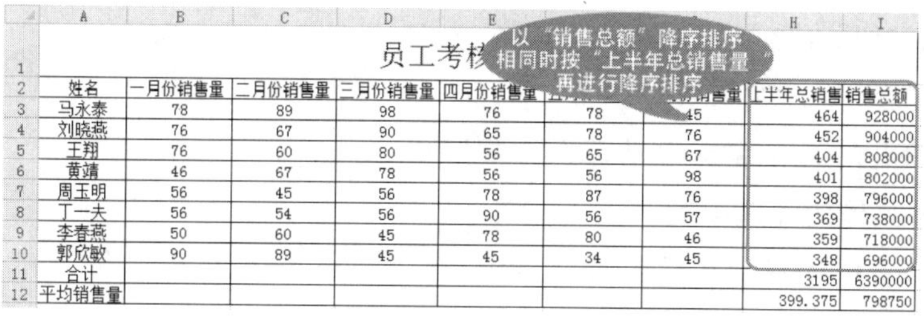

图 4.149

Excel 2010 中提供了三种数据的筛选方式，下面分别介绍。

1. 自动筛选

自动筛选一般用于简单的条件筛选，筛选时将不需要显示的记录暂时隐藏起来，只显示符合条件的记录，具体操作如下。

（1）打开工作簿"员工考核成绩单"，单击任意非空单元格，然后单击"数据"选项卡上"排序和筛选"组中的"筛选"按钮 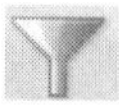 。

（2）此时，工作表标题行中的每个单元格右侧显示筛选箭头 ，单击要进行筛选操作列标题"上半年总销售量"右侧的筛选箭头，在展开的列表中取消不需要显示的记录左侧的复选框，只勾选需要显示的记录，这里勾选"401"，（如图4.150）单击"确定"按钮，得到成绩表中"上半年总销售量"为"401"的筛选结果（如图4.151）。

2. 自定义筛选

在 Excel 中，还可以按自定义的筛选条件筛选出符合需要的数据。本例中要将上半年总销售量 350 至 400 之

图 4.150

	A	B	C	D	E	F	G	H	I
2	姓名	一月份销售量	二月份销售量	三月份销售量	四月份销售量	五月份销售量	六月份销售量	上半年总销售量	销售总额
5	黄靖	46	67	78	56	56	98	401	802000

图 4.151

间的记录筛选出来，具体步骤如下。

（1）首先在"上半年总销售量"筛选列表中选择"全选"复选框，然后单击"确定"按钮，显示工作表中的全部记录。

（2）单击"上半年总销售量"列标题右侧的筛选箭头，在打开的筛选列表选择"数字筛选"，然后在展开的子列表中选择一种筛选条件"介于"（如图 4.152）。

（3）在打开的"自定义自动筛选方式"对话框中设置具体的筛选项为"大于或等于 350 与小于或等于 400"，然后单击"确定"按钮（如图 4.153）。

图 4.152

	A	B	C	D	E	F	G	H	I
2	姓名	一月份销售量	二月份销售量	三月份销售量	四月份销售量	五月份销售量	六月份销售量	上半年总销售量	销售总额
3	李春燕	50	60	45	78	80	46	359	718000
7	周玉明	56	45	56	78	87	76	398	796000
10	丁一夫	56	54	56	90	56	57	369	738000
12	平均销售量							399.375	798750

图 4.153

3. 高级筛选

高级筛选用于条件较复杂的筛选操作，其筛选结果可显示在原数据表格中，不符合条件的记录被隐藏起来，也可以在新的位置显示筛选结果，不符合条件的记录同时保留在数据表中，从而便于进行数据的对比。

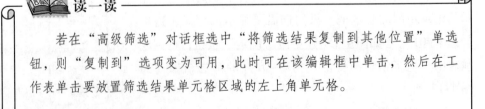

读一读

若在"高级筛选"对话框选中"将筛选结果复制到其他位置"单选钮，则"复制到"选项变为可用，此时可在该编辑框中单击，然后在工作表单击要放置筛选结果单元格区域的左上角单元格。

在高级筛选中，筛选条件又可分为多条件筛选和多选一条件筛选两种。

◇ 多条件筛选

多条件筛选，即利用高级筛选功能查找出同时满足多个条件的记录。

（1）在工作表中显示全部数据，输入筛选条件

上半年总销售量	二月份销售量
359	< 50

（如图4.154）。然后单击任意非空单元格，再单击"数据"选项卡"排序和筛选"组中的"高级"按钮 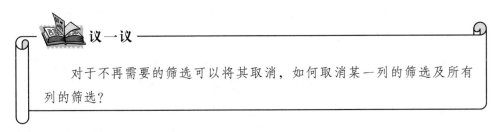 。

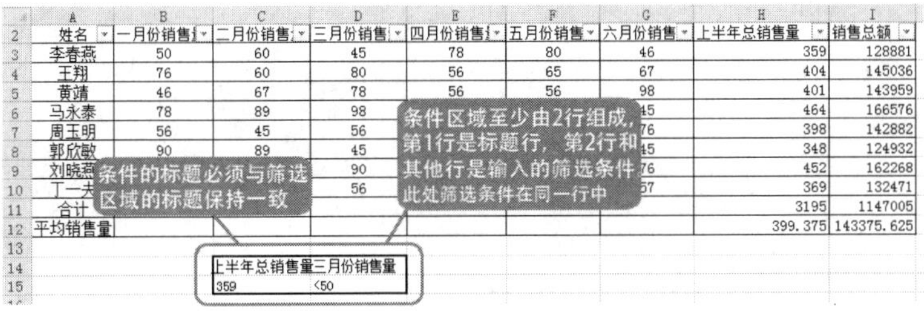

图 4.154

（2）在"高级筛选"对话框，确认"列表区域"（参与高级筛选的数据区域）的单元格引用是否正确，如果不正确，重新在工作表中进行选择，然后单击"条件区域"后的对话框启动器按钮 ，在工作表中选择步骤（1）输入的筛选条件区域，最后选择筛选结果的放置位置（在原有位置还是复制到其他位置）。

议一议

对于不再需要的筛选可以将其取消，如何取消某一列的筛选及所有列的筛选？

（3）设置完毕单击"确定"按钮，即可得到筛选结果（如图4.155）。

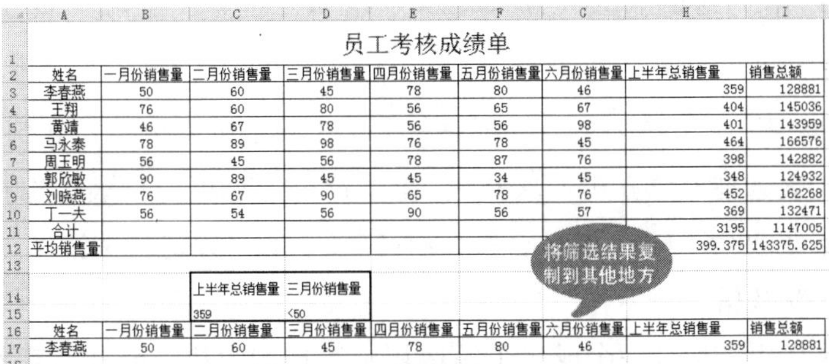

图 4.155

◇ 多选一条件筛选

多选一条件筛选，也就是在查找时只要满足几个条件当中的一个，记录就会显示出来。多选一条件筛选的操作与多条件筛选类似，只是将条件输入在不同的行中（如图4.156）。

员工考核成绩单

姓名	一月份销售量	二月份销售量	三月份销售量	四月份销售量	五月份销售量	六月份销售量	上半年总销售	销售总额
李春燕	50	60	45	78	80	46	359	718000
王翔	76	60	80	56	65	67	404	808000
黄靖	46	67	78	56	56	98	401	802000
马永泰	78	89	98	76	78	45	464	928000
周玉明	56	45	56	78	87	76	398	796000
郭欣敏	90	89	45	45	34	45	348	696000
刘晓燕	76	67	90	65	78	76	452	904000
丁一夫	56	54	56	90	56	57	369	738000
合计							3195	6390000
平均销售量							399.375	798750

> 只要满足其中一个条件就可以结果如下

五月份销售量	上半年总销售量
>70	
	>=400

姓名	一月份销售量	二月份销售量	三月份销售量	四月份销售量	五月份销售量	六月份销售量	上半年总销售	销售总额
李春燕	50	60	45	78	80	46	359	718000
王翔	76	60	80	56	65	67	404	808000
黄靖	46	67	78	56	56	98	401	802000
马永泰	78	89	98	76	78	45	464	928000
周玉明	56	45	56	78	87	76	398	796000
刘晓燕	76	67	90	65	78	76	452	904000
合计							3195	6390000

图 4.156

操作3 销售数据分类汇总

一、分类汇总数据

分类汇总是把数据表中的数据分门别类地统计处理，无需建立公式，Excel 会自动对各类别的数据进行求和、求平均值、统计个数、求最大值（最小值）和总体方差等多种计算，并且分级显示汇总的结果，从而增加了工作表的可读性，使用户能更快捷地获得需要的数据并做出判断。

在分类汇总之前必须要对工作表中的数据排序，而且要进行分类汇总的数据表的第一行必须有列标签。例如要统计每个区域的销售业绩情况，首先以销售区域为根据进行排序，然后再分类汇总每个区域的销售业绩，具体步骤如下。

1. 打开工作簿"员工一季度销售排名表"，对工作表中要进行分类汇总字段"销售区域"列进行升序排序。

2. 单击"数据"选项卡上"分级显示"组中的"分类汇总"按钮，打开"分类汇总"对话框。

3. 在"分类字段"下拉列表选择要进行分类汇总的列标题"销售区域"；在"汇总方式"下拉列表选择汇总方式"求和"；在"选定汇总项"列表中选择需要进行汇总的列标题"销售业绩"（如图4.157），设置完毕单击"确定"按钮（如图4.158）。

二、合并计算数据

合并计算是指用来汇总一个或多个源区域中数据的方法。合并计算不仅可以进行求和汇总，还可以进行求平均值、计数统计等运算，利用它可以将各单独工作表中的

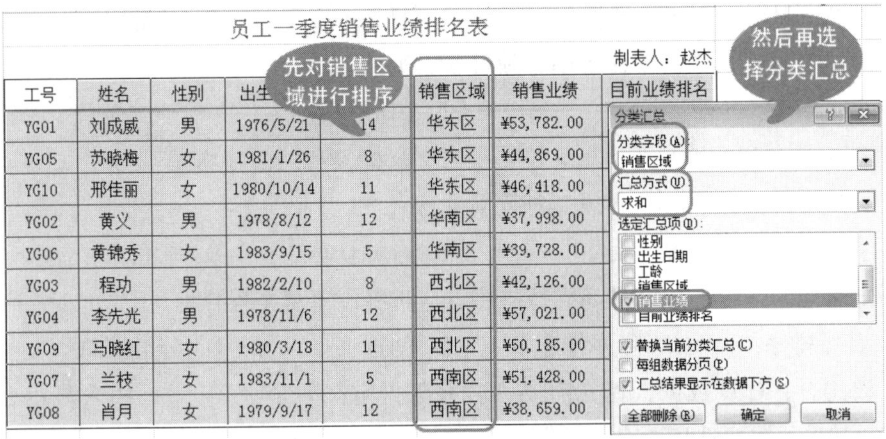

员工一季度销售业绩排名表

制表人：赵杰

工号	姓名	性别	出生		销售区域	销售业绩	目前业绩排名
YG01	刘成威	男	1976/5/21	14	华东区	¥53, 782. 00	
YG05	苏晓梅	女	1981/1/26	8	华东区	¥44, 869. 00	
YG10	邢佳丽	女	1980/10/14	11	华东区	¥46, 418. 00	
YG02	黄义	男	1978/8/12	12	华南区	¥37, 998. 00	
YG06	黄锦秀	女	1983/9/15	5	华南区	¥39, 728. 00	
YG03	程功	男	1982/2/10	8	西北区	¥42, 126. 00	
YG04	李先光	男	1978/11/6	12	西北区	¥57, 021. 00	
YG09	马晓红	女	1980/3/18	11	西北区	¥50, 185. 00	
YG07	兰枝	女	1983/11/1	5	西南区	¥51, 428. 00	
YG08	肖月	女	1979/9/17	12	西南区	¥38, 659. 00	

图 4.157

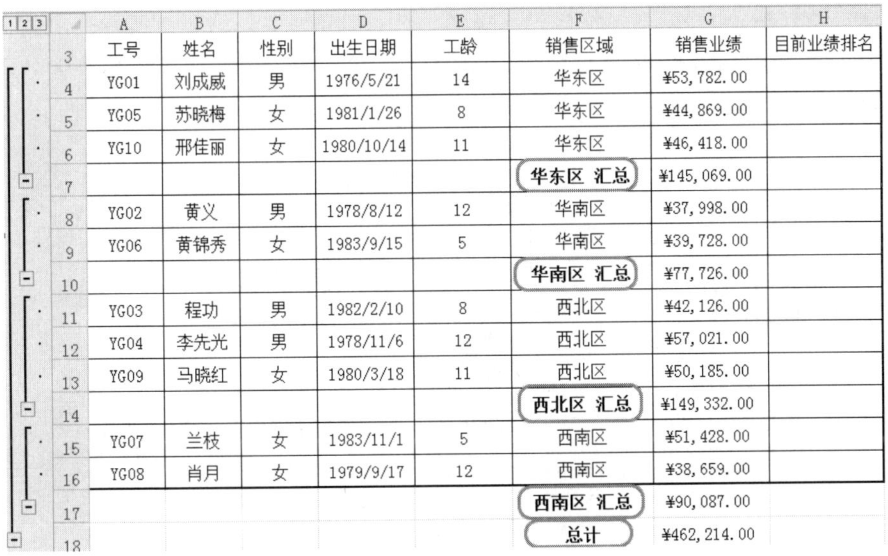

	A	B	C	D	E	F	G	H
3	工号	姓名	性别	出生日期	工龄	销售区域	销售业绩	目前业绩排名
4	YG01	刘成威	男	1976/5/21	14	华东区	¥53, 782. 00	
5	YG05	苏晓梅	女	1981/1/26	8	华东区	¥44, 869. 00	
6	YG10	邢佳丽	女	1980/10/14	11	华东区	¥46, 418. 00	
7						华东区 汇总	¥145, 069. 00	
8	YG02	黄义	男	1978/8/12	12	华南区	¥37, 998. 00	
9	YG06	黄锦秀	女	1983/9/15	5	华南区	¥39, 728. 00	
10						华南区 汇总	¥77, 726. 00	
11	YG03	程功	男	1982/2/10	8	西北区	¥42, 126. 00	
12	YG04	李先光	男	1978/11/6	12	西北区	¥57, 021. 00	
13	YG09	马晓红	女	1980/3/18	11	西北区	¥50, 185. 00	
14						西北区 汇总	¥149, 332. 00	
15	YG07	兰枝	女	1983/11/1	5	西南区	¥51, 428. 00	
16	YG08	肖月	女	1979/9/17	12	西南区	¥38, 659. 00	
17						西南区 汇总	¥90, 087. 00	
18						总计	¥462, 214. 00	

图 4.158

数据合并计算到一个主工作表中。单独工作表可以与主工作表在同一个工作簿中，也可位于其他工作簿中。

要想合并计算数据，首先必须为合并数据定义一个目标区，用来显示合并后的信息，此目标区域可位于与源数据相同的工作表中，也可在另一个工作表中；其次，需要选择要合并计算的数据源，此数据源可以来自单个工作表、多个工作表或多个工作簿。

知识回顾

1. 在 Excel 中，（　　）按照特殊字符、数字、小写英文字母、大写英文字母、汉字（以拼音排序）排序。

   A. 数字   B. 文本   C. 日期   D. 关键字

2. 要进行筛选操作，工作表中必须（　　　）。

   A. 有行标签   B. 有列标签

   C. 行标签和列标签都要有   D. 行标签和列标签均无

3. 在进行分类汇总之前必须先对数据进行（　　　）。

   A. 排序   B. 筛选   C. 合并计算   D. 求和

4. 如果想对考生的成绩从高到低排序，应选择以下哪个操作？（　　　）

   A. 升序排序   B. 降序排序   C. 筛选   D. 分类汇总

5. 要想合并计算数据，首先需要为合并数据定义一个（　　　），用来显示合并后的信息；其次，需要选择要合并计算的（　　　）。

   A. 数据源   B. 目标区域   C. 单元格区域   D. 工作表

实操任务

新建"出库产品月报表"工作簿，保存在 D 盘"Excel 实例"文件夹中，并完成以下操作。

	A	B	C	D	E
1	产品编号	产品名称	出库日期	出库数量	单位
2	JY-0605001	家用厨房定时器JY01型	2014/5/1	5	部
3	JY-0605002	家用厨房定时器JY02型	2014/5/1	12	部
4	JY-0605004	家用防盗门门铃	2014/5/1	5	个
5	JY-0605006	家用吸尘器	2014/5/1	6	部
6	JY-0605005	家庭版跳舞机	2014/5/1	8	部
7	JY-0605008	家用儿童学习机	2014/5/2	20	部
8	JY-0605003	家用儿童学习机	2014/5/2	3	部
9	JY-0605007	家用电冰箱除菌器	2014/5/2	3	部
10	JY-0605009	家用磁化热能型按摩靠垫	2014/5/2	5	部
11	JY-0605010	家用多功能足浴盆	2014/5/3	3	个
12	JY-0605002	家用厨房定时器JY02型	2014/5/3	6	部
13	JY-0605003	家用温度湿度监控器	2014/5/3	15	部
14	JY-0605001	家用厨房定时器JY01型	2014/5/4	9	部
15	JY-0605007	家用电冰箱除菌器	2014/5/4	15	部
16	JY-0605009	家用磁化热能型按摩靠垫	2014/5/4	20	部
17	JY-0605008	家用儿童学习机	2014/5/5	2	部
18	JY-0605006	家用吸尘器	2014/5/5	15	部
19	JY-0605005	家庭版跳舞机	2014/5/5	25	部
20	JY-0605004	家用防盗门门铃	2014/5/6	2	个
21	JY-0605010	家用多功能足浴盆	2014/5/7	1	个
22	JY-0605004	家用防盗门门铃	2014/5/7	10	个

1. 在"sheet1"中输入样表的列标题。

2. 利用"记录单"输入样表中的数据。

3. 将"sheet1"重命名为"产品出库明细"。

4. 对"产品出库明细"工作表中的数据进行排序：按"主要关键字"为"产品编号"升序，"次要关键字"为"出库日期"升序，对其进行排序。

5. 对"产品出库明细"工作表中的数据进行分类汇总：分别选择"分类字段"为"产品名称"，"汇总方式"为"求和"，"选定汇总项"为"出库数量"，对其进行分类汇总。

任务3 制作员工考核成绩单图表

图表以图形化方式直观地表示工作表中的数据。图表具有较好的视觉效果，方便用户查看数据的差异和预测趋势。

操作1 创建与编辑图表

一、图表的组成

图表由许多部分组成，每一部分就是一个图表项，如图表区、绘图区、标题、坐标轴、数据系列等（如图4.159）。

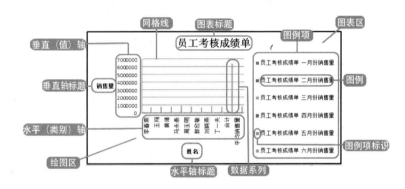

图4.159

二、创建、编辑和美化图表

在 Excel 2010 中创建图表的一般流程为：

（1）选中要创建为图表的数据并插入某种类型的图表；

（2）根据需要编辑图表，如更改图表类型、切换行列、移动图表和为图表快速应用系统内置的样式等；

（3）根据需要设置图表布局，如添加或取消图表的标题、坐标轴和网格线等；

（4）根据需要分别对图表的图表区、绘图区、分类（X）轴、数值（Y）轴和图例项等组成元素进行格式化，从而美化图表。

读一读

　　如果要将图表转为单独位于一个工作表中的独立图表，可选中创建的图表，单击"图表工具设计"选项卡上"位置"组中的"移动图表"按钮，打开"移动图表"对话框，选中"新工作表"单选钮，然后单击"确定"按钮，即可在原工作表的前面插入一个"Chart + 数字"工作表以旋转创建的图表。

　　下面以"员工考核成绩单"创建一个嵌入式法图表为例，学习图表的创建、编辑和美化。

　　1. 打开工作簿"员工考核成绩单"，选择要创建图表的"姓名"和"销售总额"列数据。

　　2. 在"插入"选项卡上"图表"组中单击要插入的图表类型，在打开的列表中选择子类型（如图4.160）。

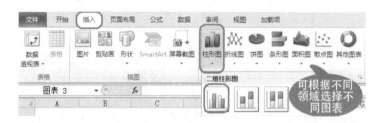

图4.160

　　3. 在当前工作表中插入图表（如图4.161）。

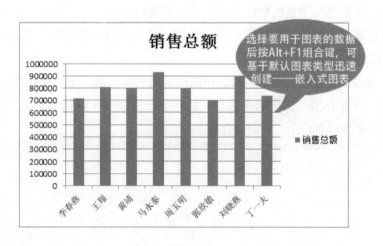

图4.161

4. 创建图表后，将显示"图表工具"选项卡，其包括"设计"、"布局"和"格式"三个子选项卡（如图 4.162）。用户可以使用这些选项中的命令修改图表，以使图表按照用户所需的方式表示数据。如更改图表类型，调整图表大小，移动图表，向图表中添加或删除数据，对图表进行格式化等。

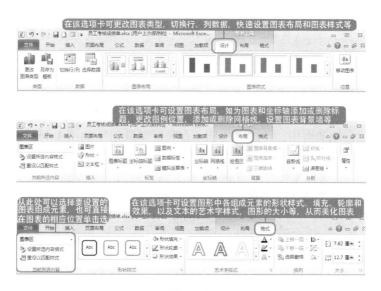

图 4.162

5. 利用"图表工具"的三个子选项卡为图表添加图表标题、坐标轴标题，设置图表区、绘图区填充，为图表添加边框后效果（如图 4.163）。

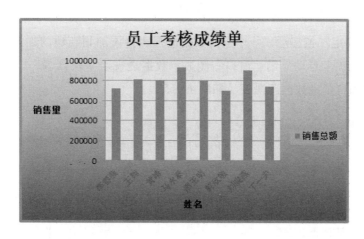

图 4.163

操作 2　数据透视表的建立

数据透视表是一种对大量数据快速汇总和建立交叉列表的交互式表格，用户可以旋转其行或列以查看对源数据的不同汇总，还可以通过显示不同的行标签来筛选数据，

或者显示所关注区域的明细数据，它是 Excel 强大数据处理能力的具体体现。

要创建数据透视表，首先要有数据源，这种数据可以是现有的工作表数据或外部数据，然后在工作簿中指定放置数据透视表的位置，最后设置字段布局。

下面以创建员工每月销售量数据透视表为例，介绍创建数据透视表的方法，具体步骤如下。

1. 打开工作簿"员工考核成绩单"，单击工作表中的任意非空单元格，再单击"插入"选项卡上"表格"组中的"数据透视表"按钮 📊，在展开的列表中选择"数据透视表"选项。

2. 在打开的"创建数据透视表"对话框中的"表/区域"编辑框中自动显示工作表名称和单元格区域的引用，并选中"新工作表"单选钮（如图 4.164）。

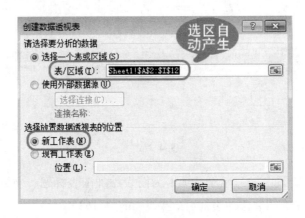

图 4.164

3. 单击"确定"按钮后，一个空的数据透视表会添加到新建的工作表中，"数据透视表工具"选项卡自动显示，窗口右侧显示数据透视表字段列表，以便用户添加字段、创建布局和自定义数据透视表（如图 4.165）。

图 4.165

4. 将所需字段添加到报表区域的相应位置。例如，要想查看员工各月份的销售情况，可将"姓名"字段拖到"行标签"区域，"一月份销售量"、"二月份销售量"、"三月份销售量"、"四月份销售量"、"五月份销售量"、"六月份销售量"字段拖到"数值"区域（如图4.166）。最后在数据透视表外单击，数据透视表创建结束（如图4.167）。

读一读

> 也可直接勾选要添加到报表区域的字段，此时非数值字段会被添加到"行标签"区域，数值字段会被添加到"值"区域。此外，也可以右击字段名，然后在弹出的菜单中选择要添加到的位置。

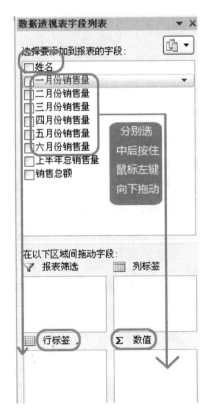

图 4.166

	A	B	C	D	E	F	G
1							
2							
3	行标签 ▼	求和项:一月份	求和项:三月份销售	求和项:二月份销售	求和项:四月份销售	求和项:五月份销	求和项:六月份
4	丁一夫	56	56	54	90	56	57
5	郭欣敏	90	45	89	45	34	45
6	合计	528	548	531	544	534	510
7	黄靖	46	78	67	56	56	98
8	李春燕	50	45	60	78	80	46
9	刘晓燕	76	90	67	65	78	76
10	马永泰	78	98	89	76	78	45
11	平均销售量	66	68.5	66.375	68	66.75	63.75
12	王翔	76	80	60	56	65	67
13	周王明	56	56	45	78	87	76
14	总计	1122	1164.5	1128.375	1156	1134.75	1083.75
15							

图 4.167

知识回顾

1. 用来创建数据透视表的数据中（　　　）。

A. 可以有空列　　　　　　　　　　　B. 可以有空行

C. 可以有空行和空列　　　　　　　　D. 不可以有空行或空列

2. 选择要用于图表的数据后按（　　　）组合键，可基于默认图表类型迅速创建一嵌入式图表。

A. "Alt + F1"　　　B. "F1"　　　　C. "Ctrl + F1"　　　D. "Shift + F1"

3. 下列不属于图标表组成元素的是（　　　）。

A. 标题　　　　　B. 坐标轴　　　　C. 绘图区　　　　D. 辅助线

4. 要显示一段时间内数据的变化或显示各项之间的比较情况，可使用（　　　）。

A. 饼图　　　　B. 柱形图　　　　C. 面积图　　　　D. 拆线图

5. 要设置图表各组成元素的格式，可利用（　　　）选项卡。

A. 图表工具　格式　　　　　　　　　B. 开始

C. 图表工具　布局　　　　　　　　　D. 图表工具　设计

实操任务

新建"产品销售情况汇总"工作簿，保存在 D 盘"Excel 实例"文件夹中，并完成以下操作。

	A	B	C	D	E	F	G	H	I
1				产品销售情况汇总					
2	产品编号	产品名称	单位	天津	北京	成都	内蒙古	上海	小计
3	XY-2014001	熊猫彩电42寸	台	300	500	1000	400	600	
4	XY-2014002	康佳彩电46寸	台	450	400	300	900	400	
5	XY-2014003	TCL彩电38寸	台	800	300	800	1000	200	
6	XY-2014004	海信液晶电视	台	1000	600	500	450	1000	
7	XY-2014005	创维液晶电视	台	1050	700	900	800	300	
8	XY-2014006	海尔液晶电视	台	2100	1000	400	700	100	
9	XY-2014007	飞利浦液晶电视	台	2300	500	600	500	2000	
10	XY-2014008	LG液晶电视	台	890	800	900	300	240	
11	XY-2014009	夏普液晶电视	台	345	600	1000	200	560	
12	XY-2014010	索尼液晶电视	台	500	300	490	100	1000	
13	合计		台						

1. 在"sheet1"中输入样表的数据。

2. 利用学过的公式或函数求出"小计"和"合计"。

3. 利用"天津"地区的电视产品销售数量数据，制作"柱状图"图表，直观显示出天津地区的彩电销售情况。

4. 利用"熊猫彩电42寸"的产品销售数据，制作"饼图"图表，直观显示这一品牌在各个地区的销售份额。

任务4 打印员工考核成绩单

工作表制作完毕，一般都会将其打印出来，但是在打印前通常会进行一些设置。下面通过对"员工考核成绩单"进行操作来学习与打印工作表相关的知识。

操作1 页面设置

工作表的页面设置包括设置打印纸张大小、页边距、打印方向、页眉和页脚，以及是否打印标题行等。

1. 设置纸张方向和大小

（1）打开工作表"员工考核成绩单"，单击"页面布局"选项卡的"页面设置"组中的"纸张方向"按钮，然后在弹出的下拉列表中选择"横向"选项（如图4.168）。

读一读

通常，当要打印文件的高度大于宽度时，选择"纵向"；当宽度大于高度时，选择"横向"。

图4.168

（2）在"页面设置"组中单击"纸张大小"按钮，然后在弹出的下拉列表中选择"A4"选项（如图4.169）。

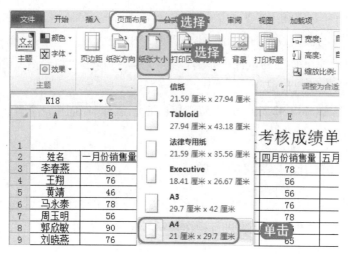

图 4.169

2. 设置页边距

页边距是指页面上打印区域之外的空白区域，设置页边距的具体步骤如下。

（1）在工作表"员工考核成绩单"中，切换到"页面布局"选项卡的"页面设置"组中单击"页边距"按钮 ，然后在弹出的下拉列表中选择"自定义边距"选项。

（2）在"页面设置"对话框中，在"上"和"下"微调框中均输入"2.5"，在"左"和"右"微调框中均输入"3"，在"页眉"和"页脚"微调框中均输入"2"，然后在"居中方式"组合框中选中"水平"复选框（如图 4.170）。

图 4.170

3. 设置字体格式

（1）在工作表"员工考核成绩单"，将光标定位在任意有数据的单元格中，按"Ctrl + A"组合键选中所有数据，然后切换到"开始"选项卡，单击"字体"组中右下角的"对话框启动器"按钮 。

（2）弹出"设置单元格格式"对话框，自动切换到"字体"选项卡，列表中选择"华文楷体"选项，在"字形"列表框中选择"加粗"选项，在"字号"列表框中选择"10"选项（如图4.171）。

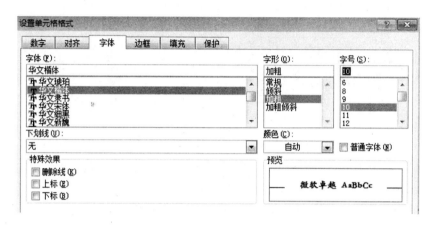

图4.171

（3）单击"确定"按钮返回工作表，然后选中第2行至第12行，将鼠标指针移至行与行之间，此时鼠标指针变成 形状。

（4）按住鼠标左键不放，移至合适的位置释放鼠标左键，即可将所有的行高调整一致（如图4.172）。

图4.172

4. 设置页眉和页脚

页眉和页脚分别位于打印页的顶端和底端，用来打印表格名称、页号、作者名称或时间等。设置页眉和页脚的具体步骤如下。

（1）设置页眉。切换到"插入"选项卡在"文本"组中单击"页眉和页脚"按钮。

（2）进入页眉和页脚的编辑状态，并激活了"页眉和页脚工具"的"设计"选项卡。在"页眉和页脚"组中单击"页眉"按钮，然后在弹出的下拉列表中选择"员工考核成绩单"选项。此时选中的内容即可添加到页眉的相应位置（如图4.173）。

姓名	一月份销售量	二月份销售量	三月份销售量	四月份销售量	五月份销售量	六月份销售量	上半年总销量	销售总额
李春燕	50	60	45	78	80	46	359	718000
王翔	76	60	80	56	65	67	404	808000
黄靖	46	67	78	56	56	98	401	802000
马永泰	78	89	98	76	78	45	464	928000
周玉明	56	45	56	78	87	76	398	796000
郭欣敏	90	89	45	45	34	45	348	696000
刘晓燕	76	67	90	65	78	76	452	904000
丁一夫	56	54	56	90	56	57	369	738000
合计							3195	6390000
平均销售量							399.375	798750

图4.173

（3）为页眉设置字体格式。选中文本框中的页眉，在"开始"选项卡的"字体"组中设置"字体"为"隶书"，"字型"为"加粗"，"字号"为"13"。

（4）另外还可以在页眉中插入图片。选中页眉中左侧的文本框，切换到"页眉和页脚工具"的"设计"选项卡，然后在"页眉和页脚元素"组中单击插入"图片"按钮。

（5）弹出"插入图片"对话框，然后选择要添加的图片，单击"插入"按钮，即可将图片插入到页眉中。

（6）设置页脚。切换到"页面布局"选项卡，单击"页面设置"组中右下角的"对话框启动器"按钮。

（7）弹出"页面设置"对话框，切换到"页眉/页脚"选项卡，在"页脚"下拉列表中选择"第1页，共？页"选项。

操作2　设置打印区域和可打印项

一、设置打印区域

1. 切换到工作表"员工考核成绩单"，选中单元格区域A1:I12，切换到"页面布局"选项卡，在"页面设置"组中单击"打印区域"按钮，然后在弹出的下拉列表中选择"设置打印区域"选项。

278

读一读

　　如果要打印的区域为不连续的区域，可以利用 Ctrl 键选中多个单元格区域，再按照上面介绍的方法设置打印区域即可。

　　2. 此时选中的单元格区域的四周出现了虚线框，这表示虚线框的区域为要打印的区域（如图 4.174）。

员工考核成绩单

员工考核成绩单								
姓名	一月份销售量	二月份销售量	三月份销售量	四月份销售量	五月份销售量	六月份销售量	上半年总销售	销售总额
李春燕	50	60	45	78	80	46	359	718000
王翔	76	60	80	56	65	67	404	808000
黄靖	46	67	78	56	56	98	401	802000
马永泰	78	89	98	76	78	45	464	928000
周玉明	56	45	56	78	87	76	398	796000
郭欣敏	90	89	45	45	34	45	348	696000
刘晓燕	76	67	90	65	78	76	452	904000
丁一夫	56	54	56	90	56	57	369	738000
合计							3195	6390000
平均销售量							399.375	798750

图 4.174

　　3. 要取消所设置的打印区域，可单击工作表的任意单元格，然后在"打印区域"列表中单击"取消打印区域"项，此时，取消所设置的打印区域。

二、打印标题

　　如果打印的内容较长，一定要分成多张打印，又要求在其他页面上具有与第一页相同的行标题或列标题，则可以在"页面设置"对话框的"工作表"选项卡的"打印标题"设置区通过框中的"标题行"、"标题列"指定标题行或标题列，这样打印输出的表格就方便"阅读"了。

三、设置可打印项

　　默认情况下，工作表中的网格线和行号列标是不打印的，用户也可将其设为可打印项，此时只需在"页面设置"对话框的"工作表"选项卡的"打印"设置区选中相应的复选框即可（如图 4.175）。

　　操作 3　分页预览与设置分页符

　　如果需要打印的工作表内容不止一页，Excel 会自动在工作表中插入分页符将工作表分成多页打印。具体步骤如下。

　　1. 要进入分页预览视图，可以单击"视图"选项卡上"工作簿视图"组中的"分

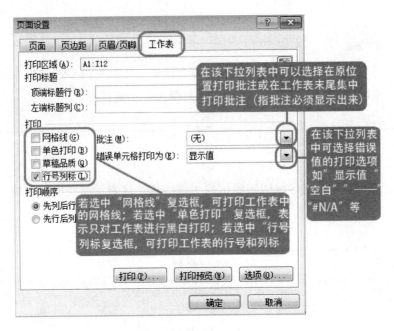

图 4.175

页预览"按钮 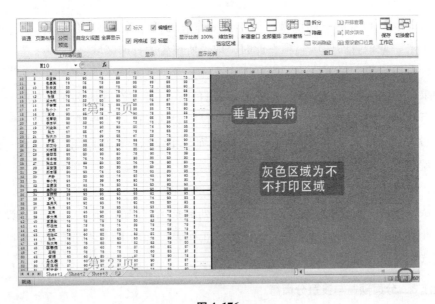，或者单击"状态栏"上的"分页预览"按钮 ，此时工作表将

从"普通"视图切换到"分页预览"视图（如图 4.176）。

图 4.176

2. 在分页预览视图中，我们可调整分页符的位置，从而调整工作表的打印页数和
打印区域。

3. 当系统默认提供的分页符无法满足要求时，我们可手动插入分页符。方法是：单击要插入水平或垂直分页符位置的下方或右侧选中一行或一列，然后单击"页面布局"选项卡上"页面设置"组中的"分隔符"按钮，在展开的列表中选择"插入分页符"项（如图4.177）。

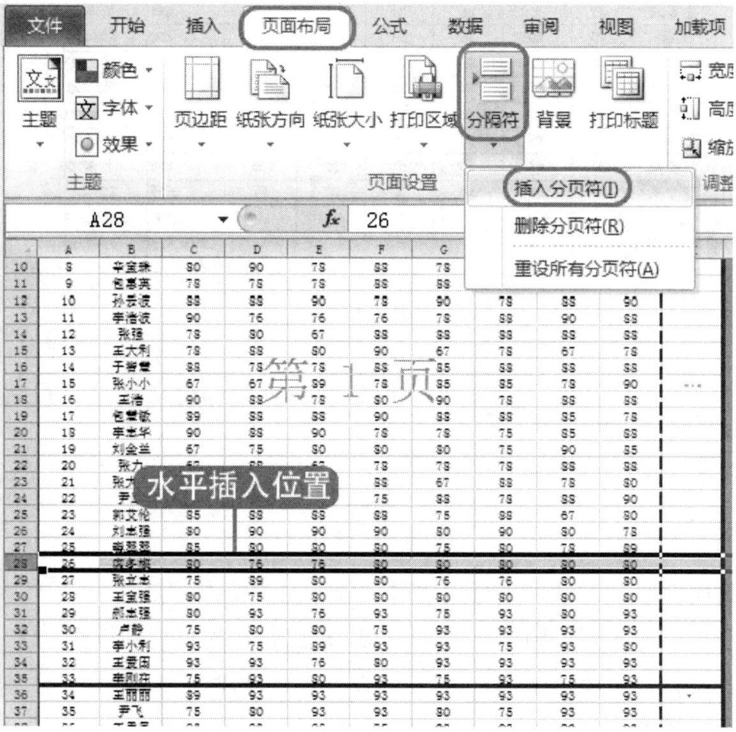

图 4.177

操作4 打印预览与打印工作表

页面布局和打印区域已经设置完毕，接下来进行打印预览，看看设置得是否合适，可以设置打印份数和打印范围，具体步骤如下。

1. 打开工作表"员工考核成绩单"，单击"文件"选项卡，在弹出的下拉菜单中选择"打印"菜单项，默认情况下，在"份数"微调框中显示为"1"，"打印内容"下拉列表中自动选择"打印活动工作表"选项，打印范围为工作表中的全部数据，即打印一份当前活动工作表中的全部数据。

2. 如果不想打印全部数据，只打印当前活动工作表的第2页到第3页的数据，可以在"页数"微调框中输入打印范围的起始页码"2"，在"至"微调中输入打印范围的终止页码"3"。

3. 如果需要打印整个工作簿。在"打印内容"下拉列表中选择"打印整个工作簿"选项。

4. 此时可以预览整个工作簿的打印效果（如图4.178）。

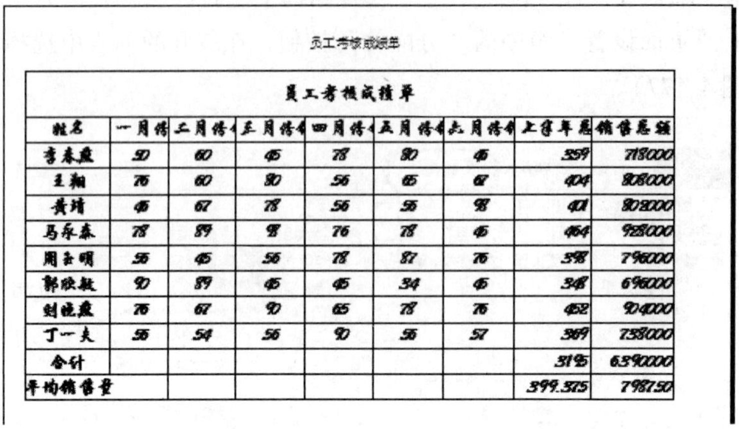

图 4.178

5. 单击"下一页"按钮 ⬇，即可预览下一页面的打印效果，设置完毕，单击
"打印"按钮 🖨 即可进行打印。

知识回顾

1. 在"页面设置"对话框进行设置时，以下说法错误的是（　　）。

A. 可以设置自定义页边距　　　　B. 可以自定义页眉和页脚

C. 可以设置打印缩放比例　　　　D. 可以设置打印顺序

2. 在工作表设置自定义页眉和页脚时，下列不能进行的操作是（　　）。

A. 插入总页码　B. 插入时间　C. 插入图表　D. 插入图片

3. 在分页预览视图中不可以进行的操作是（　　）。

A. 设置工作表打印区域　　　　B. 设置打印页数

C. 插入分页符　　　　　　　　D. 删除系统自带的分页符

4. 默认情况下，设置的页眉和页脚将出现在工作表的每一页，若选中"设计"选
项卡"导航"组中的（　　）复选框，可为多页工作表设置奇数页和偶数页不同的页
眉和页脚。

A. 奇数页不同　　　　　　　　B. 偶数页不同

C. 奇偶页不同　　　　　　　　D. 同是选择 B 和 C

5. 下列不可以在"打印"界面中设置的打印项是（　　）。

A. 打印范围　B. 打印内容　C. 打印份数　D. 页眉和页脚

实操任务

新建"高一期末成绩"工作簿，保存在 D 盘"Excel 实例"文件夹中，并完成以

下操作。

1. 在"sheet1"中输入样表的数据。

2. 页面设置："纸张方向"为纵向，"纸张大小"为 A4，"打印标题"，设置顶端标题行为前两行，使得第二页打印时有标题，方便阅读。

3. 打印预览：在打印预览中，拖动鼠标调整页边距。

序号	姓名	语文	数学	英语	物理	化学	政治	体育	计算机
				高一年级组期末考试成绩表					
1	王二宝	67	85	90	85	85	85	88	88
2	张家成	85	85	85	90	85	65	67	88
3	李鑫	90	90	85	85	90	90	88	90
4	赵忠诚	78	88	80	78	78	88	76	76
5	霍小林	78	78	88	76	76	76	80	76
6	郭达志	88	76	80	76	78	90	88	88
7	王利勇	90	76	88	67	88	88	90	80
8	辛宝珠	80	90	78	88	78	78	88	78
9	包惠英	78	78	78	88	88	88	88	88
10	孙云波	88	88	90	78	90	78	88	90
11	李浩波	90	76	76	76	78	88	90	88
12	张强	78	80	67	88	88	88	88	88
13	王大利	78	88	80	90	67	78	67	78
14	于智慧	88	78	78	88	85	88	88	88
15	张小小	67	67	89	78	85	85	78	90
16	王浩	90	88	78	80	90	78	88	88
17	包慧敏	89	88	88	90	88	88	85	78
18	李志华	90	88	90	78	78	75	85	88
19	刘金兰	67	75	80	80	80	75	90	85
20	张力	67	88	67	78	78	78	88	88
21	张大力	89	75	89	88	67	88	78	80
22	尹军	90	88	75	75	88	78	88	90
23	郭艾伦	85	88	88	88	75	88	67	80
24	刘志强	80	90	90	90	80	90	80	78
25	秦翠翠	85	80	80	80	75	80	78	89
26	席冬梅	80	76	76	80	80	80	80	80
27	张立志	75	89	80	80	76	80	80	80
28	王宝强	80	75	80	80	80	80	80	80
29	郝志强	80	93	76	93	75	93	80	93
30	卢静	75	80	80	75	93	93	93	93
31	李小利	93	75	89	93	93	75	93	80
32	王爱国	93	93	76	80	93	93	93	93
33	李刚在	75	93	80	93	75	93	75	93
34	王丽丽	89	93	93	93	93	93	93	93
35	尹飞	75	80	93	93	80	75	93	93
36	王勇凤	93	93	93	75	93	93	80	93
37	张伟	93	75	75	93	93	93	93	80
38	王伟	82	93	93	80	76	76	78	78
39	李大伟	80	93	93	78	78	82	75	89
40	王爱兰	76	78	78	78	80	82	78	78
41	邢在枝	82	75	76	76	89	78	75	78
42	文燕	82	80	60	60	78	78	89	78
43	边继红	75	60	82	75	82	82	78	78
44	张杰	76	76	80	60	60	76	89	87
45	张大伟	60	76	60	60	82	82	75	80
46	李春燕	60	60	60	75	87	60	82	87
47	王翔	75	76	75	78	75	60	82	87
48	黄靖	60	60	80	80	87	78	90	78
49	马永泰	75	60	90	78	80	90	87	87
50	周玉明	87	90	87	87	87	87	75	87
51	郭欣敏	90	89	65	90	90	75	89	90
52	刘晓燕	82	90	65	82	90	87	90	90
53	丁一夫	60	60	90	82	87	75	89	90
54	李小龙	82	75	78	90	90	60	60	90
55	韩伟	75	87	65	65	60	82	65	90
56	梁天成	78	78	60	60	65	90	89	90
57	张芳	60	90	90	82	87	65	65	90
58	刘佳	75	65	60	75	60	65	90	90
59	张旺年	60	60	60	65	60	65	60	90
60	梁文清	90	60	65	60	90	65	65	90
61	赵梓良	60	65	78	75	87	87	60	90
62	董莉	75	87	87	78	75	75	60	90
63	黄小蕾	65	65	90	78	65	90	89	90
64	王君	60	60	60	89	65	78	78	90
65	刘娟	65	90	78	90	90	78	65	90
66	何宗	65	60	78	78	78	65	60	90

【本章小结】

1. 了解 Excel 电子表格、工作簿、工作表和单元格的基本概念和建立、保存和退出等基本功能。

2. 掌握工作表和单元格的输入、选定、插入、删除、复制、移动等操作及工作表的重命名。

3. 掌握自动填充输入数据,提高数据输入效率。

4. 掌握为单元格内容设置单元格格式及边框、底纹,从而美化工作表。

5. 掌握使用条件格式标识工作表中的重要数据,对工作表进行拆分和冻结操作,使用单元格样式及自动套用表格格式美化表格的方法。

6. 了解公式、函数和运算符的概念及其作用,掌握在单元格中输入公式、引用单元格及利用填充柄复制公式的方法。

7. 掌握工作表中的数据排序、筛选及分类汇总的方法。

8. 掌握创建图表、数据透视表的方法。

9. 掌握对工作表的页面设置及会使用打印预览,并能熟练地打印工作表。

【综合实训】

一、启动 Excel 2010,系统自动新建工作簿,将其以文件名"学生成绩表"保存在 D 盘下"Excel 实例"文件夹中,并完成如下操作:

	姓名	语文	数学	英语	网络	网页	组装与维修
	王鹏飞	90	65	76	63	70	56
	孙恩辉	67	78	98	67	78	67
	彭小丽	77	98	87	76	75	87
	聂鑫	80	86	90	86	50	96
	杨利广	89	75	87	83	98	84
	肖子超	96	65	81	74	86	80
	李洋	87	60	67	90	84	75
	胡俊峰	60	89	94	87	82	73
	张菲菲	78	90	84	67	74	87
	赵紫阳	98	87	73	61	95	90
	侯亚楠	87	96	83	94	76	86

（表标题：2012-2013学年度计算机102班期末考试成绩表）

1. 在"Sheet1"中录入样表中的数据。

2. 在姓名左侧插入一列,列标题为"学号",并输入"0605001—0605011"的数据。

3. 将工作表"sheet1"重命名为"计算机 102 班"。

4. 将"计算机 102 班"的工作表内容复制到"sheet2"中。

5. 将工作表"sheet2"重命名为"计算机 103 班"，将工作表"sheet3"重命名为"计算机 104 班"。

6. 新建一个空白工作表，放在"计算机 104 班"右面。

二、新建"结算单"工作簿，保存在 D 盘"Excel 实例"文件夹中，并完成以下设置。

	A	B	C	D	E	F	G
			创新公司门市结算单				
		客户名称：	李煜				
		购买时间：	2014年2月19日				
		产品编号	产品名称	数量	单价	金额	
		X-140101	热水器	1	￥460	460	
		X-140102	吸尘器	1	￥600	600	
		X-140103	电熨斗	1	￥120	120	
		X-140104	除菌仪	1	￥450	450	
		X-140105	扫地机	1	￥1,200	1200	
		X-140106	洗衣机	1	￥2,600	2600	
		应收款：	￥5,430	实付款：	￥5,500		
		找还款：	￥70	销售人员：	张鹏		

说明：凡在我店购买的产品，一律按照国家统一的"三包"政策进行保修和退换，请注意保存好此销售凭证，有问题随时拨打全国统一电话：400-820-234567，我们将竭诚为您服务！

1. 在"sheet1"中按样表录入数据。

2. 自行设计并给表格添加边框线。

3. 设置工作表中数据的对齐方式。

4. 以样表为参考，可以自行设计套用表格格式或应用单元格样式。

5. 以样表为参考，可以自行设计插入图片、艺术字等来美化工作表。

三、新建"阳光文具销售记录"工作簿，保存在 D 盘"Excel 实例"文件夹中，并完成以下操作。

1. 在"sheet1"中输入样表的数据。

2. 使用公式计算：金额 = 售价 * 销售数量，利润 =（售价 – 进价）* 销售数量。

3. 使用函数计算："总销售额"即对金额求和，"总利润"即对利润求和。

4. 分类汇总：按"购买单位"进行分类汇总，将各个购买单位的文具购买金额汇总。

5. 建立数据透视表：将"购买单位"、"时间"作为行标签，"销售数量"为求和项，"商品名称"为列标签，建立如下图所示的数据透视表。

6. 页面设置：通过页面设置，并进行打印预览，保证较好的打印效果。

时间	商品编号	商品名称	购买单位	进价	售价	销售数量	金额	利润
			2013年上半年阳光文具店销售记录					
3月1日	130301001	米奇书包	第一幼儿园	85	100	10		
3月1日	130301005	印章水彩笔	第一幼儿园	6	10	30		
3月1日	130301008	彩色卡纸	第一幼儿园	5	10	30		
3月2日	130301002	双面胶	第三幼儿园	1	1.5	100		
3月2日	130301003	A4纸	第三幼儿园	25	30	50		
3月5日	130301004	改正带	实验小学	3.5	5	200		
3月6日	130301004	文具盒	实验小学	10	15	80		
3月8日	130301007	音乐盒	第二中学	20	28	5		
3月12日	130301010	红色墨水	实验小学	5	6	20		
3月17日	130301011	文件袋	第二中学	2	3.5	200		
3月20日	130301009	教案本	实验小学	1.2	2.5	120		
3月26日	130301013	中性笔	第二中学	2.3	3	500		
3月28日	130301028	钢笔	实验小学	8.5	11	50		
4月2日	130301021	圆珠笔	第一幼儿园	1.3	1.5	500		
4月8日	130301015	算盘	实验小学	12	20	80		
5月3日	130301016	橡皮	实验小学	1	2	600		
6月2日	130301008	彩色卡纸	第三幼儿园	5	10	100		
6月23日	130301004	改正带	实验小学	3.5	5	200		
6月25日	130301009	教案本	第二中学	1.2	2.5	400		
6月29日	130301007	音乐盒	实验初中	20	28	600		
7月1日	130301005	印章水彩笔	第一幼儿园	6	10	400		
7月6日	130301013	中性笔	实验初中	2.3	3	200		
7月12日	130301003	A4纸	第二中学	25	30	600		
7月20日	130301011	文件袋	第三幼儿园	2	3.5	200		
7月21日	130301004	文具盒	实验小学	10	15	300		
7月27日	130301014	三角板	实验小学	4.5	6	800		

求和项:销售数量	列标签										
行标签	A4纸	彩色卡纸	改正带	钢笔	红色墨水	教案本	米奇书包	三角板	双面胶	算盘	文件袋	文具盒
第二中学	600					400					200	
3月8日												
3月17日											200	
3月26日												
6月25日						400						
7月12日	600											
第三幼儿园	50	100							100		200	
3月2日	50								100			
6月2日		100										
7月20日											200	

【考证习题】

1. 在 Excel 2010 中,给当前单元格输入数值型数据时,默认为(   )。

A. 左对齐   B. 居中   C. 右对齐   D. 随机

2. 在 Excel 2010 中,要在同一工作簿中把工作表 Sheet3 移动到 Sheet1 前面,应(   )。

A. 单击工作表 Sheet3 标签,然后单击"开始"选项卡"剪贴板"组中的"复制"命令,然后单击工作表 Sheet1 标签,再选"开始"选项卡"剪贴板"组中"粘贴"命令

B. 单击工作表 Sheet3 标签,然后单击"开始"选项卡"剪贴板"组中的"剪切"命令,然后单击工作表 Sheet1 标签,再选"开始"选项卡"剪贴板"组中"粘贴"命令

C. 单击工作表 Sheet3 标签,按住鼠标左键并沿着标签行拖动到 Sheet1 前

D. 单击工作表 Sheet3 标签,按住鼠标左键并按住 Ctrl 键沿着标签行拖动到 Sheet1 前

3. 在 Excel 2010 工作表中,在某单元格内输入数值 123,不正确的输入形式是

（   ）。

A. 123   B. ＋123   C. ＝123   D. ＊123

4. Excel 2010 工作表中，某单元格数据为日期型"1900 年 1 月 16 日"，单击"开始"选项卡"编辑"组中"清除"选项中的"格式"命令，单元格的内容为（   ）。

A. 1916   B. 1917   C. 16   D. 17

5. 在 Excel 2010 工作簿中，有关移动和复制工作表的说法，正确的是（   ）。

A. 工作表只能在所在工作簿内移动，不能复制

B. 工作表只能在所在工作簿内复制，不能移动

C. 工作表可以移动到其他工作簿内，不能复制到其他工作簿内

D. 工作表可以移动到其他工作簿内，也可以复制到其他工作簿内

6. 在 Excel 2010 中，日期型数据"2010 年 4 月 23 日"的正确输入形式是（   ）。

A. 2010-4-23   B. 23.4.2010   C. 23，4，2010   D. 23：4：2010

7. 在 Excel 2010 工作表中，单元格区域 D2：E4 所包含的单元格个数是（   ）。

A. 8   B. 7   C. 6   D. 5

8. Excel 2010 工作簿的默认工作表的个数是（   ）。

A. 1   B. 2   C. 3   D. 4

9. 保存 Excel 2010 工作簿文件的默认扩展名是（   ）。

A. .xls   B. .xlc   C. .xlsx   D. .html

10. 在 Excel 2010 中，每个单元格都有自己的地址，"C3"表示的单元格对应的行列号是（   ）。

A. 列号为"C"，行号为"3"   B. 列号为"3"，行号为"C"

C. 列号为"C"，行号为"C"   D. 列号为"3"，行号为"3"

11. 如果想设置单元格的数据类型为货币型，需在单元格格式对话框的（   ）选项卡进行设置。

A. 数字   B. 字体   C. 对齐   D. 保护

12. 下列（   ）不可以插入到 Excel 中来美化工作表。

A. 艺术字   B. 剪贴画   C. 图片   D. 视频

13. Excel 2010 中要执行"自动套用格式"命令，首先要做什么？（   ）

A. 选择要格式化的区域

B. 单击"格式"菜单中的"自动套用格式"

C. 单击"格式"菜单的"单元格格式"

D. 在格式化区域按鼠标右键

14. 关于给工作表添加边框，下列说法正确的是（   ）。

A. 不可以为表格添加内外不同样式的边框

B. 可以为表格添加艺术型的边框

C. 为表格添加边框应先选择线型再单击"内部"或"外边框"按钮

D. 为表格添加边框应先单击"内部"或"外边框"按钮，再选择线型

15. 执行下列（　　）操作，可以迅速将工作表的所有"学校"更改为"学院"。

A. 查找　　　　　B. 查找并替换　　C. 替换　　　　　D. 剪切

16. 按（　　）组合键可以快速打开"单元格格式"对话框。

A. Ctrl + 1　　　　B. Ctrl + A　　　C. Ctrl + 2　　　　D. shift + 1

17. 如果对"学生成绩表"中"数学"列使用条件格式，条件为介于60到80，格式为红色文本，则下列表述正确的是（　　）。

A. 表格中"语文"成绩在60到80之间的成绩数据将以红色显示

B. 表格中"数学"成绩在60到80之间的成绩数据将以红色显示

C. 表格中"数学"成绩在小于60大于80的成绩数据将以红色显示

D. 表格中所有成绩数据在60到80之间的成绩数据将以红色显示

18. 关于调整列宽，下列说法不正确的是（　　）。

A. 可以将鼠标停放在列名中间的分割线上双击

B. 可以将鼠标停放在列名中间的分割线上按住鼠标左键拖动

C. 可以选择列右击选列宽进行设置

D. 不可以将工作表中的列设置成不一样的宽度

19. 如果想使"E7"单元格左侧和上方的数据在上下或左右滚动鼠标时始终可见，执行（　　）操作。

A. 拆分　　　　　B. 冻结窗格　　　C. 冻结首行　　　D. 取消拆分

20. 关于 Excel 2010 模板，下列说法正确的是（　　）。

A. 不可以将现有文件保存成模板

B. 可以将现有文件保存成模板

C. 不可以没有互联网时使用模板

D. 可以在没有互联网时使用 Office. com 的模板

21. 在 Excel 中，关于记录的筛选，下列说法正确的是（　　）。

A. 筛选是将不满足条件的记录从工作表中删除

B. 筛选是将满足条件的记录放在一张新工作表中供查询

C. 高级筛选可以在保留原数据库显示的情况下，根据给定条件，将筛选出来的记录显示到工作表的其他空余位置

D. 自动筛选显示满足条件的记录，但无法恢复原数据库

22. Excel 提供了（　　）两种筛选方式。

A. 人工筛选和自动筛选　　　　　B. 自动筛选和高级筛选

C. 人工筛选和高级筛选　　　　　　　D. 一般筛选和特殊筛选

23. Excel 在排序时（　　　）。

A. 按主关键字排序，其他不论

B. 首先按主关键字排序，主关键字相同则按次关键字排序，依次类推

C. 按主要、次要、第三关键字的组合排序

D. 按主要、次要、第三关键字中的数据项排序

24. Excel 中，通过"排序选项"对话框，可选择（　　　）。

A. 按关键字排序　　　　　　　　　B. 可定义新的排序序列

C. 按某单元格排序　　　　　　　　D. 按笔画排序

25. 在某公式中想绝对引用"C3"单元格，下列表示正确的是（　　　）。

A. #C#3　　　　B. ￥C￥3　　　　C. ＄C＄3　　　　D. %C%3

26. 在工作表的 E3 单元格内输入公式"＝B3＋5＊＄H＄1"并确定后，使用填充柄复制公式后，E4 单元格中的公式为（　　　）。

A. ＝B4＋5＊＄H＄2　　　　　　　B. ＝B3＋5＊＄H＄1

C. ＝B4＋5＊＄H＄1　　　　　　　D. ＝B3＋5＊＄H＄2

27. 在 Excel "sheet1" 工作表中，想引用 "sheet3" 工作表中 A2 单元格的数据，下列的正确表述是（　　　）。

A. ＝B3＊Sheet3!A2　　　　　　　B. ＝B3＊Sheet3＄A2

C. ＝B3＊Sheet3:A2　　　　　　　D. ＝B3＊Sheet3%A2

28. 下面哪个函数可以实现求和？（　　　）。

A. SIN　　　　　B. SUM　　　　　C. MAX　　　　　D. AVERAGE

29. 默认情况下，工作表中的有些内容是不打印的，用户也可将其设为可打印项，下列哪一项不属于上述内容？（　　　）。

A. 网格线　　　　B. 行号　　　　C. 列标　　　　D. 文字

30. 打印前，要通过下列（　　　）选项卡，进行相应设置。

A. 开始　　　　　B. 插入　　　　　C. 数据　　　　　D. 页面布局

第五章

演示文稿 PowerPoint 2010

    PowerPoint 是一种软件，能够创建可使用投影仪展示的材料，使用此材料公布报表或提案称为演示。使用 PowerPoint，可以创建有效整合了彩色文本和照片、插图、绘图、表格、图形和影片，并像放映幻灯片一样从一个画面过渡到另一个画面的屏幕。可以使用动画功能使屏幕上的文本和插图具有动画效果，还可添加声音效果和旁白。此外，在要进行演示时，可将材料打印出来以供分发。

    本章以通俗易懂的语言、翔实生动的实例，介绍了使用 PowerPoint 2010 制作多媒体幻灯片的相关知识。内容涵盖了 PowerPoint 2010 入门基础，演示文稿的基本操作，设置幻灯片文本格式，演示文稿的外观设计，创建和处理图形对象，制作多媒体幻灯片，PowerPoint 的动画特效，演示文稿放映和输出等内容。

模块一：演示文稿的基本操作

【技能目标】

1. 能启动、退出 PowerPoint 2010 软件，能新建演示文稿项目
2. 能在演示文稿中插入新幻灯片、输入文本，能保存演示文稿文件
3. 能重新打开和关闭演示文稿文件，对演示文稿中的幻灯片进行选定、编辑等应用

【知识目标】

1. 初步了解认识 PowerPoint 2010
2. 了解认识 PowerPoint 2010 工作界面

【重点难点】

1. 演示文稿新幻灯片的插入及文本的输入，演示文稿文件的保存
2. 演示文稿的打开和关闭，幻灯片进行选定与编辑等应用

任务1 认识 PowerPoint 2010

操作1 启动和退出 PowerPoint 2010

一、启动 PowerPoint 2010

要使用 PowerPoint，请在"开始"菜单中查找 PowerPoint 图标并单击该图标启动 PowerPoint 2010。

1. 显示"开始"菜单。

单击"开始"按钮 ，显示出"开始"菜单列表内容。

2. 查找 PowerPoint 2010 图标。

鼠标指向"所有程序"，接下来指向"Microsoft Office"，然后单击"Microsoft Office PowerPoint 2010"。

图 5.1　所有程序

图 5.2　查找 **Microsoft Office PowerPoint 2010**

3. 此时将显示启动屏幕，PowerPoint 2010 完成启动任务。

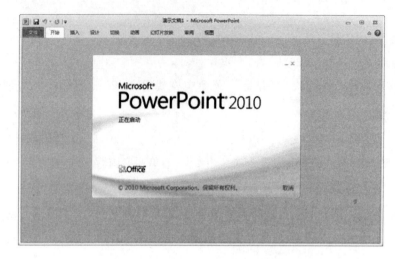

图 5.3　PowerPoint 2010 启动屏幕

首次启动 PowerPoint 2010 时，可能会显示 Microsoft 软件许可条款。如果显示 Microsoft 软件许可条款，仔细阅读许可条款，然后选中"我接受此协议的条款"并单击"继续"按钮，即可启动 PowerPoint 2010。

二、退出 PowerPoint 2010

当完成演示文稿制作或者更改了演示文稿（无论改动大小），想要停止或中断编辑工作，需要退出 PowerPoint 2010 时，可以使用下列步骤退出 PowerPoint 2010。

1. 单击 PowerPoint 2010 窗口右上角的 ⬚ 按钮。

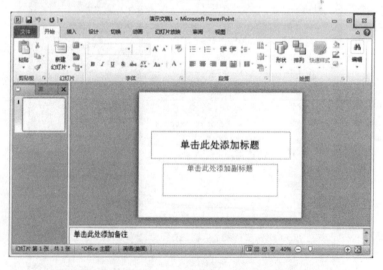

图 5.4　PowerPoint 2010 工作时的窗口

2. PowerPoint 2010 退出前，将显示以下对话框。

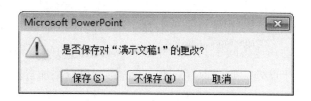

图 5.5　PowerPoint 2010 保存对话框

若要保存更改，请单击"是"。若要退出而不保存更改，请单击"否"。如果还不想退出 PowerPoint 2010，单击"取消"，则 PowerPoint 2010 保持当前窗口界面。

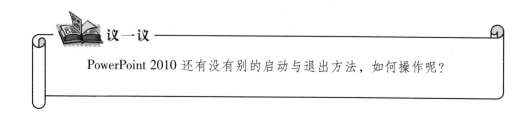

议一议

PowerPoint 2010 还有没有别的启动与退出方法，如何操作呢？

操作2　认识 PowerPoint 2010 工作界面

当启动演示文稿后，PowerPoint 2010 显示如下窗口，也就是 PowerPoint 2010 工作界面，根据下图及要点，了解认识 PowerPoint 2010 工作界面。

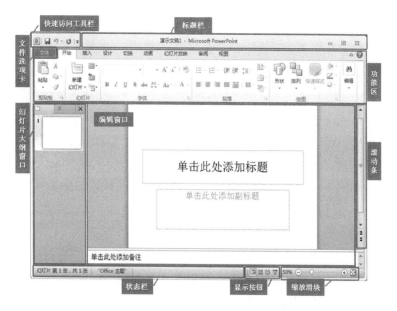

图 5.6　PowerPoint 2010 工作界面

标题栏：显示正在编辑的演示文稿的文件名以及所使用的软件名称。

文件选项卡：基本命令位于此处，如"新建"、"打开"、"关闭"、"另存为"和"打印"等命令集。

快速访问工具栏：包含一组独立于当前显示的功能区上选项卡的命令。可以从两个可能的位置之一移动快速访问工具栏，并且可以向快速访问工具栏中添加代表命令的按钮。常用命令位于此处，如"保存"和"撤销"。可以添加自己的常用命令。

功能区：功能区包含以前在 PowerPoint 2010 及更早版本中的菜单和工具栏上的命令和其他菜单项，工作时需要用到的命令位于此处，旨在帮助您快速找到完成某任务所需的命令。

编辑窗口：显示正在编辑的演示文稿。

显示按钮：可以根据自己的要求更改正在编辑的演示文稿的显示模式。

滚动条：使您可以更改正在编辑的演示文稿的显示位置。

缩放滑块：使您可以更改正在编辑的文档的缩放设置。

状态栏：显示正在编辑的演示文稿的相关信息。

 **读一读**

"功能区"是一个水平区域，像一条带子，在 PowerPoint 启动时位于 Office 软件的顶部。工作所需的命令分组在一起并位于相应的选项卡中，如"开始"和"插入"。通过单击选项卡，您可以切换显示的命令集。

知识回顾

1. PowerPoint 2010 主窗口下方的显示按钮中包含有哪几个切换按钮？（　　）

A. 普通视图　　　　B. 阅读视图　　　　C. 文本视图　　　　D. 幻灯片放映

2. PowerPoint 2010 保存的标准文件扩展名是（　　）。

A. . xls　　　　B. . ppt　　　　C. . docx　　　　D. . pptx

3. 启动 PowerPoint 2010 进入操作环境后，系统新建的默认名称为（　　）。

A. PPT1　　　　B. 新建幻灯片　　　　C. 演示文稿1　　　　D. 新建文档

4. 在 PowerPoint 中，不能实现（　　）功能。

A. 绘制图形　　　　B. 创建图表　　　　C. 文字编辑　　　　D. 数据分析

5. 在缺省状态下，打开演示文稿的快捷键是（　　）。

A. Ctrl + C　　　　B. Ctrl + O　　　　C. Ctrl + V　　　　D. Ctrl + S

实操任务

1. 尝试多种启动 PowerPoint 的方法。

2. 尝试多种关闭并退出 PowerPoint 的方法。

任务2 演示文稿的基本操作

操作1 新建演示文稿

单击 PowerPoint 2010 图标启动 PowerPoint 2010，PowerPoint 2010 将启动并显示启动屏幕（如图 5.7）。

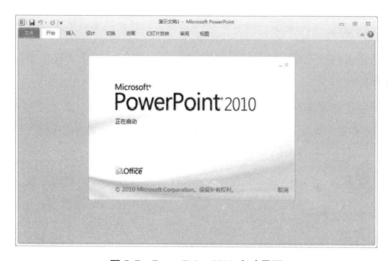

图 5.7 PowerPoint 2010 启动界面

此时，PowerPoint 2010 自动新建一个名为"演示文稿 1"的演示文稿文件，系统自动创建的"演示文稿 1"中只包含一个标题幻灯片。并提供了一个标题文本框和一个内容文本框，单击可在其中输入所需内容。

图 5.8 PowerPoint 2010 工作界面

 读一读

　　若干张"幻灯片"组成一个演示文稿，每张幻灯片由文本对象、可视化对象、多媒体对象组成，每张幻灯片中的对象范围包括文字、图片、声音、动画、视频等。

操作2　输入文本

　　启动 PowerPoint 时，将会显示要作为演示文稿封面的幻灯片。作为封面的幻灯片称为"标题幻灯片"。

　　点击"单击此处添加标题"输入框，输入所需的文字，建立演示文稿标题。

　　点击"单击此处添加副标题"，输入想要的文字，建立演示文稿副标题。(如图5.9)。

图 5.9　PowerPoint 2010 工作界面

 读一读

　　PowerPoint 2010 文本的编辑与 Word 文本的编辑相同，利用"剪切"和"复制"功能时，文本和图像等对象临时存储在计算机上，这个临时存储位置称为"剪贴板"。而"粘贴"功能是指将存储在剪贴板中的文本和图像粘贴到指定的位置。

读一读

　　"剪切"是指剪出文本和图像等对象并将它们暂时存储在剪贴板中，原始位置对象消失，是一种对对象的移动操作。进行"剪切"后，配合"粘贴"功能，数据将从其原始位置移到要粘贴的位置。

　　"复制"是指复制文本和图像等对象并将它们暂时存储在剪贴板中，原始位置对象不会消失。进行"复制"后，配合"粘贴"功能，数据被复制到要粘贴的位置。

　　使用"剪切"、"复制"、"粘贴"的功能对所需内容进行移动或复制操作，可避免数据输入错误，确保内容的正确性，又非常方便快捷，提高工作效率。

操作3　幻灯片的选定

1. 选择单张幻灯片

在普通视图或浏览视图下，单击大纲窗格"幻灯片/大纲"窗口中所需选择的幻灯片图标，可选定所需幻灯片。

2. 选择多张幻灯片

在普通视图下，按住 Shift 键单击大纲窗格"幻灯片/大纲"窗口中的幻灯片图标，可选定多张连续的幻灯片；按住 Ctrl 键单击大纲窗格"幻灯片/大纲"窗口中的幻灯片图标，则是选定多张不连续的幻灯片。

操作4　插入幻灯片及版式更改

当需要在标题幻灯片之后添加一张新的幻灯片时，PowerPoint 将添加一张版式适于输入演示文稿内容的幻灯片，亦可将此版式更改为另一个版式，以适应工作要求。

1. 单击"开始"选项卡"幻灯片"中的"新建幻灯片"。

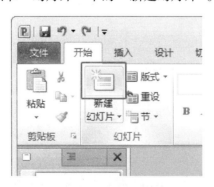

图5.10　新建幻灯片

2. 新幻灯片被添加在标题幻灯片之后。并提供了一个标题文本框（可在其中键入标题）和一个内容文本框（可在其中键入内容）。

图 5.11　新幻灯片

3. 更改添加的幻灯片的版式为"比较"。

单击"开始"选项卡"幻灯片"中的"版式"，然后单击"比较"。

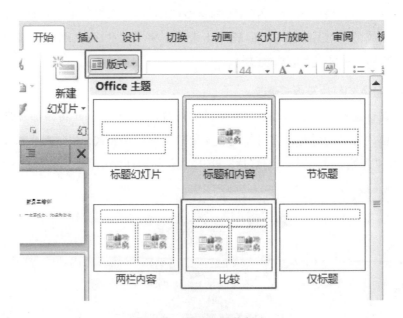

图 5.12　更改幻灯片版式

此时，幻灯片版式更改为"比较"版式（如图 5.13）。

图 5.13　"比较"版式

4. 在新添加的幻灯片中输入文本，如图5.14。

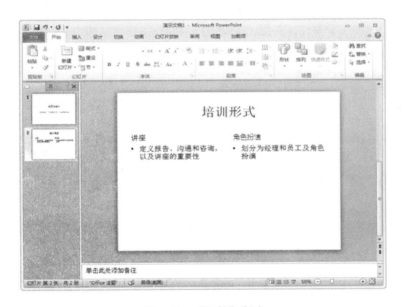

图 5.14　"比较"版式

　　5. 再次执行相同的操作，在刚添加的幻灯片后面再次添加一张新幻灯片，新幻灯片被添加在第二张幻灯片之后，版式跟第二张幻灯片相同。如图5.15 和5.16 所示，已添加第三张幻灯片。

图5.15 添加幻灯片

图5.16 新添加的幻灯片

6. 执行3的操作，把新添加的幻灯片版式更改为"标题和内容"并键入一些文本。

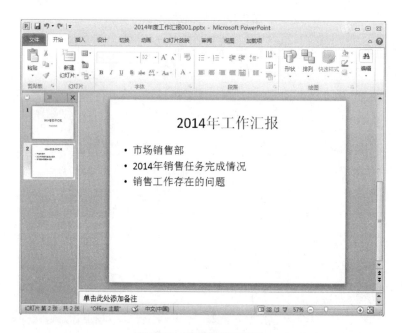

图5.17 新添加的幻灯片

 议一议

1. PowerPoint 2010 添加的幻灯片与上一页幻灯片具有相同的版式，标题幻灯片后面添加的幻灯片也是标题幻灯片吗？

2. 幻灯片只能被添加在后面吗？能不能在第一张幻灯片与第二张幻灯片之间添加一张新的幻灯片？

操作5 幻灯片的移动与复制

1. 移动幻灯片

选定大纲窗格"幻灯片/大纲"窗口中需要移动的幻灯片图标，直接拖拉到指定位置可完成幻灯片移动操作。

2. 复制幻灯片

选定大纲窗格"幻灯片/大纲"窗口中需要移动的幻灯片图标，直接拖拉到指定位置后，按住 Ctrl 键可完成幻灯片复制操作。

操作6 保存演示文稿

在 PowerPoint 中创建或编辑了某个演示文稿，当中断工作或退出时，必须对该演示文稿进行保存，否则该演示文稿将会丢失。保存时，演示文档将作为"文件"保存在计算机上。可在以后打开、修改和打印该文件。

演示文稿的保存步骤如下。

1. 单击 📁 "保存"按钮。

图5.18 保存对话框

2. 选择指定要保存该演示文稿的位置。

在"保存位置"框中，指定要保存演示文稿的位置。此处显示了之前选择的文件夹。可以另外选择保存路径，然后输入该演示文稿要保存的名字。如"工作汇报"。

演示文稿一般用的第一行文字预填充在"文件名"框中作为文件名。若需要更改文件名，请键入新文件名。

3. 单击"保存"。

系统将演示文稿保存在指定位置，文件名为用户设置定名称"工作汇报.pptx"。

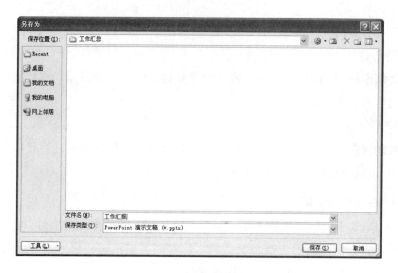

图 5.19　保存对话框

标题栏中的文件名将从"演示文稿1"更改为"工作汇报.pptx"文件名。

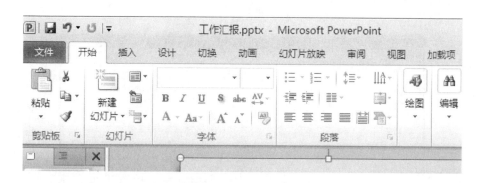

图 5.20　标题栏中的文件名

操作7　打开和关闭演示文稿

一、打开演示文稿

当需要继续对演示文稿进行修改或添加等编辑工作时，打开刚才保存的演示文稿文件，然后就可以继续工作。

以下是打开演示文稿文件的步骤。

1. 单击"文件"选项卡上的"打开"命令。

2. 选择原演示文稿的保存位置。

3. 单击所需要打开的演示文稿的文件名，单击"打开"按钮。即可打开原来保存的演示文稿文件，继续对演示文稿进行修改或添加等编辑工作。

图 5.21　打开演示文稿

图 5.22　选择需要打开的演示文稿

二、关闭演示文稿

当完成演示文稿的编辑工作后，对演示文稿进行保存，然后单击 PowerPoint 2010 窗口右上侧的关闭按钮，完成演示文稿的关闭。

读一读

可以从"最近所用文件"中打开最近保存的演示文稿，具体步骤为：单击"文件"选项卡时，菜单中的"最近所用文件"命令将会出现。使用"最近所用文件"，从最近在 PowerPoint 中保存的文件列表中打开演示文稿文件。

【课堂案例】

小张是科龙有限公司市场销售部门的一名员工，部门经理吩咐他制作一份有关 2014 年度部门工作汇报的演示文稿，以便领导在开会做总结时进行演示。

案例操作如下：

（1）启动 PowerPoint 2010 后，系统就自动创建了一个空白演示文稿，当前幻灯片的版式为"标题幻灯片"，在"单击此处添加标题"中输入"2014 年度工作汇报"，在"单击此处添加副标题"中输入"市场销售部门"（如图 5.23）。

图 5.23 插入封面

（2）点击"新建幻灯片"按钮，添加一张版式为"标题和内容"的空白幻灯片，在"标题"位置输入"2014 年度工作汇报"，在"单击此处添加文本"中输入如图 5.24 所示的文本内容。

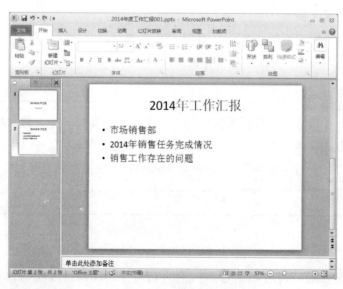

图 5.24 插入目录

（3）选定第一张幻灯片，将标题文字设置为宋体、72号、加粗、黑色，将副标题文字设置为宋体、40号、黑色，单击"文字阴影"按钮添加文字阴影，使文字更醒目（如图5.25所示）。

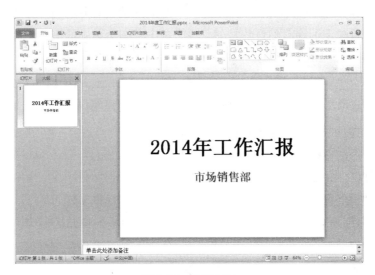

图 5.25 编辑目录

（4）选定第二张幻灯片，将"文本"字体设置宋体、40号、黑色，并更改段落行距为"1.5倍行距"（如图5.26）。

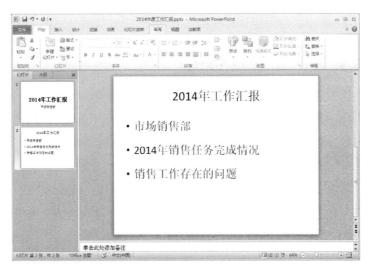

图 5.26 设置相应格式

知识回顾

1. 在PowerPoint 2010中，执行了插入新幻灯片的操作，被插入的幻灯片将出现在（ ）。

A. 当前幻灯片之前　　　　　　　B. 首张

C. 最后一张　　　　　　　　　　D. 当前幻灯片之后

2. 在幻灯片视图窗格中，要删除选中的幻灯片，哪几种操作可以实现（　　）。

A. 按下键盘上的 Delete 键　　　　B. 按下键盘上的 BackSpace 键

C. 按下工具栏上的隐藏幻灯片按钮　D. 单击视图菜单中的删除幻灯片命令

3. 在 PowerPoint 2010 中，要对字体大小进行调整，必须在（　　）功能区设置。

A. 设计　　　　　B. 开始　　　　　C. 视图　　　　　D. 格式

4. 当保存演示文稿时，出现"另存为"对话框，则说明（　　）。

A. 该文件保存时不能用该文件原来的文件名

B. 该文件不能保存

C. 该文件未保存过

D. 该文件已经保存过

5. 在 PowerPoint 的（　　）下，可以用拖动方法改变幻灯片的顺序。

A. 幻灯片视图　　　　　　　　　B. 备注页视图

C. 幻灯片浏览视图　　　　　　　D. 幻灯片放映

实操任务

根据下图所示制作演示文稿，按照下列步骤操作：

（1）启动 PowerPoint 2010，在第一张幻灯片中，录入标题"手机"并设置字体为"隶书"，字号为"96"号，副标题输入学生本人的班级和姓名（如图 5.27）。

（2）插入第二张幻灯片，版式为"标题和竖排文字"，参照图输入标题和文本内容，并设置字体为"楷体"，文本内容的行距"2.0"（如图 5.28）。

图 5.27

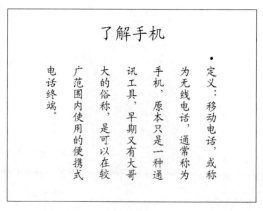

图 5.28

（3）再插入第三和第四张幻灯片，分别录入如图所示的内容，更改文本行距为"1.5"，并为文本内容添加"箭头项目符号"，效果如图 5.29 和图 5.30。

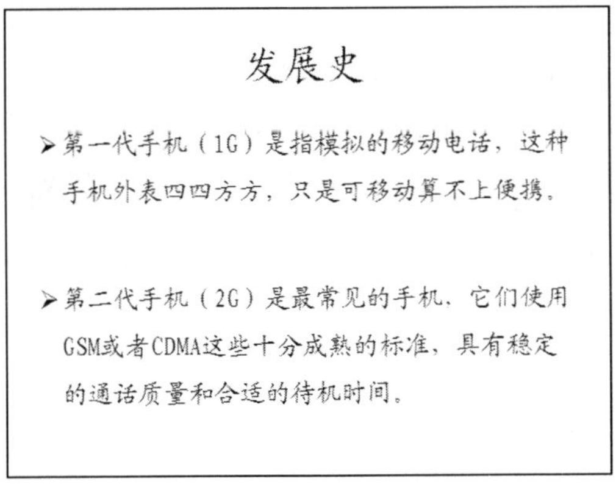

图 5. 29

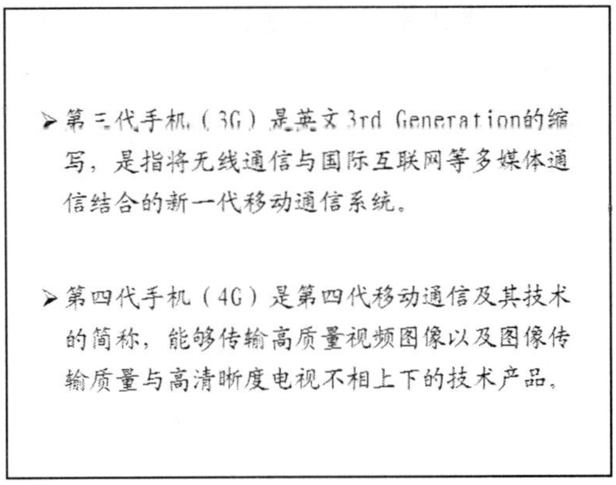

图 5. 30

（4）将演示文稿文件保存为"手机 . pptx"。

模块二：编辑和美化演示文稿

【技能目标】

1. 能插入图片和剪贴画

2. 能插入多媒体对象

3. 能插入和排放 SmartArt 图形

4. 能插入其他图形对象

【知识目标】

1. 了解幻灯片的美化原理

2. 了解认识 PowerPoint 2010 插入各种对象的方法及步骤

3. 掌握幻灯片背景、模板、母版、页眉和页脚的设置

【重点难点】

1. 幻灯片母版、页眉和页脚的设置

2. 插入和排放 SmartArt 图形

任务1 插入幻灯片对象

操作1 插入图片和剪贴画

在 PowerPoint 中，可以将图片或剪贴画添加到幻灯片中。并更改图片或剪贴画的大小和放置的位置。

一、插入图片和剪贴画

1. 运行 PowerPoint 并打开新的演示文稿。选择需要插入图片的幻灯片为当前幻灯片。

2. 点击"插入"选项卡，"图像"工具栏上有"图片"、"剪贴画"、"屏幕截图"等按钮，选择插入图片或剪贴画，可以轻松添加来自文件的图片、照片或剪贴画。（如图 5.31）

图 5.31 插入图片

3. 单击 ，随即显示"插入图片"对话框。

4. 选择需要添加到幻灯片中的指定照片的保存位置，单击所需图片或照片，然后单击"插入"。

图 5.32 选择图片

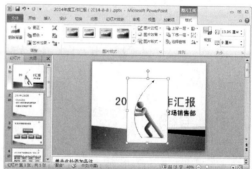

图 5.33 插入图片

5. 幻灯片中随即插入图片，图片会放置在预定义大小的幻灯片的中心位置，因此需要更改照片的大小和放置的位置。

二、更改图片和剪贴画的大小

1. 单击所需修改的图片，图片边缘会显示出空心圆圈和正方形。这些圆圈称为"尺寸控点"，简称"控制点"，可以通过拖动这些点来更改图片的大小。

2. 单击右下角的尺寸控制点，当鼠标指针的形状变为 ✚ 时，拖动控制点。

3. 在本例中，让我们尝试向上、向左拖动尺寸控点使其变小，如图 5.35、图 5.36 所示。

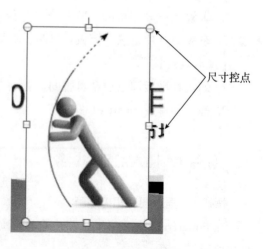

图 5.34 尺寸控点

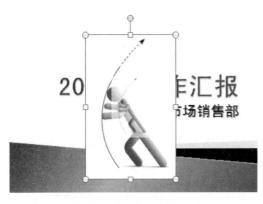

图 5.35 拖动控点

图 5.36 图片变小

 议一议

　　PowerPoint 2010 剪切图片的多余部分，可以剪切掉图片的多余部分，以减小图片大小。该操作称为"剪裁"。步骤如下，选择图片，然后单击"格式"选项卡中"大小"中的"裁剪"。一条黑色的粗线（剪裁控点）会显示在图片的周围。将鼠标指针移至剪裁控点之上，将其向图片的中心方向拖动即可完成图片的剪裁。

三、更改图片和剪贴画的位置

在 PowerPoint 中，选中幻灯片后，可以通过拖拉图片以移动图片的位置。

1. 单击图片以选中它。

2. 拖拉图片至适合位置，完成图片的位置的调整。拖动图片时，鼠标指针会变为✛。

图 5.37 拖拉图片

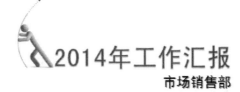

图 5.38 移动图片

操作2　插入多媒体对象

在 PowerPoint 中，可以从计算机的文件或互联网中获得声音、视频等对象文件，并添加到幻灯片中。这些对象插入到演示文稿中后，成为演示文稿的一部分，在移动演示文稿时不会再出现对象文件丢失的情况。

1. 在幻灯片中插入声音对象

在幻灯片中插入音频，可以通过"插入"选项卡里的"媒体"工具栏，在"音频"按钮完成添加操作。

图 5.39　插入声音对象

图 5.40　选择音频

在"音频"按钮任务窗格中点击 ▾，再单击执行下拉列表的"文件中的音频"命令，然后在弹出的插入音频窗口中找到所要添加的音频文件，再 ┃ 插入(S) ┃▾ 按钮，完成音频添加操作。

选定音频文件的图标，单击"音频工具"选项卡中的"播放"按钮，可进一步设置有关声音播放的属性。如图 5.41。

图 5.41　声音播放属性设置

2. 在幻灯片中插入视频对象

在幻灯片中插入视频，可以通过"插入"选项卡里的"媒体"工具栏中的"视频"按钮完成添加操作。

图 5.42　插入视频对象

图 5.43　选择视频

在"视频"按钮任务窗格中点击 ▾，再单击执行下拉列表的"文件中的视频"命令，然后在弹出的插入视频窗口中找到所要添加的视频文件，再 [插入(S) ▾] 按钮，完成视频添加操作。

选定视频文件的图标，单击"视频工具"选项卡中的"播放"按钮，可进一步设置有关视频播放的属性，如图 5.44 所示。

图 5.44　视频播放属性设置

操作 3　插入 SmartArt 图形对象

在幻灯片中插入 SmartArt 图形，操作步骤如下：

选定"插入"选项卡中的"插图"工具栏，单击"SmartArt"按钮。

图 5.45　SmartArt 按钮

在弹出的对话框中，选择所需使用 SmartArt 图形，单击"确定"按钮，完成 SmartArt 图形的插入。

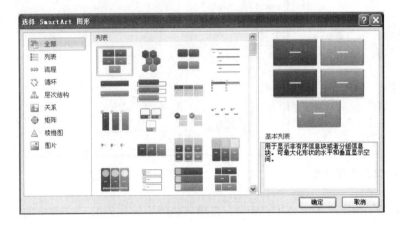

图 5.46　图形选择

单击选择已插入的 SmartArt 图形，在"设计"选项卡中可进一步设置有关 SmartArt 图形的属性。

图 5.47　SmartArt 图形的属性设置

操作 4　插入其他图形对象

1. 在幻灯片中插入形状

选定"插入"选项卡中的"插图"工具栏，单击"形状"按钮。

图 5.48　形状按钮

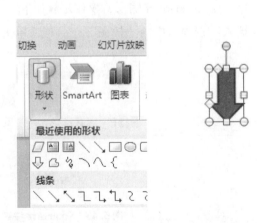

图 5.49　选择所需使用形状图形/拖拉画图

在弹出的下拉式形状对话框中，选择所需使用形状图形，此时鼠标变成十字形状，移动到幻灯片中拖动鼠标，完成相应形状图形的添加。

2. 在幻灯片中插入艺术字

选定"插入"选项卡中的"文本"工具栏，单击"艺术字"按钮。（见图5.50）

在弹出的下拉式艺术字对话框中，选择所需使用艺术字图形，此时幻灯片出现"请在此放置您的文字"输入框。

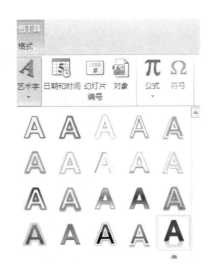

图 5.50 艺术字按钮　　　　　　　图 5.51 选择所需艺术字图形

单击输入框，并输入文字完成艺术字的添加。

图 5.52 输入文字

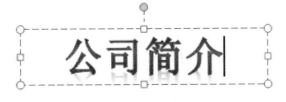

图 5.53 输入文字

【课堂案例】

部门经理吩咐小张继续对上次做的"科龙有限公司市场销售部工作汇报"演示文稿进行插入图形、表格和图表等操作。

案例操作如下：

（1）添加一张版式为"标题和内容"的空白幻灯片，在"单击此处添加标题"位置输入"市场销售部组织框架"，字号大小为40。

（2）在"插入"选项卡中，点击"插入 SmartArt 图形"命令按钮，在弹出的下拉菜单中，选择"层次结构"列表中的"组织结构图"，更改"SmartArt 样式"为"优雅"。

（3）调整图形结构，并在"文本"中输入相应文字并设置字体大小为40号，如图5.54所示。

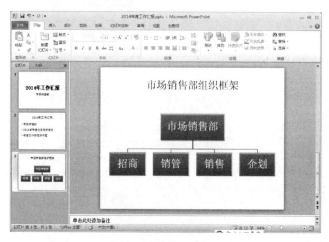

图 5.54　组织结构

（4）再次插入一张空白"标题内容幻灯片"，标题为"2014 年度产品销售统计表（单位：件）"。

（5）在"内容"占位符中选择"插入表格"，插入一个4列5行的表格，输入如图5.55 所示数据，调整行高列宽并设置相应字体大小。

图 5.55　统计表格

（6）在其后再插入一张空白"标题内容幻灯片"，标题为"2014 年度产品销售统计图表"。

（7）在内容占位符中选择"插入图表"选项，在弹出的"插入图表"对话框中选择"柱形图"——"三维簇状柱形图"，点击"确定"按钮。

（8）在弹出的"Microsoft PowerPoint 中的图表"的 Excel 界面下录入图中的数据，确认后如图 5.56 所示。

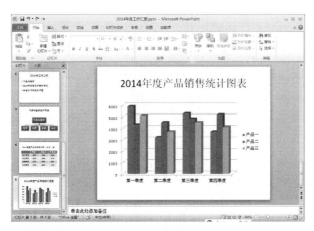

图 5.56　统计图表

知识回顾

1. PowerPoint 2010 中，在幻灯片上绘制图形，按住（　　　）键用矩形工具画出的图形为正方形。

A．Ctrl　　　　　　　B．Tab　　　　　　　C．Shift　　　　　　　D．Alt

2. PowerPoint 2010，艺术字具有（　　　）。

A．图形属性　　　　B．文本属性　　　　C．文件属性　　　　D．字符属性

3. PowerPoint 2010 制作的文稿中，能包含（　　　）。

A．图片、声音　　　　　　　　　　B．图片、图表、声音、视频效果

C．声音、视频效果　　　　　　　　D．图片、图表

4. 在 PowerPoint 中，要选定多个图形时，需（　　　），然后用鼠标单击要选定的图形对象。

A．先按住 Alt 键　　　　　　　　　B．先按住 Home 键

C．先按住 Shift 键　　　　　　　　D．先按住 Ctrl 键

5. 不能作为 PowerPoint 演示文稿的插入对象的是（　　　）。

A．图表　　　　　　　B．Excel 工作簿　　　C．图像文档　　　　D．Windows 操作系统

6. PowerPoint 中，下列关于表格的说法错误的是（　　　）。

A．可以向表格中插入新行和新列　　　B．不能合并和拆分单元格

C. 可以改变列宽和行高   D. 可以给表格添加边框

实操任务

打开"手机"演示文稿，进行如下操作：

（1）在演示文稿中插入第五张幻灯片，选择"标题和内容"版式，输入标题内容"手机的分类"。

（2）使用"插入 SmartArt 图形"的功能，在幻灯片中插入如图所示的图形，并输入相应文字（如图 5.57）。

（3）插入第六张幻灯片，版式选择"标题和内容"，在标题区域输入"各大手机品牌国内网络关注度"。

（4）在第六张幻灯片中输入如下表格如图所示的表格，调整相应格式，并将表格中的"单元格凹凸效果"设置为"凸起"（如图 5.58）。

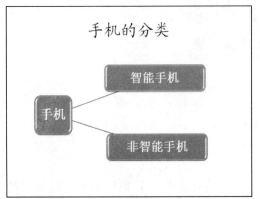

图 5.57

图 5.58

（5）在第六张幻灯片中插入一张人物剪贴画，如图 5.59。

（6）新建第七张幻灯片，并根据图的表格内容建立一张"簇状水平圆柱图"，调整相应的格式，效果如图 5.60 所示。

图 5.59

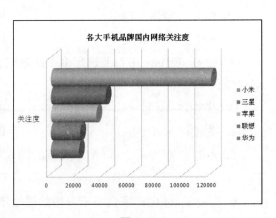

图 5.60

任务2 美化某公司产品幻灯片

操作1 幻灯片背景的设置

当完成幻灯片的内容后，可以对幻灯片进一步编辑和美化，使之更加漂亮美观，在使用模板制作演示文稿时，幻灯片中使用的背景是可以修改的，可以通过对幻灯片的背景进行设置，达到美化幻灯片的效果。

添加幻灯片背景的具体操作步骤如下。

1. 选择所要修改背景的幻灯片为当前幻灯片。

2. 单击"设计"选项卡中"背景"工具栏的"背景样式"菜单项。

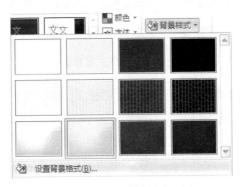

图 5.61 背景样式

3. 打开"设置背景格式"对话框。在"设置背景格式"对话框可进一步设置有关幻灯片背景的各种属性。

图 5.62 设置背景格式

操作2 幻灯片主题方案设置

在 PowerPoint 2010 中提供了多个标准的主题方案，利用所需的主题通过更改颜色、字体或填充效果等，保存为自己自定义的主题。

具体操作步骤如下。

1. 单击"设计"选项卡下的"主题"工具栏，选择适合的主题方案，完成幻灯片主题方案设置。

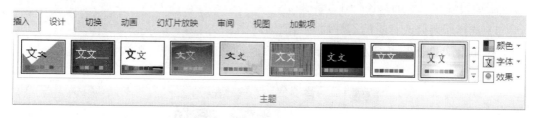

图 5. 63 选择主题方案

2. 如果不想演示文稿所有幻灯片同时更改主题，则是选择需要更改主题方案的幻灯片为当前幻灯片。

3. 单击"设计"选项卡下的"主题"工具栏，右键选择适合的主题方案。

4. 在弹出的菜单中选择"应用于选定幻灯片"，完成当前幻灯片主题方案设置，其他幻灯片主题方案不会被更改。

5. 如需再做修改，可以通过更改主题方案的颜色、字体或效果完成。

图 5. 64 应用主题方案

操作3 幻灯片的页眉和页脚的设置

在 PowerPoint 2010 中工作处理中，有时需要设置页眉页脚，那么如何设置页眉页脚呢？步骤如下。

1. 执行"插入"选项卡中"文本"提供了页眉和页脚按钮，点击"页眉和页脚"。

图 5. 65 页眉和页脚

2. 弹出"页眉和页脚"对话框，用户可以在对话框中设置相应的时间、页脚和编号，完成后单击"全部应用"，即可完成对日期区、页脚区、数字区等设置。

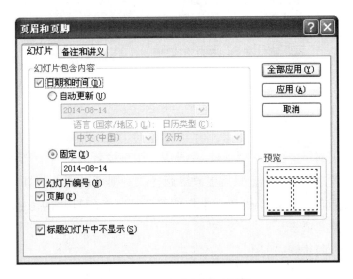

图 5.66　页眉和页脚对话框

插入的页脚，可以在幻灯片视图和放映视图中可显示。

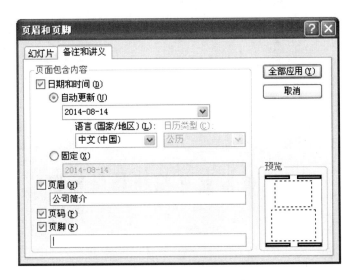

图 5.67　备注和讲义对话框

页眉的插入只能在"备注和讲义"对话框进行，而且页眉只能在讲义视图、备注视图中看到，在幻灯片视图和放映视图中看不到。

操作4　幻灯片母版的设置

在 PowerPoint 2010 中有三种母版：幻灯片母版、讲义母版、备注母版。单击"视图"选项卡可找到"母版视图"工具栏，如图5.68。

图 5.68　母版视图工具栏

所有演示文稿都至少包含一个幻灯片母版，用于设置幻灯片的样式，供用户设定各种标题文字、背景、属性等，只需更改母版样式，则可以所有幻灯片的样式都统一更改。幻灯片母版包含标题样式和文本样式等，控制了幻灯片的字体、字号、颜色、背景色、阴影等版式要素。

设置幻灯片母版步骤如下：

1. 单击"视图"选项卡，在"母版视图"工具栏中点击"幻灯片母版"按钮，进入"幻灯片母版视图"状态，如图5.69。

图 5.69　幻灯片母版视图状态

2. 此时，选项卡中出现"幻灯片母版"选项卡，用户可对母版进行各种设置，包括字形、占位符、大小和位置、背景设计和配色方案。

3. 完成后，单击"关闭母版视图"按钮，完成母版设置。所有设置将统一更改到所有应用此母版的幻灯片上。

图5.70 幻灯片母版选项卡设置方案

【课堂案例】

部门经理吩咐小张继续对"工作汇报"演示文稿进行美化设计，修改主题方案，并利用编辑母板功能插入公司标志，使整个演示文稿风格趋于一致。

案例操作如下：

（1）点击"设计"选项卡，选择"主题"样式内的"聚合"样式，应用到所有幻灯片，如图"例5.71"所示。

图5.71 设计主题

（2）单击"视图"选项卡的"幻灯片母版"，进入幻灯片母版视图。在左侧幻灯片列表中选择第一张幻灯片（即母版），单击"插入"选项卡中的"图片"，选择插入公司标志图片，如图5.72所示。

（3）并拖动调整好大小和并拖放到右上角位置。单击"幻灯片母版"选项卡中的"关闭母版视图"返回，即可看到在每一张幻灯片都加上了公司标志，效果如图5.73所示。

图 5.72　插入 Logo

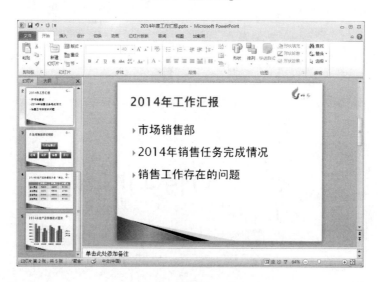

图 5.73　母板编辑效果

知识回顾

1. 如果想让公司徽标出现在每个幻灯片中，可把该徽标加入到（　　　）。

A. 讲义母版　　　　B. 标题母版　　　　C. 幻灯片母版　　　D. 备注母版

2. PowerPoint 2010 中，使用（　　　）选项卡标签中的"幻灯片母版"命令，进入幻灯片母版设计窗口更改幻灯片的母版。

A. 格式　　　　　　B. 工具　　　　　　C. 视图　　　　　　D. 编辑

3. 关于主题方案的表述，正确的是（　　　）。

A. "主题"不可以单独设置在某一幻灯片上

B. "主题"可以直接应用到整个演示文稿中

C. “主题”的颜色不能进行更改

D. 在“视图”选项卡中设置幻灯片的“主题”

4. “页眉”可以在（　　）视图中观看到。

A. 幻灯片视图　　B. 放映视图　　C. 讲义视图　　D. 以上都可以

5. 下列各项中（　　）不能控制幻灯片外观一致的方法。

A. 母板　　B. 主题　　C. 背景　　D. 幻灯片视图

实操任务

打开“手机”演示文稿，进行如下操作：

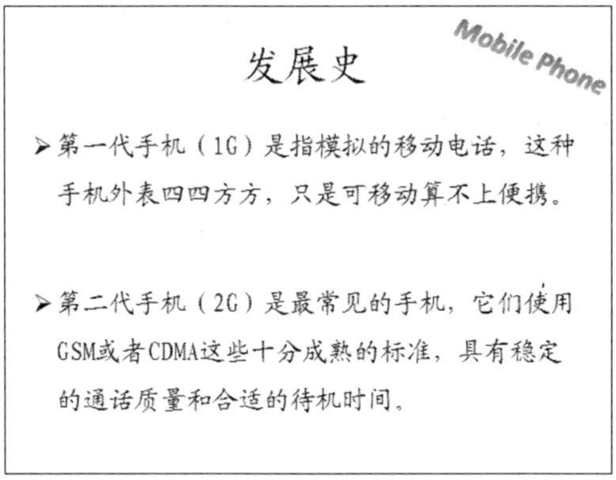

Mobile Phone
发展史
➢第一代手机（1G）是指模拟的移动电话，这种手机外表四四方方，只是可移动算不上便携。
➢第二代手机（2G）是最常见的手机，它们使用GSM或者CDMA这些十分成熟的标准，具有稳定的通话质量和合适的待机时间。

图 5.74

Mobile Phone
➢第三代手机（3G）是英文3rd Generation的缩写，是指将无线通信与国际互联网等多媒体通信结合的新一代移动通信系统。
➢第四代手机（4G）是第四代移动通信及其技术的简称，能够传输高质量视频图像以及图像传输质量与高清晰度电视不相上下的技术产品。

图 5.75

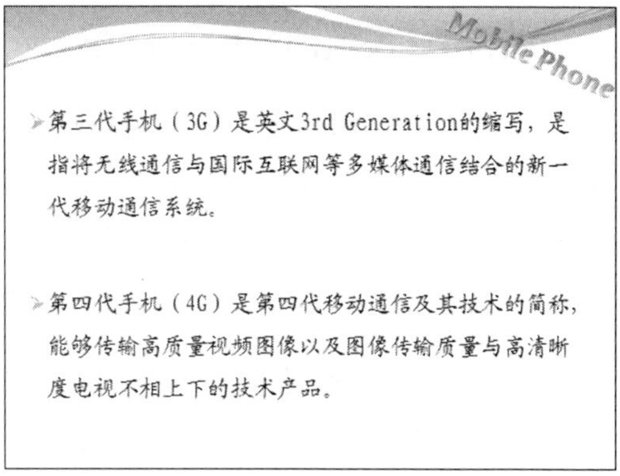

（1）打开幻灯片母版编辑界面，在左上角插入艺术字“Mobile Phone”，字号 32，加粗，倾斜，文字阴影，调整效果如图 5.74 所示。

（2）第一张幻灯片单独设置一种模板（如沉稳），给其他所有幻灯片使用另一种模板（如流畅），如图 5.75。

（3）选择第一张幻灯片，更改背景样式为“样式 3”；再依次单击更改不同的主题颜色，仔细观察，体验各种内置配色方案的差异。

模块三：演示文稿动态效果的设置

【技能目标】

1. 能进行自定义动画的设置
2. 能对幻灯片进行切换的设置
3. 能将所需幻灯片进行超链接的设置

4. 能进行幻灯片自定义放映的设置

【知识目标】

1. 掌握幻灯片的动画效果

2. 了解幻灯片的切换效果

【重点难点】

1. 自定义动画的设置

2. 幻灯片的切换

任务1 设置幻灯片的动画效果

当在幻灯片中添加了文字、图片等对象内容时，可以对它们进行动画设置，精美的动画，能赋予演示文稿清晰的逻辑、精美的画面、动感的效果、专业的形象，还可以突出重点，控制内容的出现顺序。

动画效果分为自定义动画以及切换效果两种动画效果。

操作1 自定义动画的设计

自定义动画，PowerPoint 2010 演示文稿中的文本、图片、形状、表格、SmartArt 图形和其他对象制作成动画，赋予它们进入、退出、大小或颜色变化甚至移动等视觉效果。

PowerPoint 2010 具体有四种不同类型的自定义动画效果。

进入效果：使幻灯片中的对象以自定义动画的形式出现在演示界面中。

强调效果：包括使对象缩小或放大、更改颜色或旋转等形式强调对象内容。

退出效果：使幻灯片中的对象以自定义动画的形式退出或消失于演示界面，效果与进入效果类似但是作用相反。

动作路径效果：根据用户自定义的形状、直线、曲线来移动对象在演示界面中的游走路径，使对象上下、左右移动或沿着其他图案移动。

点击"动画"选项卡，在动画工具栏中点击 ▼ 按钮，可显示各种自定义动画形式。

图 5.76　动画选项卡

图 5.77　动画选项卡

点击"动画"选项卡，在高级动画工具栏中点击"动画窗格"按钮，可在工作窗口右边显示动画窗格的对话框，通过设置，可调整所添加各种自定义动画的顺序及其他属性。

图 5.78　动画窗格按钮

图 5.79　动画窗格对话框

以上四种自定义动画，可以单独使用任何一种动画，也可以将多种效果组合在一起。

1. 使用进入效果：选择所需设置动画的幻灯片，再选择所需要设置动画的对象，如标题文本框，然后点击"动画"选项卡，在动画工具栏中点击 ▼ 按钮，在"进入"栏内单击选中用户想要的自定义进入动画形式。完成标题的进入动画设置。

2. 使用强调效果：同样选择所需要设置动画的对象，如标题文本框，在"动画"选项卡中找到"添加动画"工具栏，在"强调"栏内单击选中用户想要的自定义强调动画形式，为标题文本框添加第二个动画的设置。

3. 使用退出效果：同样选择所需要设置动画的对象，如标题文本框，在"动画"选项卡中找到"添加动画"工具栏，在"退出"栏内单击选中用户想要的自定义退出动画形式，为标题文本框添加第三个动画的设置。

4. 使用动作路径效果：同样选择所需要设置动画的对象，如副标题文本框，在"动画"选项卡中找到"添加动画"工具栏，在"动作路径"栏内单击选中用户想要的动作路径，完成为副标题文本框添加动画。

　　PowerPoint 2010"动画刷"能复制一个对象的动画，并应用到其他对象的动画工具。使用方法：点击已设置动画的对象，在"动画"选项卡中的"高级动画"里双击"动画刷"按钮，当鼠标变成刷子形状的时候，点击你需要设置相同自定义动画的对象便可完成。

操作 2　幻灯片切换的设置

演示文稿动画效果的另一种方法是幻灯片切换，幻灯片切换动画是加在连续的幻灯片之间的特殊效果，在幻灯片放映过程中，同一张幻灯片换到另一张幻灯片时，切换效果可用多种不同动画效果将下一张个幻灯片显示到演示界面。

在 PowerPoint 2010 演示文稿"切换"选项卡中有"切换到此幻灯片"工具组，如图 5.80。

图 5.80　切换选项卡

点击"切换到此幻灯片"工具栏右侧 按钮，可以看到有"细微型""华丽型"以及"动态内容"三种动画效果。

图5.81 动画效果

切换效果使用方法：

1. 选择想要应用切换效果的幻灯片。

2. 点击"切换"选项卡显示"切换到此幻灯片"工具栏。

3. 直接单击要应用于该幻灯片的幻灯片切换效果或单击 按钮选择，在"细微型"、"华丽型"、"动态内容"栏中单击选择一种效果，完成幻灯片切换效果设置。

4. 单击效果选项，可以调整切换效果的属性。

图5.82 调整切换效果属性对话框

【课堂案例】

小张继续对"工作汇报"演示文稿添加动画效果，分别使用"幻光片切换"和"自定义动画"两种操作方法。

案例操作如下：

（1）选择第一张幻灯片，点击"切换"选项卡，在"切换到此幻灯片"项目中，选择"涟漪"切换效果，如图5.83所示，并点击"全部应用"，使所有幻灯片都使用此切换效果。

图5.83　切换效果

（2）选择第四张幻灯片，对表格内容添加动画，在"动画"选项卡中，点击"添加动画"命令按钮，在弹出的下拉菜单中，选择"进入"动画样式为"形状"，"效果选项"设定为"缩小"，形状为"圆"。效果如图5.84所示。

图5.84　添加动画效果

328

知识回顾

1. 下列说法（　　）正确。

A. 各个对象的动画的出现顺序是固定的，不能随便调整

B. 任何一个对象都可以使用不同的动画效果，各个对象都可以任意顺序出现

C. 幻灯片中的每一个对象都只能使用相同的动画效果

D. 其他三项说法都不正确

2. 设置幻灯片的切换方式，可以在（　　）功能区中进行操作。

A. 幻灯片放映　　　B. 视图　　　　　　C. 编辑　　　　　　D. 切换

3. 幻灯片的切换方式是指（　　）。

A. 在编辑新幻灯片时的过渡形式

B. 在编辑幻灯片时切换不同视图

C. 在编辑幻灯片时切换不同的设计模板

D. 在幻灯片放映时两张幻灯片间过渡形式

4. 在 PowerPoint 中，取消幻灯片中的对象的动画效果可在（　　）功能区调整来实现。

A. 幻灯片放映　　　B. 切换　　　　　　C. 动画　　　　　　D. 视图

5. 幻灯片"切片方式"有自动换页和手动换页，以下叙述中正确的是（　　）。

A. 同时选择"单击鼠标时"和"自动换片时间"两种换片方式，但"单击鼠标时"方式不起作用

B. 可以同时选择"单击鼠标时"和"自动换片时间"两种换片方式

C. 只允许在"单击鼠标时"和"自动换片时间"两种换片方式中选择一种

D. 同时选择"单击鼠标时"和"自动换片时间"两种换片方式，但"自动换片时间"方式不起作用

6. 如果要使一张幻灯片以"棋盘"方式切换到下一张幻灯片，应在（　　）功能区设置。

A. 动画　　　　　　B. 动作　　　　　　C. 切换　　　　　　D. 幻灯片反映

实操任务

打开"手机"演示文稿，进行如下操作：

（1）选择第一张幻灯片，选择切换方式为"推进"，效果为"自左侧"。

（2）为其余所有幻灯片设置切换方式为"棋盘"，并设置自动切片时间为 5 秒。

（3）分别给每一张幻灯片选择一种动画方案，观看幻灯片的动画效果。

任务2　设置幻灯片的链接效果

操作1　幻灯片超链接的设置

PowerPoint 2010 提供了功能强大的超链接功能，使用它可以在幻灯片与幻灯片之

间、幻灯片与其他外界文件或程序之间以及幻灯片与网络之间自由地转换。

添加超链接的方法和步骤如下。

1. 选中添加超链接的对象，包括演示文稿中的文本、图片、形状、SmartArt 图形和其他对象。

2. 单击"插入"选项卡。

图 5. 85　超链接按钮

3. 在"链接"工具栏中，单击"超链接"按钮，打开超链接设置对话框。

图 5. 86　超链接设置对话框

（1）选择"本文档中的位置"，可以添加跳转到其他幻灯片的链接。

（2）选择"现有文件或网页"，可以添加跳转到其他文件或 Web 网页的链接。

（3）选择"新建文档"，可以添加跳转到新编辑的文件的链接。

（4）选择"电子邮件地址"，可以设置邮箱地址。

4. 单击"确定"按钮，完成添加超链接设置。

操作 2　幻灯片动作的设置

在"插入"选项卡下选择"形状"，并在列表最下面的"动作按钮"分类中找到合适的图标，用鼠标在幻灯片页面拖动出一个矩形即可插入动作按钮。

图 5.87　动作按钮

然后在弹出的"动作设置"对话框中，设置动作按钮要执行的任务并按"确定"完成动作设置。

图 5.88　动作设置对话框

【课堂案例】

小张利用添加超链接的方法，在幻灯片与幻灯片之间进行自由切换。

案例操作如下：

（1）选中第二张幻灯片的"市场销售部"的文本内容，选择"插入"选项卡，单击"链接"组织中"超链接"按钮，弹出如图 5.89 所示的对话框。在对话框的左侧

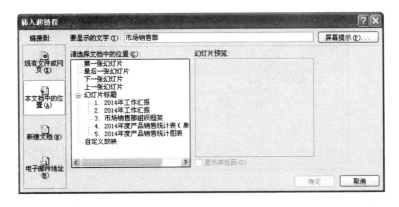

图 5.89　插入超链接

"链接到"列表框中选择"本文档中的位置",在"选择文档中的位置"列表框中选择"3.市场销售部组织框架",单击"确定"按钮。

（2）选择第三张幻灯片,点击"插入"选项卡,单击"插图"组中的"形状"按钮,在形状列表中选择"动作按钮"中的"动作按钮:自定义",按住鼠标左键在幻灯片的右下角绘制出一个按钮形状,松开鼠标弹出如图5.90所示的对话框。

图 5.90 动作设置

（3）在"单击鼠标"选项卡内选中"超链接到",并在其下拉列表中选择"幻灯片…",弹出如图5.91所示的对话框,选择"2.2014年工作汇报",单击"确定"按钮。

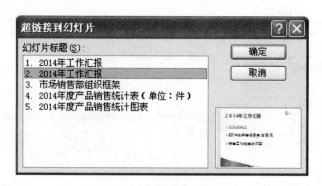

图 5.91 超链接到幻灯片

332

（4）在"动作设置"对话框中，设置"播放声音"为"照相机"，如图 5.92 所示，点击"确定"完成设置。

图 5.92 设置播放声音

知识回顾

1. PowerPoint 2010 中，在"动作设置"对话框中，不能设置鼠标的动作为（　　）。

A. 鼠标双击　　　　B. 鼠标单击　　　　C. 鼠标移过　　　　D. 以上都不行

2. 若要将另一张 Excel 表格链接到当前幻灯片中，需从"插入"功能区中选择（　　）。

A. 超链接　　　　B. SmartArt　　　　C. 表格　　　　D. 图表

3. 关于 PowerPoint 中，关于超链接的表述，不正确的是（　　）。

A. 可以设置一个对象超链接到演示文稿中的任意一张幻灯片

B. 设置超链接时必须先选定对象才能进行设置

C. 超链接不可以设置打开另一个演示文稿

D. 可以通过超链接打开一个网页

4. 设置超链接使用到的命令是（　　）。

A. "插入"→"形状"　　　　　　B. "动画"→"添加动画"

C. "插入"→"对象"　　　　　　D. "插入"→"动作"

实操任务

打开"手机"演示文稿，进行如下操作：

（1）选择第二张幻灯片的标题"了解手机"，设置其超链接到的第五张幻灯片。

（2）选择第六张幻灯片中的人物剪贴画，设置动作为单击该图片，自动打开百度网站（www. baidu. com），播放声音为"风铃"。

（3）尝试使用"自定义幻灯片放映"功能，观看播放效果。

模块四：演示文稿的放映和发布

【技能目标】

1. 能设置幻灯片的放映方式

2. 能进行幻灯片自定义放映的设置

3. 能进行幻灯片的打印及打印设置

4. 能将幻灯片进行打包

【知识目标】

1. 了解幻灯片的放映方法

2. 掌握幻灯片的预览及打印步骤

3. 掌握幻灯片的打包方法及设置方法

【重点难点】

1. 幻灯片排练计时

2. 幻灯片的打包

任务1 幻灯片的放映控制

完成演示文稿的编辑与制作后，就可以正式放映了。在放映幻灯片之前，还可对演示文稿和各幻灯片进行内容、放映顺序、重点等进行检查，避免放映时出现错误的情况。

操作1 幻灯片放映方式

对已经完成的演示文稿的放映比较简单，且有多种的放映方式，可以根据用户的使用习惯进行放映。

1. 单击演示文稿窗口右下角的"幻灯片放映"视图按钮 ![icon]。此放映方式将从当前幻灯片开始放映演示文稿，此方式适用于边编辑边调试。

图 5.93　幻灯片放映按钮

2. 在"幻灯片放映"选项卡的"开始放映幻灯片"工具栏中，选择"从头开始"、"从当前幻灯片开始"等播放方式，或者选择"自定义幻灯片放映"方式（如图5.94）。

图5.94 开始放映幻灯片工具栏

单击"幻灯片放映"选项卡"开始幻灯片放映"中的"从头开始"。演示文稿开始播放，第一张幻灯片上出现在计算机屏幕上。

3. 其他播放方法：直接按下快捷键 F5，演示文稿将自动从头开始放映幻灯片。

开始放映幻灯片后，光标将会隐藏。当移动鼠标时，光标就会显示，停止移动鼠标时，光标会再次隐藏。

在播放演示文稿的过程中，单击鼠标左键切换到下一张幻灯片或按下键盘上的"向右"按键切换到下一张幻灯片。如果播放过程中需要返回到上一张幻灯片，按下键盘上的"向左"键转到上一张幻灯片。

播放演示文稿时，可以快速转到特定的页面并进行，在演示文稿播放窗口中右键单击，在弹出的指向"定位至幻灯片"，然后单击幻灯片编号，此时单击的幻灯片将会显示在屏幕上。

4. 结束演示文稿播放。

（1）全部播放完成退出

幻灯片播放到最后一张幻灯片后，单击转到黑色屏幕，此时屏幕上显示"结束放映，单击鼠标退出。"字样，再次单击，演示文稿将停止播放，并且返回到编辑窗口。

（2）在演示过程中退出

在播放演示文稿的过程中，在播放窗口中单击鼠标右键，在弹出的菜单中单击"结束放映"，演示文稿停止播放并返回到编辑窗口。

（3）快捷键退出播放

在演示文稿播放过程中，直接按下快捷按键 ESC 按键，演示文稿将停止播放并返回到编辑窗口。

议一议

怎样使用投影仪播放幻灯片?

使用笔记本电脑和投影仪在屏幕上投射演示文稿时,必须做好以下准备。

1. 使用电缆将笔记本电脑连接到投影仪,打开投影仪的电源开关,将笔记本电脑的显示分辨率与投影仪支持的分辨率匹配。

2. 使用键盘切换笔记本电脑的图像信号,以使输出同时在笔记本电脑屏幕和投影仪上显示。

操作2 幻灯片放映辅助工具的设置

当播放演示文稿时,可以使用鼠标绘出下划线、圆形或突出显示幻灯片上的文本。

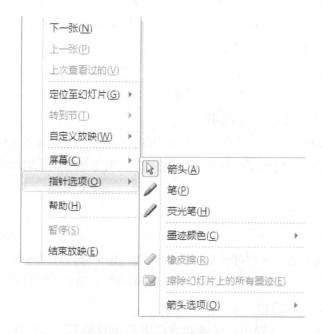

图5.95 播放时右键的下拉菜单

在演示文稿中播放窗口中单击鼠标右键。在显示的菜单中,指向"指针选项",然后单击"笔"。

此时,光标形状更改为笔的红点。按住鼠标左键的同时移动鼠标,可以使用鼠标在幻灯片上进行书写或涂抹。

如果已在幻灯片上书写,在幻灯片中途中止放映或放映结束时,将显示"是否保留墨迹注释"对话框。

单击"保留",返回到保留所写内容的编辑窗口,所书写内容将以图片形式保留在演示文稿中。在编辑窗口中,可以查看到书写的内容。单击"放弃",删除书写内容并返回到编辑窗口。

操作3 幻灯片放映的设置

图 5.96 是否保留墨迹注释对话框

在默认情况下,PowerPoint 2010 会按照预设的演讲者放映方式来放映幻灯片,但放映过程需要人工控制,在 PowerPoint 2010 中,还有两种放映方式,一是观众自行浏览,二是展台浏览。

打开演示文稿,切换至"幻灯片放映"面板,单击"设置"工具栏中的"设置幻灯片放映"按钮,如图 5.97 所示。

图 5.97 设置工具栏

在弹出"设置放映方式"对话框,即可在"放映类型"选项区中看到三种放映方式,如图 5.98 所示。

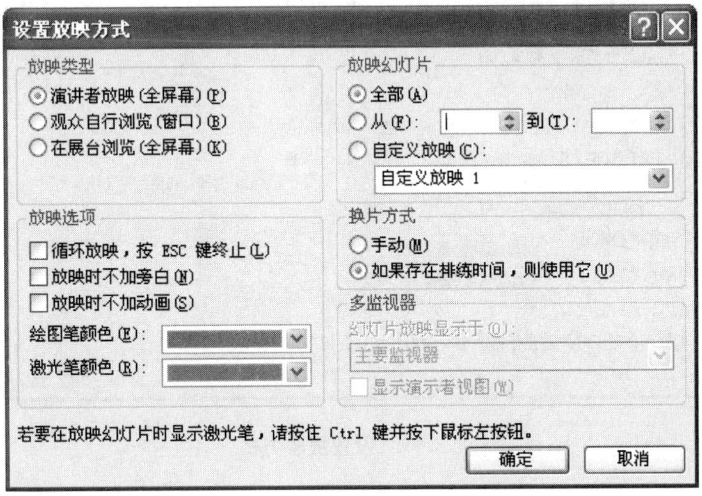

图 5.98 设置放映方式对话框

在"放映类型"选项区中,各单选按钮的含义如下:

"演讲者放映方式"单选按钮:演讲者放映方式是最常用的放映方式,在放映过程中以全屏显示幻灯片。演讲者能控制幻灯片的放映,暂停演示文稿,添加会议细节,还可以录制旁白。

"观众自行浏览"单选按钮:可以在标准窗口中放映幻灯片。在放映幻灯片时,可以拖动右侧的滚动条,或滚动鼠标上的滚轮来实现幻灯片的放映。

"在展台浏览"单选按钮:在展台浏览是三种放映类型中最简单的方式,这种方式将自动全屏放映幻灯片,并且循环放映演示文稿,在放映过程中,除了通过超链接或动作按钮来进行切换以外,其他的功能都不能使用,鼠标的作用几乎全部消失,如果要停止放映,只能按 Esc 键来终止。此方式适用于在展会或其他无人管理幻灯片的播放时使用。需要注意的是,用些方式播放时,幻灯片的切换方式不能用"单击鼠标时"方式,否则播放时无法执行换页操作,屏幕将停留在第一页不动。

【课堂案例】

部门经理吩咐小张将制作好的演示文稿的放映方式进行相应设置,并测试放映效果。

案例操作如下:

(1)选择"幻灯片放映"选项卡中的"设置幻灯片放映"命令,弹出如图 5.99所示的对话框,设置"放映类型"为"演讲者放映(全屏幕)","换片方式"设定为"手动",点击"确定"按钮。

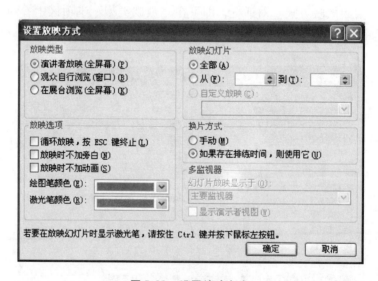

图 5.99 设置放映方式

(2)测试放映效果,点击"幻灯片放映"选项卡,在"开始放映幻灯片"组中的选择"从头开始"命令。

知识回顾

1. 在幻灯片放映过程中,如果要快速转入特定的幻灯片上,可( )。

A. 点击鼠标右键,定位查找   B. 直接键入该幻灯片编号再点击鼠标左键

C. 点击鼠标左键,翻页查找   D. 直接键入该幻灯片编号,再按回车键

2. 在幻灯片的放映过程中要中断放映,可以直接按( )键。

A. Alt + F4   B. Ctrl + X   C. Esc   D. End

3. 在 PowerPoint 中按功能键〔F5〕的功能是( )。

A. 打开文件   B. 观看放映   C. 打印预览   D. 样式检查

4. 放映幻灯片时,如果要从第 2 张幻灯片跳到第 5 张,应使用菜单"幻灯片放映"中的( )。

A. 自定义放映   B. 幻灯片切换

C. 自定义动画   D. 动画方案

5. 要以连续循环方式播放幻灯片,应使用"幻灯片放映"选项卡中的( )命令。

A. 排练计时   B. 广播幻灯片

C. 自定义幻灯片放映   D. 设置幻灯片放映

实操任务

打开"手机"演示文稿,进行如下操作:

在"设置幻灯片放映"对话框中调整放映方式,观看效果,并在放映过程中尝试使用辅助工具的功能。

任务2 幻灯片的打包和发布

操作1 幻灯片的打印

完成演示文稿的制作后,有时不仅在投影仪或者计算机上进行演示,也可以将演示文稿打印出来,以便应用到更广泛的领域中。

下面是幻灯片打印的具体步骤。

1. 预览打印布局

首先单击"文件"选项卡,找到"打印"命令并单击。

所需打印的演示文稿的打印预览将显示在屏幕右边窗框上。

2. 设置页面设置

基本页面设置在打印预览屏幕的"设置"中。打印功能可以实现每张纸上打印 1 张、3 张、6 张或 9 张等多张幻灯片。以便节约纸张,通过更改基本页面设置,可以设置所需打印要求。

图 5.100　打印命令对话框

图 5.101　打印设置选项对话框

3. 开始打印

完成页面视图检查和调整之后，即可开始实际打印。

单击"文件"选项卡。单击"打印"。在"份数"框中输入份数，单击"打印机"，然后选择所需打印机。单击"打印"按钮。

图 5. 102　打印按钮

所选打印机将按照设置的份数打印出所选演示文稿，完成打印工作。

操作2　演示文稿的打包

演示文稿打包是为了能快速地将演示文稿与任何支持文件一起复制到磁盘或网络位置，默认情况下会添加 Microsoft Office PowerPoint Viewer。打包后演示文稿即使拿到其他没有安装 PowerPoint 计算机上，也可以使用 PowerPoint Viewer 运行打包的演示文稿。

步骤如下。

打开要复制的演示文稿；如果正在处理尚未保存的新演示文稿，先保存该演示文稿并关闭。

单击"文件"选项卡。依次单击"保存并发送"，"将演示文稿打包成 CD"，然后在右窗格中单击"打包成 CD"。

图 5. 103　保存并发送命令

当前打开的演示文稿自动显示在"要复制的文件"列表中。与该演示文稿相链接的文件虽然会被自动包括，但它们并不会出现在"要复制的文件"列表中。

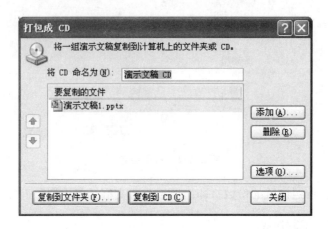

图 5.104　打包对话框

单击"选项"，然后在"包含这些文件"下执行以下一项或两项操作。

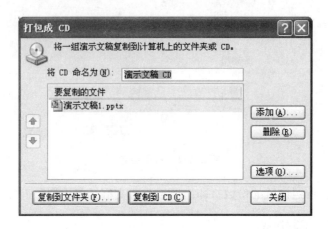

图 5.105　选项

为了确保包中包括与演示文稿相链接的文件，请选中"链接的文件"复选框。与演示文稿相链接的文件可以包括链接有图表、声音文件、电影剪辑及其他内容的 Microsoft Office Excel 工作表。

若要使用嵌入的，请选中"嵌入的 TrueType 字体"复选框。如果演示文稿中已包含嵌入字体，PowerPoint 会自动将演示文稿设置为包含嵌入字体。

然后点击"确认"按钮，关闭"选项"对话框，完成选项的设置。

如果您要将演示文稿复制到网络或计算机上的本地磁盘驱动器，请单击"复制到文件夹"，输入文件夹名称和位置，然后单击"确定"。

如果您要将演示文稿复制到 CD，请单击"复制到 CD"。

【课堂案例】

为方便进行演示，小张将制作好的演示文稿打包。

案例操作如下：

（1）单击"文件"选项卡——"保存并发送"命令，在"文件类型"中选择"将演示文稿打包成 CD"图标，单击"打包成 CD"按钮，如图 5.106 所示。

图 5.106　演示文稿打包

（2）弹出"打包成 CD"对话框，在"将 CD 命名为"项目中，更改名字为"2014工作汇报演示文稿"，如图 5.107；单击"选项"按钮，在弹出的"选项"对话框中，确保"链接的文件"和"嵌入的 TrueType 字体"的复选框打勾，在"增强安全性和隐私保护"的相关项目中，设定必要的密码，如图 5.108。

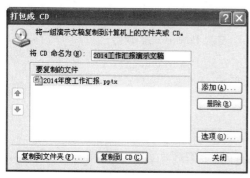

图 5.107　打包成 CD

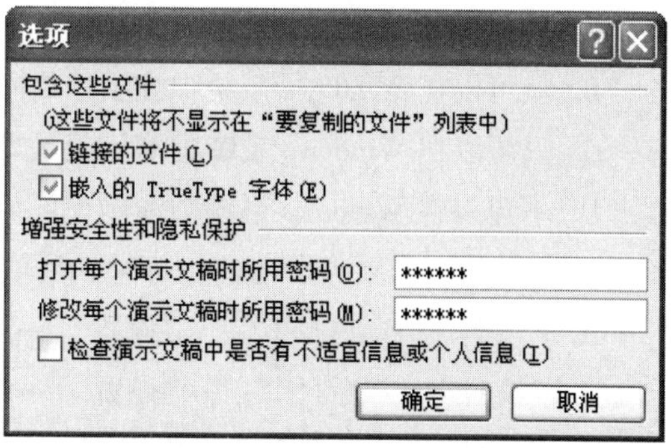

图 5.108　选项对话框

（3）单击"确定"按钮，并连续输入两次确认密码无误后，在"打包成 CD"对话框中单击右下角的"复制到文件夹"命令按钮，弹出如图 5.109 所示的对话框，设

定好保存的地址后，点击"确定"按钮，并在弹出的"Microsoft PowerPoint"提示对话框中，点击"是"按钮确认操作（如图5.110），完成打包操作。

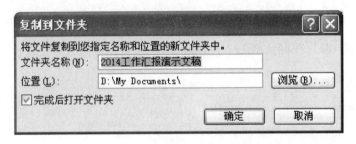

图5.109 复制到文件夹

图5.110 提示对话框

知识回顾

1. 以下（   ）是无法打印出来的。

A. 幻灯片中的图片   B. 幻灯片中的动画

C. 母版上设置的标志   D. 幻灯片的艺术字

2. 需要打印讲义，则需要使用（   ）命令。

A. 打印   B. 打印预览

C. "文件"→"打印"→"设置"   D. 以上都不可以

3. 打包后的演示文稿播放条件（   ）。

A. 可以在任意系统中演示

B. 只可以在 Windows 系统中演示但是必须要安装 PowerPoint 软件

C. 只可以在 Windows 系统中演示但是可以不安装 PowerPoint 软件

D. 不可以在 Windows 系统中演示

4. 打印时，需要打印当前幻灯片，要使用（   ）命令。

A. "文件"→"打印"→"设置"→"打印全部幻灯片"

B. "文件"→"打印"→"设置"→"打印选定幻灯片"

C. "文件"→"打印"→"设置"→"打印当前幻灯片"

D. "文件"→"打印"→"设置"→"自定义范围"

实操任务

将已完成的"手机"演示文稿打包输出。

【本章小结】

1. 了解中文 PowerPoint 的基本知识，了解其功能、运行环境、启动和退出。

2. 演示文稿的创建、打开、关闭和保存。

3. 演示文稿视图的使用，幻灯片基本操作（版式、插入、移动、复制和删除）。

4. 幻灯片基本制作（文本、图片、艺术字、形状、表格等插入及其格式化）。

5. 演示文稿主题选用与幻灯片背景设置。

6. 演示文稿放映设计（动画设计、放映方式、切换效果）。

7. 演示文稿的打包和打印。

【综合实训】

构思制作一份某品牌某型号电器的演示文稿，内容包括该品牌设备的相关介绍、参数、说明以及相关图片。具体要求如下：

1. 第一张幻灯片需包含相关品牌名称以及演示文稿作者的姓名。

2. 在第二张幻灯片中设置一份相关目录，并设置超链接到演示文稿中的相应位置。

3. 演示文稿的总页数不得少于八页，为所有幻灯片设置切换效果，并为图片及文字等对象设置不同的动画效果。

4. 尝试使用 PowerPoint 2010 的各项功能美化全文，观看播放效果。

5. 保存到 E 盘下的 "ZHSX" 文件夹中，演示文稿名称为 yswg. pptx。

【考证习题】

1. 新建如下面两图所示的演示文稿 kzxt01. pptx，按要求完成操作并保存。

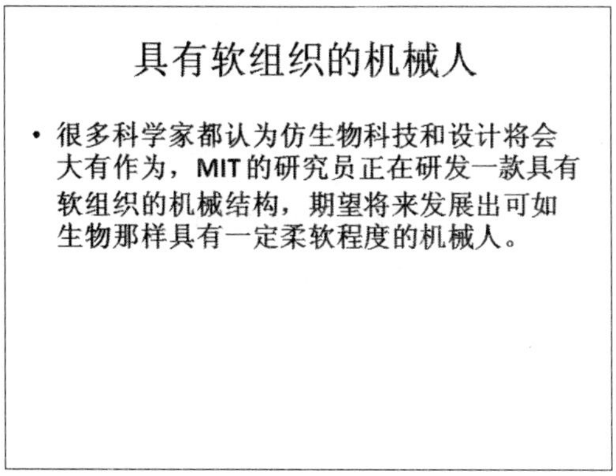

具有软组织的机械人

· 很多科学家都认为仿生物科技和设计将会大有作为，**MIT** 的研究员正在研发一款具有软组织的机械结构，期望将来发展出可如生物那样具有一定柔软程度的机械人。

图 5.111

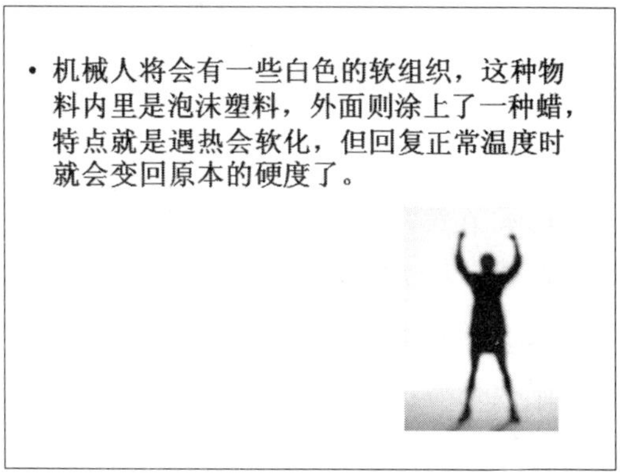

· 机械人将会有一些白色的软组织，这种物料内里是泡沫塑料，外面则涂上了一种蜡，特点就是遇热会软化，但回复正常温度时就会变回原本的硬度了。

图 5.112

（1）使用"波形"演示文稿设计模板修饰全文，并设置幻灯片的切换效果为"覆盖，自底部"。

（2）插入新幻灯片作为第一张幻灯片，版式为"标题幻灯片"，标题输入"新闻"，设置为"华文魏书"、80磅、阴影；

（3）第二张幻灯片的版式改为"图片和标题"，将第三张幻灯片中的图片移动到第二张幻灯片的内容区，图片的动画效果为"轮子"、"8轮辐图案"、"自上一个动画之后"。

2. 新建如图5.113、图5.114、图5.115所示的演示文稿 kzxt02. pptx，按要求完成操作并保存。

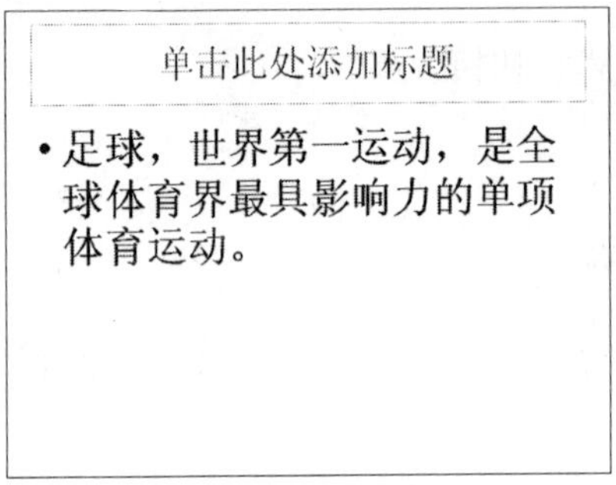

单击此处添加标题

• 足球，世界第一运动，是全球体育界最具影响力的单项体育运动。

图 5.113

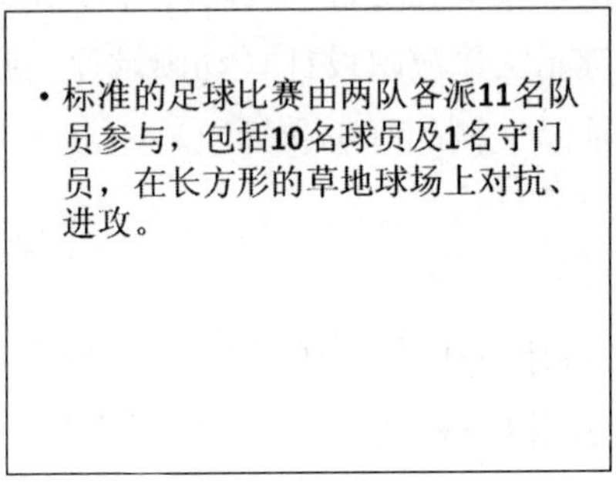

• 标准的足球比赛由两队各派11名队员参与，包括10名球员及1名守门员，在长方形的草地球场上对抗、进攻。

图 5.114

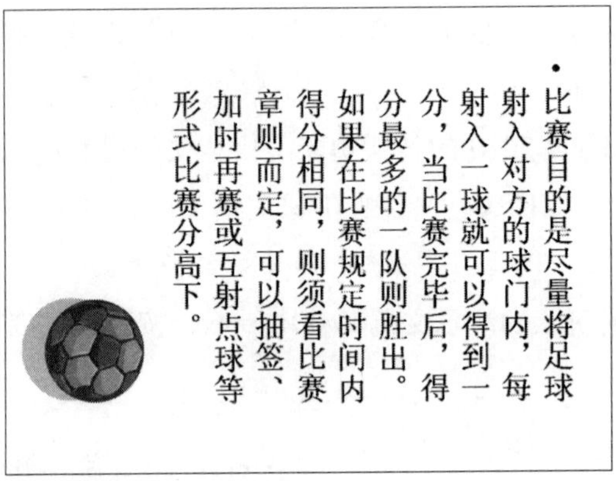

• 比赛目的是尽量将足球射入对方的球门内，每射入一球就可以得到一分，当比赛完毕后，得分最多的一队则胜出。如果在比赛规定时间内得分相同，则须看比赛章则而定，可以抽签、加时再赛或互射点球等形式比赛分高下。

图 5.115

（1）在第一张幻灯片中，输入标题文字"足球"，并设置为"楷体_ GB2312"、加粗、72磅。设置第一张幻灯片的"内容"部分超链接到本演示文稿的第三张幻灯片。

（2）将最后一张幻灯片中的图片，移动到第二张幻灯片的左下角，并设置该图片的动画效果为"飞入"、"自左侧"、"持续时间1秒"。全部幻灯片的切换效果为"随机线条"。

（3）第一张幻灯片的模板使用"精装书"，幻灯片放映方式设置为"在展台浏览"。

第六章

因特网及多媒体应用

在现代快节奏的社会中，人们对信息传播与交流的日益增长的需求促进了信息技术（Information Technology，IT）的高速发展。计算机网络是 IT 业的主要领域之一，它是计算机技术与通信技术相互渗透、不断发展的产物，尤其是因特网的出现和迅速发展，目前已经成为获得信息最快的手段。近年来，因特网已经进入到社会的各个应用领域，正在影响和改变着人们的工作和生活方式。

通过本章学习，应掌握：

1. 计算机网络的基本概念、分类。

2. 因特网的基本概念：TCP/IP、IP 地址、域名地址和接入方式。

3. 因特网的简单应用：浏览器（IE）的使用、信息的搜索和电子邮件（E-mail）的收发。

模块一：因特网应用

【技能目标】

1. 能从因特网搜索下载资源

2. 能申请免费邮箱账号，并新建、接收、回复电子邮件

3. 能使用即时通信工具 QQ

4. 能在招聘网上进行网上求职

5. 能进行网上购物

【知识目标】

1. 熟练掌握计算机网络的基本概念和因特网的基础知识，主要包括网络硬件和软件

2. 了解网络应用中常见的概念，如域名、IP 地址、DNS 服务等

3. 掌握即时通信工具 QQ、网上求职、网上购物等应用的流程

【重点难点】

1. 因特网的概念

2. 因特网的基本功能

3. 因特网的应用

任务1 因特网基础知识

操作1 计算机网络的基本知识

一、计算机网络的概念和功能

计算机网络是指利用通信线路将地理位置分散的两台或两台以上具有独立操作系统的计算机,通过某些媒介按照某种协议进行数据通信连接而成的一个多用户的实现资源共享的信息系统。简单来说计算机网络就是一群通过一定形式连接起来的计算机。

计算机网络具有强大的、丰富的功能。

1. 快速传输

网络的最基本功能是快速传输。计算机网络可以快速地为地理位置不同的计算机用户提供数据交换,包括来自政治、经济等各方面的资源,甚至还提供多媒体信息,如图像、声音、动画等。

2. 资源共享

这是计算机网络最重要的功能。通过网络,您可以和其他连到网络上的用户一起共享网络资源,如磁盘上的文件及打印机、调制解调器等,也可以和他们互相交换数据信息。网络的出现使资源共享变得很简单,交流的双方可以跨越时空的障碍,随时随地共享资料。

3. 分布处理

将一个复杂的大任务分解成若干个子任务,由网络上的计算机分别承担其中一个子任务,共同运作完成,以提高整个系统的效率,这就是分布式处理模式。

4. 负载均衡

负载均衡同样是网络的一大特长。举个典型的例子:一个大型 ICP(Internet 内容提供商)为了支持更多的用户访问他的网站,在全世界多个地方放置了相同内容的 WWW 服务器;通过一定技巧使不同地域的用户看到放置在离他最近的服务器上的相同页面,这样来实现各服务器的负荷均衡,同时用户也省了不少冤枉路。负载均衡有时也称为计算机的负荷分担。

二、计算机网络的分类

计算机网络的类型有很多,而且有不同的分类依据。

按拓扑结构可分为总线型、星型、环形、树形、网状结构,其中星型网络拓扑结构是目前最为流行的网络拓扑结构。

这里我们主要讲述的是根据网络分布规模来划分的网络：局域网、城域网、广域网。

1. 局域网（Local Area Network，LAN）

局域网是一种在小范围内实现的计算机网络，一般在一个建筑物内，或一个工厂、一个事业单位内部，将单位内部的各种通信设备互连在一起所形成的网络。局域网距离可在十几公里以内，信道传输速率可达 1000Mbps，结构简单，布线容易。

局域网的特点是：距离短、延迟小、数据速率高、传输可靠。

2. 城域网（Metropolitan Area Network，MAN）

城域网是在一个城市内部组建的计算机信息网络，提供全市的信息服务。MAN 的覆盖范围限于一个城市，对于城域网少有针对性的技术，一般根据实际情况通过局域网或广域网来实现。目前，我国许多城市正在建设城域网。

3. 广域网（Wide Area Network，WAN）

广域网连接地理范围很广，可以分布在一个省内、一个国家、几个国家或是一个洲，其目的是为了让分布较远的各局域网互连。广域网信道传输速率较低，结构比较复杂，分为末端系统（两端的用户集合）和通信系统（中间链路）两部分。

广域网与局域网的区别在于线路通常需要付费。多数企业不可能自己架设线路，而需要租用已有链路，故广域网的大部分花费用在了这里。

三、因特网的来源及发展

因特网（Internet）是一个建立在网络互连基础上的最大的、开放的全球性网络，中文名称为"国际互联网"、"因特网"、"网际网"或"信息高速公路"等，因特网拥有数千万台计算机和上亿个用户，是全球信息资源的超大型集合体。所有采用 TCP/IP 协议的计算机都可以加入因特网，实现信息共享和互相通信。与传统的书籍、报刊、广播、电视等传播媒体相比，因特网使用更方便，查阅更快捷，内容更丰富。今天，因特网已在世界范围内得到了广泛的普及与应用，并正在迅速地改变人们的工作方式和生活方式。

1. Internet 的起源与发展

Internet 是在美国较早的军用计算机网 ARPAnet 的基础上经过不断发展变化而形成的。Internet 的起源主要可分为以下几个阶段：

Internet 的雏形形成阶段 1969 年，美国国防部研究计划管理局（ARPA，Advanced Research Projects Agency）开始建立一个命名为 ARPANET 的网络，当时的目的是为了将美国的几个军事及研究用电脑主机连接起来。

1985 年美国国家科学基金会（NFS）开始建立 NSFnet，用于支持科研和教育，以此作为基础，实现同其他网络的连接。NSFNET 成为 Internet 上主要用于科研和教育的主干部分，代替了 ARPANET 的骨干地位。

Internet 的商业化阶段在 20 世纪 90 年代初，商业机构开始进入 Internet。随着商业网络和大量商业公司进入 Internet，网上商业应用取得高速的发展，同时也使 Internet 能为用户提供更多的服务，使 Internet 迅速普及和发展起来。

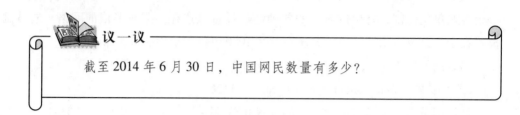

议一议

截至 2014 年 6 月 30 日，中国网民数量有多少？

现在 Internet 已发展为多元化，不仅仅单纯为科研服务，正逐步进入到日常生活的各个领域。近几年来，Internet 在规模和结构上都有了很大的发展，已经发展成为一个名副其实的"全球网"。网络的出现，改变了人们使用计算机的方式；而 Internet 的出现，又改变了人们使用网络的方式。Internet 使计算机用户不再被局限于分散的计算机上，同时，也使他们脱离了特定网络的约束。任何人只要进入了 Internet，就可以利用网络中各种计算机上的丰富资源。

2. 中国的 Internet

我国正式接入因特网是在 1994 年 4 月，当时为了发展国际科研合作的需要，中国科学院高能物理研究所和北京化工大学开通了到美国的因特网专线，并有千余科技界人士使用了因特网。此后，科学院网络中心的中国科学技术网（CSTNET）、教育部的中国教育科研网（CERNET）和邮电部的中国公用信息网（CHINANET）也都分别开通了到美国的因特网专线，并与原电子工业部的中国金桥信息网（CHINAGBN）并称为四大骨干网。其中，邮电部建设的 CHINANET 能提供全部的因特网服务，并面向全社会提供因特网的接入服务。由此，因特网的应用终于在我国蓬勃发展起来。

我国的 Internet 的发展经历了两个主要阶段：

第一阶段为 1986—1993 年，主要实现了与 Internet 的电子邮件连接。

第二阶段为 1994 年起，正式连入 Internet，实现与 Internet 的 TCP/IP 连接，开始提供 Internet 的全功能服务。

操作2　因特网的基本功能

一、万维网

WWW 是 World Wide Web（环球信息网）的缩写，也可以简称为 Web，中文名字为"万维网"。它起源于 1989 年 3 月，由欧洲量子物理实验室 CERN（the European Laboratory for Particle Physics）所发展出来的主从结构分布式超媒体系统。通过万维网，人们只要通过使用简单的方法，就可以很迅速方便地取得丰富的信息资料。由于用户在通过 Web 浏览器访问信息资源的过程中，无需再关心一些技术性的细节，而且界面

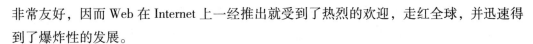

非常友好，因而 Web 在 Internet 上一经推出就受到了热烈的欢迎，走红全球，并迅速得到了爆炸性的发展。

二、超文本和超链接

WWW 中的信息资源主要由一篇篇的 Web 文档，或称 Web 页为基本元素构成。这些 Web 页采用超级文本（Hyper Text）的格式，即可以含有指向其他 Web 页或其本身内部特定位置的超级链接，或简称链接。可以将链接理解为指向其他 Web 页的"指针"。链接使得 Web 页交织为网状。这样，如果 Internet 上的 Web 页和链接非常多的话，就构成了一个巨大的信息网。

三、统一资源定位器

统一资源定位器（Unique Resource Location，简写为 URL）是文件名的扩展。在单机系统中，定位一个文件需要路径和文件名，对于遍布全球的 Internet 网，显然还需要知道文件存放在哪个网络的哪台主机中才行。与单机系统不一样的是在单机系统中，所有的文件都由统一的操作系统管理，因而不必给出访问该文件的方法；而在 Internet 上，各个网络，各台主机的操作系统都不一样，因此必须指定访问该文件的方法。一个 URL 包括了以上所有的信息。

它的构成为：

protocol://machine.name［:port］/directory/filename，其中 protocol 是访问该资源所采用的协议，即访问该资源的方法，它可以是：

http 超文本传输协议，该资源是 html 文件；file 文件传输协议，用 ftp 访问该资源；ftp 文件传输协议，用 ftp 访问该资源。

machine.name 是存放该资源主机的 IP 地址。

port 端口号，是服务器在该主机所使用的端口号。一般情况下端口号不需要指定。

directory 和 filename 是该资源的路径和文件名。

例如：访问新浪网，我们访问的完整 URL 地址是 http://www.sina.com.cn

四、浏览器

浏览器是用浏览 WWW 的工具，安装在用户端的机器上，是一种客户软件。它能够把超文本标记语言描述的信息转换成便于理解的形式。此外，它还是客户与 WWW 之间的桥梁，把用户对信息的请求转换成网络上计算机能够识别的命令。

操作3　因特网的接入方式

一、Internet 的接入方式

用户要上网站浏览信息，必须解决接入 Internet 的问题，根据周围的环境来定，如果周围已经存在一个局域网，如公司、学校、科研机构等，一般都有自己的局域网，如果该局域网已经跟 Internet 相连接，那么只要您的计算机跟这个局域网相连接，您同时就可以跟 Internet 相连接。对于中国大部分的家庭用户来说，现在最普遍的是通过电

话线拨号上网方式，即通过电话线来跟 Internet 相连接。随着 Internet 技术的发展，现在还出现了一些其他的连网方式，如通过专线连接，通过有线电视网连接，甚至是无线连接方式，但这些还没有成为社会的主流。

通过电话线跟 Internet 相连接，又可分为 56KB Modem、ISDN（综合业务数字网）、ADSL（非对称数字用户）、光纤宽带等。我国现阶段普遍采用的是 ADSL 拨号上网方式，其下行速率（下载）一般在 1.5～8Mbps，上行速率（上传）一般在 16～640Kbps。ADSL 技术对使用宽带业务的用户是一种经济、快速的接入方式。

二、连接 Internet 的步骤

Windows 7 是微软推出的最新视窗操作系统，功能更强大，集成了 PPPoE 协议支持，ADSL 用户不需要安装任何其他 PPPoE 拨号软件，直接使用 Windows 7 的连接向导就可以建立自己的 ADSL 虚拟拨号连接，一般情况下操作系统已经为你安装好连接 Internet 所需的网络协议 TCP/IP 及网络适配器驱动程序。

 **读一读**

ISP 是英文 Internet Service Provider 的缩写，意思是国际互联网服务提供商，也即是能够为用户提供 Internet 接入服务的公司。ISP 是用户与 Internet 之间的桥梁，也即是说，您上网的时候，您的计算机首先是跟 ISP 连接，再通过 ISP 连接到 Internet 上。

选定一家 ISP 之后，向其提出上网的申请，得到一个上网的用户账号和口令（密码）等信息后才能够上网。

安装好网卡驱动程序以后，选择开始→"控制面板"→点"网络和 Internet"，在对话框下，点"网络和共享中心"。

图6.1 打开"网络和共享中心"

在"网络和共享中心"对话框里，在"更新网络设置"提示字符下点第一个选项"设置新的连接或网络"。

图 6.2 打开"设置新的连接或网络"对话框

点第一项"连接到 Internet"，点"下一步"。

图 6.3 连接向导网络类型选择对话框

点"宽带（PPPoE）"。（您看到的界面可能稍有不同，如果你装的是猫，会有拨号连接的选项）。

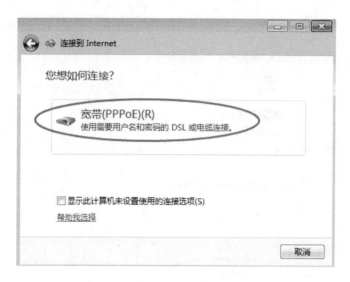

图6.4　选择"宽带（PPPoE）"

把电信公司或者社区电信给你的宽带（ADSL）用户名和密码输进去，把"记住此密码"勾上，帮这个连接取个名字，把"允许其他人使用此连接"勾上，然后点"连接"。

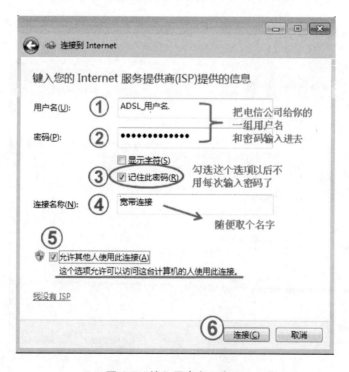

图6.5　输入用户名、密码

完成后关闭。

图 6.6　新建连接进度

连接建立好了，你可以在桌面上放个快捷方式方便你拨号。在"网络和共享中心"里点左边的"更改适配器设置"。

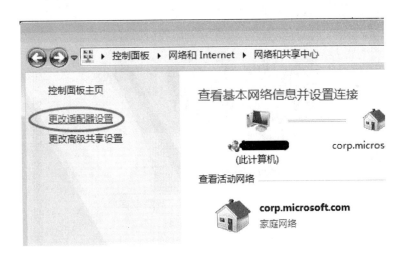

图 6.7　打开"更改适配器设置"窗口

把"宽带连接"这个图标直接拖到桌面上，只要单击一下连接就可以了。

单击"完成"后，双击桌面上名为"宽带连接"的连接图标，如果确认用户名和密码正确以后，直接单击"连接"即可拨号上网。

成功连接后，会看到屏幕右下角有两部电脑连接的图标。这时就可以打开 IE 进行信息浏览了。

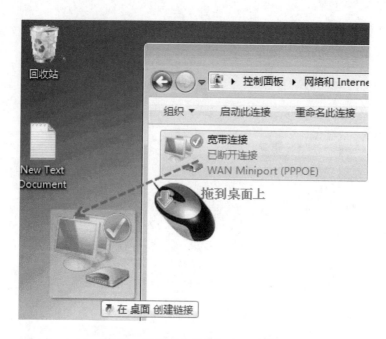

图 6.8   在桌面上创建 Internet 链接

图 6.9   连接 Internet

知识回顾

1. 接入 Internet 的计算机必须共同遵守（   ）。

A. CPI/IP 协议　　B. PCT/IP 协议　　C. PTC/IP 协议　　D. TCP/IP 协议

2. 以下正确的完整 URL 格式为（　　　）。

A. www. baidu. com　　　　　　　　B. http：//www. baidu. com

C. http：www. baidu. com　　　　　　D. http：//baidu. com

3. 以下哪种不是网络的分类？（　　　）

A. 城域网　　　　B. 广域网　　　　C. 区域网　　　　D. 局域网

实操任务

1. 你所在城市有哪些 ISP，请了解他们的网速、价格，填入以下表格？

ISP 名称	最高网速	你选择的网速	你选择的网速包年价格

2. 为自己的计算机添加宽带连接，并成功连接。

任务2　万维网（WWW）

操作1　万维网与浏览器

一、万维网

1. 万维网

长期以来，人们只是通过传统的媒体（如电视、报纸、杂志和广播等）获得信息。但随着计算机网络的发展，人们想要获取信息，已不再满足于传统媒体那种单方面传输和获取的方式，而希望有一种主观的选择性。现在，网络上提供各种类别的数据库系统，如文献期刊、产业信息、气象信息、论文检索等等。由于计算机网络的发展，信息的获取变得非常及时、迅速和便捷。

到了 1993 年，WWW 的技术有了突破性的进展，它解决了远程信息服务中的文字显示、数据连接以及图像传递的问题，使得 WWW 成为 Internet 上最为流行的信息传播方式。

2. 互联网、因特网及万维网之间的区别与联系

在不少人看来，互联网、因特网、万维网没有大多的区别，其实这三者之间的关系应该是：互联网包含因特网，因特网包含万维网。

凡是由能彼此通信的设备组成的网络就叫互联网，即使仅有两台机器（计算机、手机等）。国际标准的互联网写法是 internet，字母 i 一定要小写！而因特网是互联网中的一种，它可不是仅有两台机器组成的网络，而是由上千万台设备组成的网络（该网络具备一定规模）。国际标准的因特网写法是 Internet，字母 I 一定要大写！

因特网提供的服务一般包括有：www（万维网）服务、电子邮件服务（outlook）、远程登录（QQ）服务、文件传输（FTP）服务、网络电话等等。

只要应用层使用的是 HTTP 协议，就称为万维网（World Wide Web）。之所以在浏览器里输入百度网址时，能看见百度网提供的网页，就是因为您的个人浏览器和百度网的服务器之间使用的是 HTTP 协议在交流。

我们要访问万维网上的资源，必须通过一个工具，这个工具就是浏览器。

二、浏览器

网页浏览器是个显示网页服务器或档案系统内的文件，并让用户与这些文件互动的一种软件。它用来显示在万维网或局部局域网络等内的文字、影像及其他资讯。这些文字或影像，可以是连接其他网址的超链接，用户可迅速及轻易地浏览各种资讯。

网页一般是超文本标记语言 HTML 的格式，有些网页是需使用特定的浏览器才能正确显示。

浏览器有很多种，目前常用的 Web 浏览器是微软公司的 Internet Explorer、Google 公司的 Chrome 浏览器以及火狐 Firefox 浏览器，以及兼容性、安全性较强的 360 浏览器、搜狗浏览器。用户必须在计算机上安装一个浏览器才能对 Web 页面进行浏览，使用 Windows 操作系统的用户在安装操作系统时会自动安装 IE 软件而无须另外安装。

操作 2　浏览网页

一、使用 IE 浏览器浏览网页

1. 启动浏览器

双击桌面上的"Internet Explorer"图标，启动 IE 浏览器。IE 浏览器界面如图 6.10 所示：

图 6.10　IE 浏览器界面

代　码	功　　能
① 标题栏	显示当前浏览的网页名称。
② 地址栏	输入和显示网页的地址。
③ 搜索栏	选择搜索引擎，输入搜索关键字。
④ 选项卡	通过新建和关闭选项卡，可在一个浏览器窗口中查看不同的网页。
⑤ 工具栏	提供浏览器设置、网页操作的工具。
⑥ 浏览区	显示网页内容的区域，包括文字、图像、动画等。

2. 保存和收藏网页

当浏览到喜欢的网页时，可以将其保存下来。保存网页的操作步骤如下：

图 6.11　操作"另存为……"

　　单击工具栏上的"页面"按钮，在出现的菜单中单击"另存为……"，出现所示对话框：

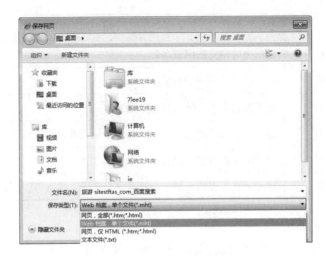

图 6.12　选择保存类型、位置

选择"保存位置"，输入文件名，保存类型一般选择"Web 档案，单个文件"。

二、浏览器

1. 设置主页

主页就是启动 IE 浏览器时显示的网页，可以根据用户需要进行设置。在 IE 浏览器，单击"工具"按钮，在出现的菜单中单击"Internet 选项"，出现所示对话框，操作步骤如图 6.13 所示：

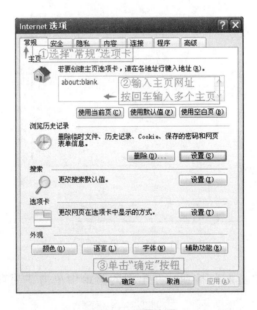

图 6.13　设置主页

2. 设置和查看历史记录

浏览器的历史记录中会自动保存访问过的网页地址，保存的时间可通过设置浏览器完成，以后要再次访问时就可以通过历史记录来查看。如果不想保存，还可以删除全部历史记录。在"Internet属性"对话框中，设置历史记录的步骤如图6.14所示：

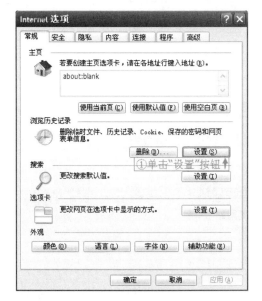

图6.14 设置历史记录

3. 安全设置

通过浏览器设置还可以改变IE的安全设置。IE浏览器在安装时已经默认设置了安全信息，但某些设置可能会影响到正常的浏览、下载等操作，因此有时候需要对网络安全进行重新设置，在"安全"选项卡中根据需要进行选择。

操作3 搜索下载网络资源

一、搜索引擎

随着Internet的飞速发展，面对海量而又不断更新的信息库，如何快速准确地找到自己需要的信息已经变得越来越重要了。为了使网民搜索信息的速度更加快捷、准确，专门在Internet上执行信息搜索任务的搜索引擎技术应用而生了。

搜索引擎为用户查找信息提供了极大的方便，你只需输入几个关键词，任何想要的资料都会从世界各个角落汇集到你的面前。

每种搜索引擎都有不同的特点，只有选择合适的搜索工具才能得到最佳的结果。搜索工具基本上可以分为网页检索和分类目录两种。网页检索实际上是网页的完全索引。分类目录则是由人工编辑整理的网站的链接。一般来说，如果你需要查找非常具体或者特殊的问题，用网页检索比较合适；如果你希望浏览某方面的信息、专题或者查找某个具体的网站，分类目录会更合适。

现阶段，网上有不少好的搜索引擎。如百度搜索、新浪搜索、Google搜索等，具

体搜索方法各个搜索引擎稍有差异，使用前可以参看各搜索引擎提供的帮助。

图 6.15　百度网站

二、关键词搜索

1. 什么是关键词

关键词是指为了方便浏览者快速找到商品或服务的而设定的相关文字，是搜索信息时最可能用的名称，比如：显示器、大米、帽子等。关键字是信息的最简表达方式，就像"口诀"，"诀窍"，便于记忆，便于使用。

关键词一般由中英文字符、数字、空格、下划线等组成，加号、减号有特殊用途，加号代表连接关键词，减号代表排除关键词。

2. 关键词使用技巧

搜索技巧，最基本同时也是最有效的，就是选择合适的查询词。选择查询词是一种经验积累，在一定程度上也有章可循。

按问题的要求进行搜索时，关键词要注意表述准确、简练，就算是只有一个句子也可以拆分为多个关键词进行搜索，从而扩大搜索范围。

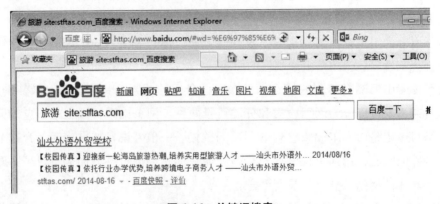

图 6.16　关键词搜索

很多搜索引擎都支持在搜索词前冠以加号＋限定搜索结果中必须包含的词汇。用减号－限定搜索结果不能包含的词汇。注意：加减号前面要加空格。

若要在指定的网站里进行搜索，可以采用"site："指定网站地址，例如："旅游site：stftas. com"，得到的结果就是在 stftas. com 网站内有关"旅游"的网页链接。

三、下载网络资源

互联网的信息覆盖了社会生活的方方面面，构成一个信息社会的缩影。互联网上的资源非常丰富，网页信息可以在网络上直接浏览，软件资源则必须下载在计算机中安装使用。下面我们来看看如何下载 QQ 软件。

在百度搜索"qq 下载"，得到很多的搜索结果，这里选择"QQ2013 官方网站"，如图 6.17 所示。

图 6.17　搜索"QQ 下载"

下载资源一定要在安全可靠的网站中进行，在显示通过认证图样的"QQ2013 官方网站"窗口，点击"立即下载"；

出现"文件下载"对话框，单击"保存"后，选择保存位置，或单击"运行"，下载后自动进行安装。

图 6.18　"QQ2013 官方网站"窗口

图 6.19　"QQ2013 官方网站"窗口

知识回顾

1. 以下哪个不是常见浏览器?（　　　）

A. IE　　　　　　　B. Firefox　　　　　　C. Chrome　　　　　　D. Safe

2. 百度搜索网站的网址是（　　　）。

A. www. baidu. com　　　　　　　　B. www. 百度 . com

C. www. bidu. com　　　　　　　　D. baidu. www. com

3. 小学三年级的小明要查找《唐诗三百首》收录了诗人李白的哪些诗，最佳搜索词是（　　　）。

A. 小学三年级　唐诗三百首　李白　B. 唐诗三百首

C. 唐诗三百首　李白　　　　　　　D. 李白

实操任务

1. 请你用搜索引擎，找出以下网站的地址。

网站名称	地 址
中国互联网络信息中心	
太平洋电脑网	
中国新闻网	

2. 请你在搜索有关电子商务的网页，并将搜索结果页面保存为文件。

任务3 电子邮箱

操作1 电子邮箱基本知识

一、电子邮箱

电子邮箱是通过网络电子邮局为网络客户提供的网络交流电子信息空间。电子邮箱具有存储和收发电子信息的功能，是因特网中最重要的信息交流工具。

在网络中，电子邮箱可以自动接收网络任何电子邮箱所发的电子邮件，并能存储规定大小的等多种格式的电子文件。电子邮箱具有单独的网络域名，其电子邮局地址在@后标注。

二、电子邮件

1. 中国第一封电子邮件

1987年9月，CANET在北京计算机应用技术研究所内正式建成中国第一个国际互联网电子邮件节点，并于9月14日发出了中国第一封电子邮件：Across the Great Wall we can reach every corner in the world. （越过长城，走向世界。）从此揭开了中国人使用互联网的序幕。

2. 电子邮件

电子邮件（标志：@，昵称为"伊妹儿"），是一种用电子手段提供信息交换的通信方式，是互联网应用最广的服务。通过网络的电子邮件系统，用户可以以非常低廉的价格（不管发送到哪里，都只需负担网费）、非常快速的方式（几秒钟之内可以发送到世界上任何指定的目的地），与世界上任何一个角落的网络用户联系。

电子邮件可以是文字、图像、声音等多种形式。同时，用户可以得到大量免费的新闻、专题邮件，并实现轻松的信息搜索。电子邮件的存在极大地方便了人与人之间的沟通与交流，促进了社会的发展。

3. 电子邮件的发送和接收

电子邮件在Internet上发送和接收的原理可以很形象地用我们日常生活中邮寄包裹

来形容：寄一个包裹时，我们首先要找到任何一个有这项业务的邮局，在填写完收件人姓名、地址等信息之后，包裹就寄到了收件人所在地的邮局，那么对方取包裹的时候就必须去这个邮局才能取出。同样地，当我们发送电子邮件时，这封邮件是由邮件发送服务器（任何一个）发出，并根据收信人的地址判断对方的邮件接收服务器而将这封信发送到该服务器上，收信人要收取邮件也只能通过访问这个服务器才能完成。

4. 电子邮件地址的构成

电子邮件地址的格式由三部分组成。第一部分"USER"代表用户信箱的账号，对于同一个邮件接收服务器来说，这个账号必须是唯一的；第二部分"@"是分隔符；第三部分是用户信箱的邮件接收服务器域名，用以标志其所在的位置。

地址格式：用户标识符 + @ + 域名

其中：@ 是"at"的符号，表示"在"的意思。

例如：abc@ sina. com　abc 是用户标识符，sina. com 是域名

操作2　申请和使用免费邮箱

目前，常用的收发电子邮件方式有两种，一是使用 Web 方式；二是使用收发电子邮件的软件，如 Outlook Express、Foxmail 等。这两者的操作方式很相似，以使用 Web 方式收发电子邮件为例进行讲解。

一、注册并登录免费邮箱

1. 可通过浏览器打开网址 http://email. 163. com/后，在邮箱登录首页点击"注册网易免费邮"，进入通行证注册页面。

2. 按页面提示可选择注册字母邮箱，或手机号码邮箱（如图6.20所示）。

填写"邮件地址"（填写您心仪的用户名，由字母、数字、下划线组成）、"密

码"（设定您的邮箱密码）、手机号码（可用于修复密码）等注册信息，点击"立即注册"。

图 6.20　选择注册类型、输入邮箱的注册信息

必须牢记申请时使用的邮件地址和密码，最好是注册"手机号码邮箱"，当邮箱出问题时可以由手机验证进行管理。

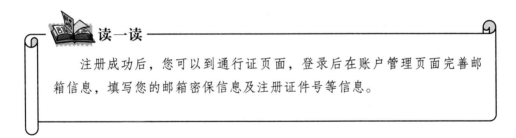

读一读

注册成功后，您可以到通行证页面，登录后在账户管理页面完善邮箱信息，填写您的邮箱密保信息及注册证件号等信息。

3. 登录邮箱

可通过浏览器打开网址 http://email.163.com/后，输入免费邮账号和密码并点击"登录"即可。

图 6.21 登录邮箱

二、发送及接收电子邮件

1. 编写并发送邮件

在登录后的邮箱界面上，点击"写信"。

图 6.22 点击"写信"按钮

在新出现的界面上，输入收件人邮箱地址、主题，输入邮件主要内容，然后点击"发送"，操作步骤如图 6.23。

2. 添加附件

点击"添加附件"，在出现的"打开"对话框中选择文件，添加后的附件出现在"添加附件"按钮下方。

3. 查看邮件

登录邮箱后，会自动提示新邮件，点击邮件的标题可以直接查看邮件内容。

图 6.23 输入邮件收件人、主题、主要内容

图 6.24 添加附件

4. 回复邮件

查看邮件时，点击"回复"按钮，在出现的界面上已经自动添加了收件人地址，并且附加原邮件的内容，如图 6.26。回复邮件，只需输入邮件内容，也可以新添加附件，然后"发送"。

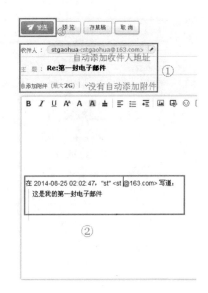

图 6.25　查看邮件　　　　　　　　图 6.26　回复邮件

5. 转发邮件

查看邮件时，点击"转发"按钮，在出现的界面上已经自动添加了原邮件的附件、内容，如图6.27。转发邮件，只需输入邮件主题、内容，也可以新添加附件，然后"发送"。

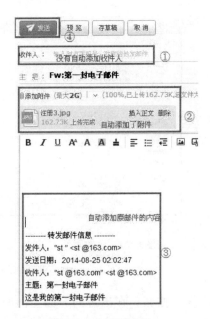

图 6.27　转发邮件

知识回顾

1. 以下哪个是正确的电子邮件地址？（　　　）

A.　a_ bc@ 163. com　　　　　　　　B.　a1bc@ 163

370

  C. abc@．com   D. a?bc@163．com

2. 以下有关回复邮件与转发邮件，正确的是（   ）。

A. 回复邮件和转发邮件时，需要手工输入原邮件的内容

B. 回复邮件和转发邮件均自动添加了收件人

C. 回复邮件和转发邮件均自动添加了附件

D. 回复邮件和转发邮件均可以添加附件

3. 下列关于收/发电子邮件优点的描述中，错误的是（   ）。

A. 不受时间和地域的限制，只要连入互联网，就能收发邮件

B. 方便、快速

C. 收件人必须在原电子邮箱申请地接收电子邮件

D. 费用低廉

实操任务

1. 请你用搜索引擎，找出三个以上提供免费邮箱的注册网站地址。

网站名称	注册地址
新浪免费邮箱	

2. 为自己注册一个免费邮箱。

3. 请你写一封邮件，同时发送给多个同学。

任务4　网络应用

操作1　即时通信工具QQ

电子邮箱作为互联网最基本的核心应用服务，大幅缩短人与人之间交流的时间，降低交流的费用，但后期随着即时通信工具快速普及和应用，目前电子邮箱应用的用户活跃度有所降低。

即时通信，是一种基于互联网的即时交流消息的业务，允许两人或多人使用互联网即时的传递文字、文件、语音与视频交流。

目前，流行的即时通讯工具有腾讯QQ、阿里旺旺等，以下我们以QQ为例。

一、注册并登录QQ

1. 注册QQ号码

使用腾讯QQ前，需要注册一个由腾讯公司分配的QQ号，申请地址：http://

zc. qq. com/chs/index. html。腾讯公司提供三种注册方式：QQ 账号、手机账号、邮箱账号，为了方便 QQ 号码管理，建议使用手机或邮箱地址注册，如图 6.28。

图 6.28　注册 QQ

注册时，输入的密码长度为 6～16 个字符，不能包含空格，也不能是 9 位以下纯数字。

2. 注册 QQ 账号

使用腾讯 QQ，可以使用软件登录或 Web 方式登录二种方式。QQ 软件下载地址：http://im. qq. com/；Web 登录地址：http://web. qq. com。

图 6.29　两种登录方式

二、QQ 聊天

1. 添加 QQ 好友

注册并登录 QQ 后，第一件事就是添加 QQ 好友。可以通过 QQ 账号、昵称或关键词来添加好友。

图 6.30　查找好友

如果好友设置了，一般需要好友验证通过后才能聊天。

2. QQ 聊天

在 QQ 面板上双击"好友头像"，打开聊天窗口，输入信息后，按下 Ctrl + Enter 键发送信息。

图 6.31　查找好友并聊天

三、查看聊天记录

登录 QQ 后，在客户端主面板下方点击"打开消息管理器"按钮，就可以查看到联系人的列表，单击想查看聊天记录头像后就可以看到记录。

图 6.32　打开消息管理器

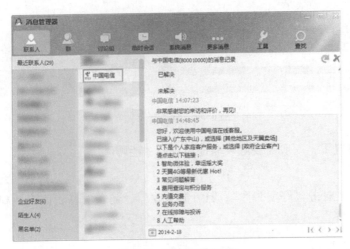

图 6.33 查看聊天记录

操作 2 网络求职（浏览、注册）

网络求职是广大求职者找工作的一种重要途径也称为"网申"；由于科技的发展，现在信息的网络化日益显著；网络已经成为我们工作、生活、招聘、求职必不可少的帮手；所以在网上找工作也已经成为广大求职者必选途径。

目前全国乃至各城市的招聘网很多，以下智联招聘网为例，了解网络求职如何操作。

一、注册会员

1. 浏览智联招聘网

可通过浏览器打开网址 http://www.zhaopin.com/，智联招聘网站可以按城市、职位、行业搜索工作，搜索到的职位。

图 6.34 智联招聘网站首页

2. 注册会员

在智联招聘网站成功注册会员后，才能向心仪的企业申请职位。

用户注册只需填写手机号或邮箱、密码就可以提交，然后通过手机号或邮箱验证后，就完成了用户注册的过程。

图 6.35　用户注册

3. 填写简历

简历填写的内容比较多，包括"基本信息"、"教育与工作"、"附加信息"等。可以尝试填写，同时把需要填写的内容记录下来，另行准备一份详细的"个人简历"后，再认真填写并提交简历信息。

图 6.36　填写简历信息

提交简历信息后，可以"预览简历"、"完善简历"、"简历管理"、"找工作"等。

图 6.37　提交简历信息

二、求职

1. 搜索工作职位

登录智联招聘网站，在首页或地区首页上搜索工作的快速通道，选择"职位类别"、"行业类别"、"职位名称"，填写搜索关键词后，得到搜索结果。

图 6.38　搜索工作职位

2. 申请工作职位

在工作职位搜索结果页面中，通过更换条件反复搜索，最终找到心仪的工作。在职位列表中，可以一个或多个职位同时申请。

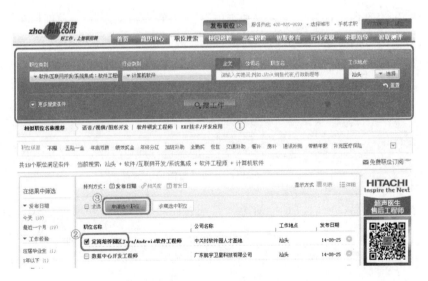

图 6.39　选中职位，点击"申请选中职位"

点击公司名称，了解企业最新信息，寻找该企业其他招聘职位，也可以点击职位名称，查阅职位要求并立即申请。

操作 3　网上购物（购物网站介绍、简单购物步骤）

网上购物，就是通过互联网检索商品信息，并通过电子订购单发出购物请求，然后填上私人支票账号或信用卡的号码，厂商通过邮购的方式发货，或是通过快递公司

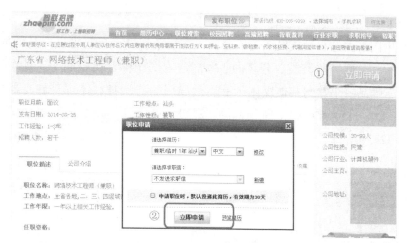

图 6.40 查阅职位要求，点击"立即申请"

送货上门。中国国内的网上购物，一般付款方式是款到发货（直接银行转账，在线汇款）和担保交易则是货到付款等。

国家工商总局颁布的《网络交易管理办法》，自 2014 年 3 月 15 日起施行，网购商品 7 天内可无理由退货。

一、网上购物网站

1. 阿里巴巴

阿里巴巴国际交易市场（www.1688.com）创立于 1999 年，现为全球领先的小企业电子商务平台，旨在打造以英语为基础、任何两国之间的跨界贸易平台，并帮助全球小企业拓展海外市场。阿里巴巴国际交易市场服务全球 240 多个国家和地区数以百万计买家和供应商，展示超过 40 个行业类目的产品。

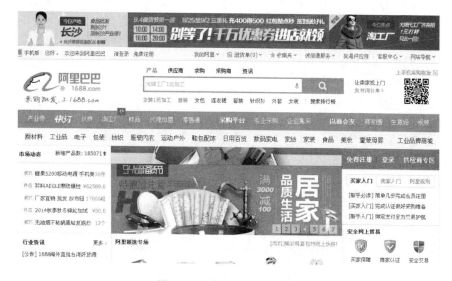

图 6.41 "阿里巴巴"网站

2. 京东商城

京东是中国最大的自营式电子商务企业，在线销售计算机、手机及其他数码产品、家电、汽车配件、服装与鞋类、奢侈品、家居与家庭用品、化妆品与其他个人护理用品、食品与营养品、书籍与其他媒体产品、母婴用品与玩具、体育与健身器材以及虚拟商品等 13 大类 3150 万种 SKU 优质商品。2013 年，活跃用户数达到 4740 万人，完成订单量达到 3233 亿。

图 6.42　"京东商城"网站

3. 淘宝网

淘宝网是亚太地区较大的网络零售商圈，由阿里巴巴集团在 2003 年 5 月 10 日投资创立。淘宝网现在业务跨越 C2C（个人对个人）、B2C（商家对个人）两大部分。截至 2010 年 12 月 31 日，淘宝网注册会员超 3.7 亿人；2011 年交易额为 6100.8 亿元，占中

图 6.43　"淘宝网"网站

国网购市场 80% 的份额。比 2010 年增长 66% 。2012 年 11 月 11 日，淘宝单日交易额 191 亿元。截至 2013 年 3 月 31 日的年度，淘宝网和天猫平台的交易额合计突破人民币 10000 亿元。

二、简单购物步骤

1. 申请电子银行服务。

2. 进入可靠的网上商店。

3. 申请网上商店的会员，并登录成功。

4. 将欲购商品选入购物车。

5. 确认购买，选择付款方式、送货方式等其他必要信息。

6. 若选择网上支付，进入电子银行交易平台支付费用。

7. 等待商家送货。

知识回顾

1. 以下哪个不是常用的互联网应用？（   ）

A. 电子邮件   B. 网上购物

C. 编辑文本文档   D. 搜索引擎

2. 以下哪个不是正确的互联网站用户账号？（   ）

A. superman   B. super/man

C. super1man   D. super123

3. 淘宝网的域名地址是（   ）。

A. www. taobao. com   B. www. tabo. com

C. www. taob. com   D. www. tb. com

实操任务

1. 找出以下互联网应用在百度搜索引擎中排行靠前的网站名称、域名地址。

互联网应用	网站名称	域名地址
新闻报道		
旅行服务		
网上银行		
网上商城		

2. 请在你所在城市的招聘网注册一个账号，搜索自己感兴趣的工作岗位，并将工作岗位要求摘录在 Word 文档中，发送给老师的电子邮箱。

模块二：多媒体应用

【技能目标】

使学生在需要时能够独立运用熟悉的软件进行采集处理相关素材的操作

【知识目标】

使学生了解多媒体素材的多种采集方法与处理方法

【重点难点】

1. 多媒体素材的采集与处理

2. 灵活运用多媒体素材为自己的设计服务

任务1　获取多媒体素材

操作1　从互联网获取多媒体素材

数字化多媒体教学中用到的大量文字、声音、图像、动画、视频等多种数据，这些数据被称为多媒体素材。素材的获取与加工方法与途径，可以是从网上下载、从课件中截取、从资源光盘或资源库中获取、从 VCD 片中获取、从电视节目中录制等几种方法，有能力的人员，还可以自己进行原创。互联网是获取多媒体素材的最广泛途径。

1. 启动浏览器并登录百度

打开浏览器在地址栏中输入 www.baidu.com，然后按 Enter 键，打开如图 6.44 所示。

图 6.44　百度网站首页

2. 在互联网中搜索需要使用的多媒体素材

在百度搜索工具栏中输入"PPT 背景图片",然后点击百度一下,搜索出各式各样美观大方的图片,如图 6.45 所示。

图 6.45 "百度"网站搜索界面

3. 保存从互联网搜索到的图片

选择好要保存的图片,鼠标放到图片上,单击右键选择快捷菜单"图片另存为",如图 6.46 所示。

图 6.46 "百度"网站保存搜索结果

操作 2　获取屏幕图像

有些软件（如现成的课件、教学光盘）在运行时，屏幕上会出现一些我们感兴趣的画面，但却找不到图像文件，这是因为图像被打包到可执行文件中。通过 QQ 的截图功能可以实现对当前屏幕图像的截取。

1. 打开和任何一个 QQ 好友的聊天窗口，在面板上找到"截图"工具按钮，如图 6.47 所示。或者使用快捷键 Ctrl + Alt + A。

图 6.47　QQ 好友的聊天窗口

2. 按住鼠标左键不放从要截图的左上角往右下角拖动，划出一个方框。将鼠标指针移动到"保存"按钮上，选择保存的盘符（如 D 盘或桌面），选择保存的类型，点击"保存"按钮，如图 6.48 所示。

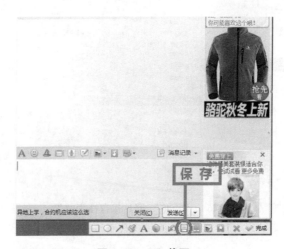

图 6.48　QQ 截图

操作3　使用录音机

Windows 附件中自带了一个"录音机"的小程序，虽然看起来很简单，有时却能给我们带来很大的便利。

1. 找到并打开"录音机"程序

首先点击"开始"菜单，然后依次点击"所有程序"→"附件"→"娱乐"→"录音机"即可打开录音机程序，如图 6.49 所示。

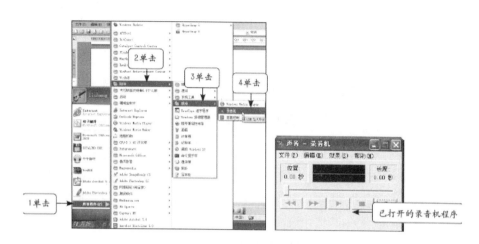

图 6.49　打开录音机程序

2. 认识"录音机"

使用"录音机"可以录制、混合、播放和编辑声音。也可以将声音链接或插入另一个文档中。

下面我们来认识一下录音机的操作控制面板，看看都有哪些功能，如图 6.50 所示。

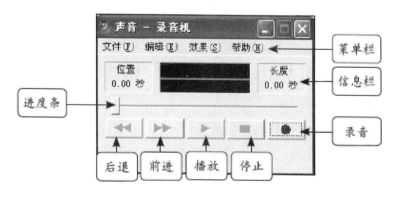

图 6.50　录音机的操作控制面板

3. 使用"录音机"

使用"录音机"最主要的功能就是录制与播放音频文件，下面我们就分别介绍其

详细的操作步骤。

● 录制音频

在"文件"菜单上，单击"新建"，单击"录制"按钮即可开始录制音频，要停止录制，单击"停止"按钮即可，如图 6.51 所示。

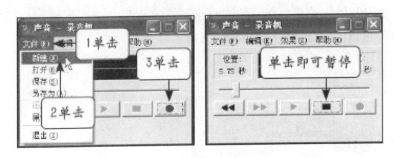

图 6.51　录制音频

● 播放音频

首先单击"文件"菜单上的"打开"。在"打开"对话框中，双击想要播放的声音文件。单击"播放"按钮，开始播放声音；单击"停止"按钮，停止播放声音。（如图 6.52 所示）

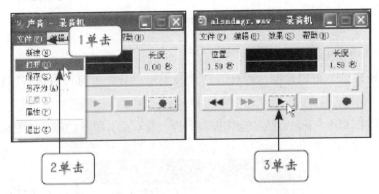

图 6.52　播放音频

操作 4　使用视频播放软件

"暴风影音"是目前最流行的媒体播放软件之一，它几乎支持所有的文件格式，包括：本地播放、在线直播、在线点播、高清播放等。"暴风影音"因其万能和易用的特点已成为中国互联网用户观看视频的首选，目前是中国最大的互联网视频播放平台。

1. 打开"暴风影音"

单击"开始"按钮，然后在弹出的"开始"菜单中选择"所有程序"菜单项。在弹出的快捷菜单中选择"暴风影音"。打开其主窗口界面，如图 6.53 所示。

384

图 6.53 "暴风影音"界面

2. 选择播放文件

在"暴风影音"主界面中选择"打开文件"按钮，选择要播放的视频文件，如图 6.54 所示。

图 6.54 "暴风影音"打开文件

3. 播放在线视频

在"暴风影音"主界面中右侧选择"在线影视"菜单，选择要播放的在线视频文件，如图 6.54 所示。

计算机应用

知识回顾

1. QQ 截图的快捷键是（　　）。

A. Ctrl　　　　　　B. Alt　　　　　　C. Ctrl + Alt + A　　D. Ctrl + Alt + C

2. 获取多媒体素材的最佳方法（　　）。

A. 自己制作　　　　B. 互联网　　　　C. 手写　　　　　　D. VCD

实操任务

1. 使用 QQ 软件截取自己当前电脑桌面。

2. 从互联网上获得三张多媒体图片。

任务2　图像处理

操作1　转换格式

Microsoft Office 中的 Picture Manager 是 Office 2003 自带的一个图片管理软件，可以用它轻松完成组织、编辑和共享图片的工作。微软对于 Picture Manager 的定位其实很明确，就是用来替代其他类似的图片管理软件。

1. 打开"Picture Manager"

单击"开始"按钮，然后在弹出的"开始"菜单中选择"所有程序"菜单项，在弹出的快捷菜单中选择"Picture Manager"，如图 6.55 所示。

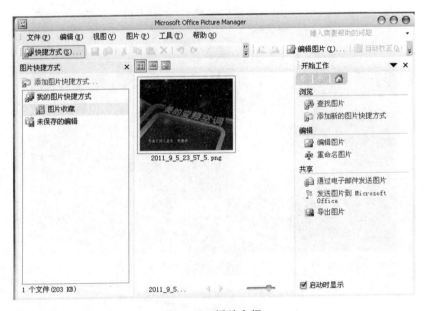

图 6.55　播放音频

2. 转换图片格式

选择图片后，点击"任务"窗格，在下拉菜单中选择"导出"。Picture Manager 支持常见的图片格式：jpg、png、tif、gif、bmp，如图 6.56 所示。

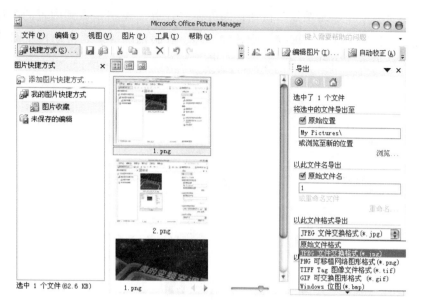

图 6.56　转换图片格式

操作 2　调整图像

选择图片后，点击"任务"窗格，在下拉菜单中选择"调整尺寸"。Picture Manager 支持自定义的宽度和高度，按原图片百分比调整，如图 6.57 所示。

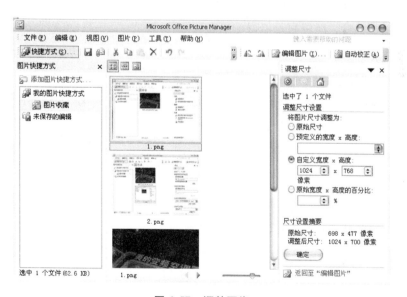

图 6.57　调整图像

操作 3　修复图像

点击工具栏上"编辑图片"按钮，即可在"任务"窗格中看到内置的图片编辑工具：亮度和对比度、颜色、剪裁、旋转和翻转、红眼消除等。要自动校正图片的颜色和亮度可直接点击"自动校正"按钮，如图 6.58 所示。

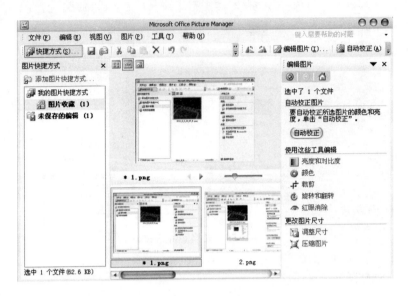

图 6.58　修复图像

在功能方面，Picture Manager 至少能完成基本的图片浏览和编辑的需要，与其他 Office 程序紧密结合，所以它是值得一用的看图软件。

知识回顾

1. Picture Manager 是一款（　　）软件。

A. 图片处理　　　　B. 文字处理　　　　C. 表格处理　　　　D. 音频处理

2. 图片编辑区中不包含的是（　　）。

A. 自动校正　　　　B. 红眼　　　　C. 扩大　　　　D. 颜色

实操任务

1. 用 Picture Manager 对人物进行红眼消除。

2. 用 Picture Manager 改变图片的保存格式。

任务 3　视频、音频处理

操作 1　使用"格式工厂"软件

格式工厂（Format Factory）是一款多功能的多媒体格式转换软件，适用于 Windows。可以实现大多数视频、音频以及图像不同格式之间的相互转换。转换可以具有设置文件输出配置，增添数字水印等功能。只要装了"格式工厂"无需再去安装多种转换软件提供的功能。

1. 打开"格式工厂"

单击"开始"按钮，然后在弹出的"开始"菜单中选择"所有程序"菜单项，在弹出的快捷菜单中选择"格式工厂"，如图6.59所示。

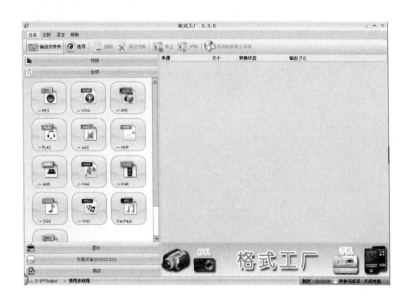

图6.59 "格式工厂"界面

操作2 转换视频、音频格式

1. 点击工具栏里按钮（如果想转换成MP4，请点击所有转到MP4），如图6.60所示。

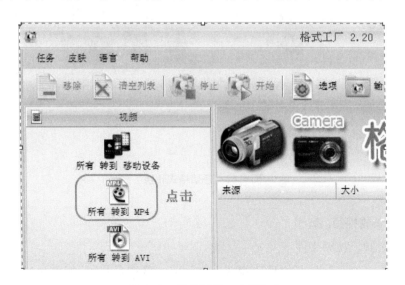

图6.60 转换视频、音频格式

2. 添加你想要添加的文件，点击"输出配置"来改变配置，完成后点击"确定"按钮，如图 6.61 所示。

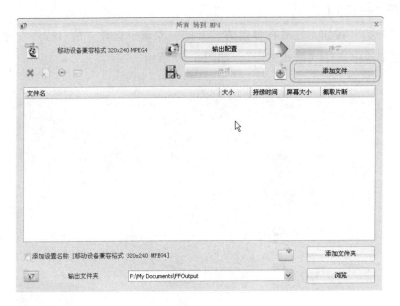

图 6.61　输出配置

3. 点击工具栏"开始"按钮，进行格式转换，如图 6.62 所示。

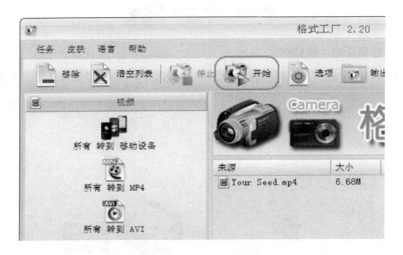

图 6.62　开始格式转换

操作 3　编辑视频、音频

1. 合并音频、视频文件

（1）点击"高级"工具栏里"视频合并"或"音频合并"，如图 6.63 所示。

（2）点击"添加文件"按钮，加入想要合并的视频或音频文件，最后点击确定按

图 6. 63 合并音频、视频文件

钮，如图 6.64 所示。

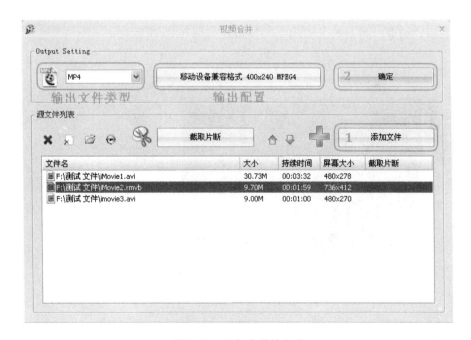

图 6. 64 添加合并的文件

2. 分割音频、视频文件

（1）打开源文件添加界面，首先选中"添加文件"按钮，然后选中所选视频或音

频文件，最后点击"选项"按钮（如图 6－65 所示）。

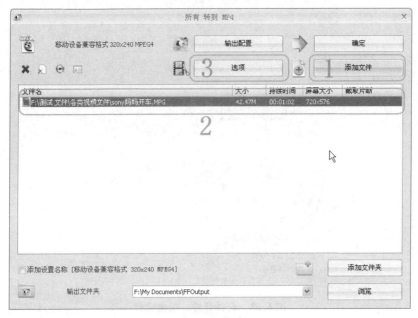

图 6.65　分割音频、视频文件

（2）点击"开始时间"按钮，选择视频或音频起始时间，点击"结束时间"按钮，作为播放结束时间，单击"确定"按钮（如图 6.66 所示）。

图 6.66　选择文件的开始、结束时间

知识回顾

1. 以下关于格式工厂软件说法不正确的是（　　　）。

A. 可以进行音频合并　　　　　　　　B. 可以进行视频合并

C. 可以进行图片合并　　　　　　　　D. 可以进行音视频合并

2. 在格式工厂主界面中没有的功能项是（　　　）。

A. 音频　　　　　B. 视频　　　　　C. 图片　　　　　D. 选项

实操任务

1. 选取两段视频进行合并。

2. 截取一首音乐的一部分内容。

【本章小结】

1. 计算机网络的基本概念和因特网的基础知识。

2. 网络硬件和软件，TCP/IP 协议的工作原理。

3. 网络应用中常见的概念，如域名、IP 地址、DNS 服务等。

4. 熟练掌握浏览器、电子邮件的使用和操作。

5. 独立运用熟悉的软件进行采集处理相关素材的操作。

6. 了解多媒体素材的多种采集方法与处理方法。

7. 灵活运用多媒体素材为自己的设计服务。

【考证习题】

一、选择题

1. 下列表示计算机局域网的是（　　　）。

A. LAN　　　　　B. MAN　　　　　C. WWW　　　　　D. WAN

2. 因特网上一台主机的域名由（　　　）部分组成。

A. 5　　　　　B. 4　　　　　C. 3　　　　　D. 2

3. 在域名中，.com 表示（　　　）。

A. 商业机构　　　B. 军事部门　　　C. 政府机关　　　D. 教育机构

4. 以下符合 IP 地址命名规则的是（　　　）。

A. 111.10.1　　　　　　　　　　B. 129.26.10.11

C. 200.266.1.1　　　　　　　　　D. 1.2.3.4.5

二、网络操作题

1. 启动 Internet Explorer，访问网络 http://www.163.com，并收藏网站主页。

2. 向老师发送一封电子邮件，提出班级板报设计建议。具体内容如下：

【主题】班级板报设计建议

【邮件内容】（请自行拟定）

【注意】"格式"菜单中的"编码"命令中用"黑体"项。

3. 在 IE 浏览器的收藏夹中新建一个目录，命名为"搜索引擎"，将百度（www. baidu. com）添加至该目录下。